化学工业出版社"十四五" 普通高等教育规划教材

工程估价

第三版

吴 凯 主编

蓝 磊 郑小纯 副主编

化学工业出版社
·北京·

内容简介

《工程估价》(第三版)根据工程管理专业主干课程教学基本要求编写,全面系统地介绍了工程估价的基本理论与方法,体现了我国工程估价领域新政策及研究成果。全书共9章,主要内容包括:绪论、建设项目投资组成、工程计价依据、投资估算、设计概算、建筑面积计算规则、房屋建筑与装饰工程预算工程量计算规则、工程量清单计量与计价、工程造价中信息技术的应用。书中给出了有关工程估价的大量实例和思考题,便于理解掌握。

本书可作为高等学校工程管理、工程造价、土木工程及相关专业的教材,也可供广大造价管理人员等参考使用。

图书在版编目(CIP)数据

工程估价/吴凯主编;蓝磊,郑小纯副主编.—3版.—北京:
化学工业出版社,2024.2
化学工业出版社"十四五"普通高等教育规划教材
ISBN 978-7-122-44450-9

Ⅰ.①工… Ⅱ.①吴…②蓝…③郑… Ⅲ.①建筑工程-工程造价-高等学校-教材 Ⅳ.①TU723.3

中国国家版本馆 CIP 数据核字(2023)第 216706 号

责任编辑:满悦芝		文字编辑:杨振美
责任校对:边 涛		装帧设计:张 辉

出版发行:化学工业出版社(北京市东城区青年湖南街13号 邮政编码100011)
印　　刷:三河市航远印刷有限公司
装　　订:三河市宇新装订厂
787mm×1092mm　1/16　印张17¼　字数427千字　2024年2月北京第3版第1次印刷

购书咨询:010-64518888　　　售后服务:010-64518899
网　　址:http://www.cip.com.cn
凡购买本书,如有缺损质量问题,本社销售中心负责调换。

定　价:59.80元

前　言

　　本书根据教育部高等学校管理科学与工程类专业教学指导委员会工程管理和工程造价专业教学指导分委员会制定的"工程估价"课程的教学大纲要求，围绕培养技术应用型专门人才的需要，结合作者多年的实际工作经验以及多年讲授"工程估价"的教学经验和心得编写而成。

　　本书充分体现了应用型本科的教学理念，具有以下八大特点：

　　1. 文化融入，五育并举。党的二十大报告指出，"我们必须坚定历史自信、文化自信，坚持古为今用、推陈出新"。本教材中有机融入我国古代工料计算方面的巨著《营造法式》等著作，通过上述著作，弘扬中国传统文化和爱国情怀，引导学生坚定历史自信、文化自信。

　　2. 注重基本理论概念的阐述。主要对工程估价的基本理论与概念进行分析，如估价、造价、定额、工程量清单及计价、估算、概算、预算等，帮助学生更好地学习工程估价基础理论知识。

　　3. 体现工程估价领域最新政策（如营改增等）及研究成果。《建设工程工程量清单计价规范》（GB 50500—2013）于 2013 年 7 月 1 日起施行，而清单计价法与工料单价法目前仍并存，本教材在知识体系上兼顾工料单价法及清单计价法的应用与操作，同一案例既可以进行工料单价法计价，也能进行工程量清单计价，体现了定额计价向清单计价的过渡和衔接以及两种计价方法的关系。

　　4. 在教材内容设置上，"以应用为目的，以能力培养为主张，理论以必需、够用为度"，参考了我国注册造价工程师、造价员考试大纲的部分要求，便于应用型本科人才培养与执业资格考试的对接，也符合国家应用型本科人才培养目标的要求。

　　5. 突出了工程技术观点及运用这种观点分析问题、解决问题等能力的培养。有利于读者建筑工程领域相关技术能力的提高，也为相关专业人员将来扩展发展空间提供了更大的可能。

　　6. 本书附大量的典型案例，这些案例既是执业资格考试的类型，也来自实际工程。在利于教师开展案例教学法的同时，也能使学生得到真实的工程体验，提高实践操作水平。

　　7. 计算机辅助工程估价系统是建设项目管理信息系统的重要组成部分，本书以一个计价软件为例，对其操作应用做了简单介绍。

　　8. 每章末都有小结及思考题，方便读者使用和学习。

　　本书由广西科技大学吴凯任主编，广西财经学院蓝磊、广西科技大学郑小纯任副主编。具体编写分工如下：吴凯编写第 1、3、7、8 章，蓝磊编写第 2、4、5 章，郑小纯编写第 6、9 章。

　　感谢唐曼红、廖羚、周国恩、林桂武、郭亮、梁郁、欧阳婷等在本书编写过程中给予编者的热情帮助。

　　由于编者水平和时间有限，书中不妥之处敬请读者批评指正。

编者

2023 年 12 月

目录

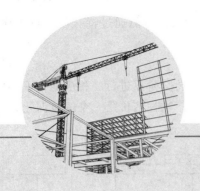

绪　论

1.1　工程估价概述

1.1.1　工程估价概念

"工程估价"一词源于国外，在国外的工程建设程序中，可行性研究阶段、方案设计阶段、技术设计阶段、施工图设计阶段以及开标前阶段对建设项目投资所做的测算统称为"工程估价"，但在各个阶段，其详细程度和准确程度是有差别的。

按照我国的基本建设程序，在项目建议书及可行性研究阶段，对建设项目投资所做的测算称为"投资估算"；在初步设计、技术设计阶段，对建设项目投资所做的测算称为"设计概算"；在施工图设计阶段，称为"施工图预算"；在工程招投标阶段，招标人、投标人分别编制标底价（或招标控制价）和投标报价；中标后，承包商与业主签订合同时形成的价格称为"合同价"；在工程实施阶段，承包商与业主结算工程价款时形成的价格称为"结算价"；工程竣工验收后，双方共同确认的实际工程造价称为"竣工结算价"；将以上投资估算、设计概算、施工图预算、合同价、结算价、竣工结算价统称为"工程造价"。

计算和确定建设项目工程造价的过程，简称"工程估价"，也称工程计价，是指工程估价人员在建设项目实施的各个阶段，根据估价目的，遵循工程计价原则和程序，采用科学的计价方法，结合估价经验等，对投资项目最可能实现的合理价格做出科学的计算，从而确定投资项目的工程造价，编制工程造价经济文件。目前，在我国工程造价领域，也将"工程估价"称为"工程计价"或"工程造价"，本书以后章节，若无特殊说明，三者所指相同。

本书主要介绍建筑工程估价，其方法及原理也同样适用于设备安装等其他工程的估价工作。

1.1.2　工程估价的特点

工程建设活动是一项多环节、受多因素影响、涉及面广的复杂活动。因而，其估算价值会随项目进行的深度不同而发生变化，即工程估价是一个动态过程。工程估价的特点是由建设项目本身固有的技术经济特点及其生产过程的技术经济特点所决定的。

1.1.2.1　估价的单件性

每一项建设工程都有其特定的用途、功能、规模，每项工程的结构、空间分割、设备配置和内外装饰都有不同的要求。即使是用途相同的建设项目，由于建筑标准、技术水平、市场需求、自然地质条件等不同，其造价也不同。因此，建设项目只能通过特殊的计价程序，就每个项目单独估算。

1.1.2.2 估价的多次性

建设项目周期长、规模大、造价高，因此按照建设程序要分阶段进行。相应地在不同阶段多次计价，以保证工程造价计算的准确性和控制有效性。多次性估价是一个逐步深化、由不准确到准确的过程，其过程如图 1-1 所示。

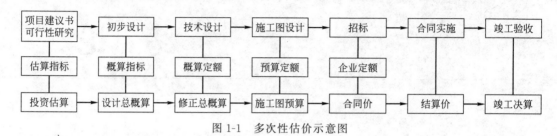

图 1-1 多次性估价示意图

1.1.2.3 估价依据的复杂性

建设项目投资估价依据复杂、种类繁多。在不同的建设阶段有不同的估价依据，且互为基础和指导，互相影响。如预算定额是概算定额（指标）编制的基础，概算定额（指标）又是估算指标编制的基础；反过来，估算指标又控制概算定额（指标）的水平，概算定额（指标）又控制预算定额的水平。

1.1.2.4 估价的组合性

建设项目投资的计算是分部组合而成的，这与建设项目的组合性有关，一个建设项目是一个工程综合体。

凡是按一个总体设计进行建设的各个单项工程汇集的总体为一个建设项目。如一家工厂或一所学校的建设，均可称为建设项目。在建设项目中凡是有独立的设计文件、竣工后可以独立发挥生产能力或工程效益的工程为单项工程，也可将它理解为具有独立存在意义的完整的工程项目。如学校建设项目中的教学楼、办公楼、图书馆、学生宿舍等。一个或若干个单项工程可组成建设项目。各单项工程又可分解为各个能独立施工的单位工程。单位工程是指具有独立的施工图纸，可以独立组织施工，但完成后不能独立交付使用的工程，如工厂一个车间的土建工程、设备安装工程等。考虑到组成单位工程的各部分是由不同工人用不同工具和材料完成的，又可以把单位工程进一步分解为分部工程，如土石方工程分部、混凝土和钢筋混凝土工程分部等。然后还可按照不同的施工方法、构造及规格，把分部工程更细致地分解为分项工程。建设项目组合计价示意图如图 1-2 所示。

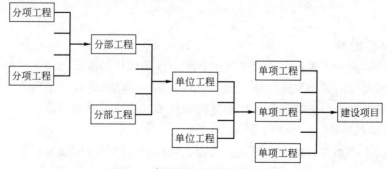

图 1-2 建设项目组合计价示意图

1.1.2.5　估价的动态跟踪调整特征

每个建设项目从立项到竣工都有一个较长的建设期,在此期间都会出现一些不可预料的变化因素对建设项目投资产生影响。如设计变更,设备、材料、人工价格变化,国家利率、汇率调整,因不可抗力出现或因承包方、发包方原因造成的索赔事件出现等,必然引起建设项目投资的变动。在整个建设期内,投资额可能随时调整,直至竣工结算后才能最后确定投资额。

1.1.3　工程估价的内容

工程估价的工作内容涉及建设项目的全过程,根据估价师服务对象不同,工作内容也有不同侧重点。

1.1.3.1　受雇于业主的估价师的工作内容

(1) 开发评估

在工程项目的初始阶段和规划阶段,估价师可以为业主准备开发进行估算和其他涉及开发评估的工作,如财务预测、现金流量分析、敏感性分析。

(2) 合同前成本控制

工程合同签订前,估价师按业主要求,运用有关的估算方法,初步估计出工程的成本,使业主对可能的工程造价有一个大致的了解。在项目的设计过程中,估价师应不断向设计师提供成本方面的建议,对不同的施工方案进行成本比较,以成本规划控制设计。有时业主还要求估价师在制定成本规划的同时,运用价值工程的原理,分析项目的“全寿命”成本,使投资得到最有效的利用。

(3) 融资与税收规划

估价师可按业主要求,就项目的资金来源和使用方式提供建议,并凭借自己对国家税收政策和优惠条件的理解,对错综复杂的工程税收问题提供税收规划。

(4) 选择合同发包方式,编制合同文件

工程条件和业主要求不同,所适用的发包方式也不同。如果业主最为关心的是成本问题,应该选择成本能够确定的投标者而不是目前标价最低的投标者。估价师可以利用发包方面的专业知识帮助业主选择合适的发包方式和承包商。

合同文件编制是估价师的主要工作内容。合同文件编制的内容根据项目性质、范围和规模的不同而不同。

(5) 投标分析

投标分析是选择承包商的关键步骤。估价师在此阶段起着重要作用,除了检查投标文件中的错误之外,往往还在业主与承包商的合同谈判中,起着为业主确定合同单价或合同总价的顾问作用。

(6) 合同管理

估价师对合同的管理工作主要分为现金流量、财务状况和索赔三方面的管理。估价师应按制定的现金流量表来监督对承包商的付款进度(工程结算),通过编制相应的成本报表来了解项目的财务状况,及时将可能影响预算的事件通告业主,并尽早确定设计变更、工期延误等对财务的影响。估价师还应及时对发生的工程索赔价款进行估价核实。

(7) 竣工结算

项目完成后,估价师应及时办理与承包商的工程竣工结算手续。

1.1.3.2　受雇于承包商的估价师的工作内容

（1）报价

承包商在投标过程中，工程量的计算与相应的价格确定是影响能否中标的关键。在这一阶段出现错误，特别是主要项目的报价错误，其损失是难以弥补的。成功的报价依赖于估价师对合同和施工方法的熟悉、对市场价格的掌握和对竞争对手的了解。

（2）谈判签约

承包商的估价师要就合同所涉及的项目单价、合同总价、合同形式、合同条款与业主的估价师谈判协商，力争使合同对承包商有利。

（3）现场测量、财务管理与成本分析

为了及时进行工程的中期付款（结算）和企业内部的经济核算，估价师应到施工现场实地测量，编制真实的工程付款申请。同时，定期编制财务报告，进行成本分析，将实际值与计划值相比较，判断企业盈亏状况，分析原因，避免企业合理利润的损失。

（4）工程竣工结算

工程竣工时，承包商的估价师要编制竣工结算书并与业主（或业主的估价师）核对，可能仍需要经过艰难协商，才能完成竣工结算。

1.2　工程估价的发展

1.2.1　国际工程估价的起源与发展

工程估价的起源可追溯到中世纪，当时的大多数建筑都比较简单，业主一般请一个工匠负责房屋的设计与建造，工程完工后，按双方事先商量好的总价支付，或者先确定一个单位单价，然后乘以实际完成的工程量得到工程的造价。

到公元14～15世纪，随着人们对房屋、公共建筑的要求日益提高，原有的工匠不能满足新的建筑形式的技术要求，建筑师成为一个独立的职业，而工匠们则负责建造工作。工匠与建筑师接触时发现，由于建筑师往往受过良好的教育，因此在与建筑师协商时，自己往往处于劣势地位，为此，他们雇佣其他受过教育、有技术的人替他们计算工程量并与建筑师协商单价。

当工匠们雇用的计算人员越来越专业化时，建筑师为了使自己有更多的精力去完成自己的设计基本职能，也雇用了一个计算人员代表自己的利益与工匠们的计算人员对抗，这样，就产生了专门从事工程造价的计算人员——造价师。

19世纪初，英国为了有效地控制工程费用的支出、加快工程进度，开始实施竞争性招标。竞争性招标需要每个承包商在工程开始前根据图纸计算工程量，然后根据工程量情况做出工程造价。参与投标的承包商们往往雇用一个造价师为自己做些工作，而业主（或代表业主利益的工程师）也需要雇用一个造价师为自己计算拟建工程的工程量，为承包商提供工程量清单。这样在造价领域就有了两种类型的造价师，一种受雇于业主，另一种则受雇于承包商。从此工程造价便逐步形成了独立的专业。

19世纪30年代，为业主计算工程量、提供工程量清单成为业主方造价师的主要职责。所有的投标都以业主提供的工程量清单为基础，从而使投标结果具有可比性。工程中发生工程变更后，工程量清单就成为调整工程价款的依据与基础。1881年英国皇家特许测量师学会（Royal Institution of Chartered Surveyor，简称RICS）成立，标志着工程造价的第一次飞跃。

20 世纪 20 年代，工程造价领域出版了第一本标准工程量计算规则，使得工程量计算有了统一的标准和基础，加强了工程量清单的使用，进一步促进了竞争性投标的发展。

20 世纪 50 年代，RICS 的成本研究小组修改并发展了成本规划法，使造价工作从原来的被动工作转变为主动工作，从原来设计结束计价转变为计价与设计工作同步进行。

20 世纪 60 年代，RICS 的成本信息服务部又颁发了划分建筑工程分部工程的标准，使得每个工程的成本可以按相同的方法分摊到各分部中，从而方便了不同工程的成本和成本信息资料的贮存。

20 世纪 70 年代后期，建筑业人士已达成了一个共识，即对项目的计价仅考虑初始成本（一次性投资）是不够的，还应考虑到工程交付使用后的维修和运行成本，即应以"总成本"作为方案投资的控制目标。这种"总成本论"进一步拓宽了工程计价的含义，使工程计价贯穿于项目的全过程。

1.2.2 我国工程估价的历史沿革

早在北宋时期，我国土木建筑家李诫就编修了《营造法式》，这是工料计算方面的巨著，该书可以看作是古代的工料定额。清朝工部《工程做法则例》中，有许多内容是说明工料计算方法的，它也是一部优秀的算工算料著作。这些资料都是我国古代工程估价发展的历史见证。

从新中国成立至今，我国工程估价管理大体上可以分为五个阶段。

第一阶段：1950～1957 年，工程建设定额管理建立阶段。1950～1952 年国民经济三年恢复时期，全国的工程建设项目虽然不多，但在解放较早的东北地区，已经着手一些工厂的恢复、扩建和少量新建工程。由于缺少建设经验和管理方法，加之工程基本由私人营造商承包，材料、资金浪费很大。第一个五年计划开始，国家进入大规模经济建设时期，基本建设规模日益扩大。为合理、节约使用有限的建设资金和人力、物力，充分提高投资效果，在总结恢复时期经验的基础上，吸收了当时苏联的建设经验和管理方法，建立了概预算制度，要求建立各类定额并对其进行管理，以提供编制和考核概预算的基础依据。同时为了提高投资效果，也要求加强施工企业内部的定额管理。

在该阶段，我国虽建立了定额管理，但由于面对大规模经济建设，缺乏工程造价管理经验和专业人才，所以在学习外国经验时，也存在结合中国实际不够的问题，使定额的编制和执行受到影响。

第二阶段：1958～1965 年，工程建设定额管理弱化时期。1958 年 6 月，概预算和定额管理权限全部下放，国家综合部门取消对其控制。不少地区代之以二合一定额，即将施工定额和预算定额合为一种定额。

第三阶段：1966～1976 年，概预算和定额管理工作停滞。

第四阶段：1977～1989 年，我国工程造价管理恢复时期。从 1977 年起，国家恢复重建造价管理机构，1983 年 8 月成立基本建设标准定额局，组织制定工程建设概预算定额、费用标准及工作制度。概预算定额统一归口，1988 年划归建设部，成立标准定额司，各省市、各部委建立了定额管理站，全国颁布了一系列推动概预算管理和定额管理发展的文件。随着中国建设工程造价管理协会的成立，工程项目全过程造价管理的概念逐渐被广大造价人员接受，工程造价体制和管理都得到了迅速的恢复和发展。

第五阶段：1990 年至今，我国工程造价管理进入改革、发展和成熟期。从 1990 年至今，随着我国经济发展水平的提高和经济结构的日益复杂，传统的与计划经济相适应的概预算定额管理已暴露出不能满足市场经济要求的弊端。

30 多年来，我国的建设工程造价管理逐渐趋于完善并向国际惯例靠拢。1990 年中国建设工程造价管理协会成立，1996 年注册造价工程师执业资格制度建立。2003 年 7 月，国家颁发实施了《建设工程工程量清单计价规范》（GB 50500—2003），标志着我国的工程估价开始进入国际估价惯例的轨道，工程造价管理由传统的"量价合一"的计划模式向"量价分离"的市场模式转型。

《建设工程工程量清单计价规范》（GB 50500—2008）自 2008 年 12 月 1 日起施行，2008 年版清单规范强化了工程实施阶段全过程计价行为的管理。与 2003 年版清单规范相比，2008 年版清单规范增加了大量的与合同价和工程结算相关的内容，从技术层面上讲，增加的内容将防止或避免出现虚假施工合同、工程款拖欠和工程结算难等现象。自实施以来，2008 年版规范对解决工程计价诸多问题、规范参与建设各方计价行为、规范建设市场的计价活动都产生了重要影响。

《建设工程工程量清单计价规范》（GB 50500—2013）于 2013 年 7 月 1 日强制实施，标志着中国工程造价改革步入深水区。相比于 2008 年版规范，2013 年版清单规范涵盖从招标投标开始至竣工结算为止的施工阶段全过程工程计价技术与管理，使工程施工过程的每个计价环节有"规"可依、有"章"可循，并按施工顺序承前启后，相互贯通，构筑起规范工程造价计价行为的长效机制，是一本融全过程工程计价技术与管理于一体的规范。

2013 年版计价规范的内容由原 2008 年版规范的 5 章 17 节 137 条增加到现在的 16 章 54 节 329 条，在 2008 年版规范基础上，新增 240 条，修改 52 条，保留 36 条。其中强制性条款 15 个，附带专业计量规范（附录）9 个。9 个专业之间的划分更加清晰，更加具有针对性和可操作性。2013 年版规范主要修订了原规范正文中不尽合理、不够完善、可操作性不强的条款及表格形式，补充完善了采用工程量清单计价如何编制工程量清单文件、招标控制价、投标报价、合同价款的约定，工程计量、合同价款调整、合同价款中期支付、竣工结算与支付、合同解除的价款结算与支付、合同价款争议解决、工程造价鉴定、工程计价资料与归档等内容。

2013 年版规范对工程造价管理的专业性要求更高，可执行性更强，不但从宏观上规范了政府造价管理行为，更重要的是从微观上规范了发、承包双方的工程造价计价行为，使中国工程造价进入了全过程精细化管理的新时代。2013 年版清单规范以及房屋建筑装饰工程的计量规范的部分具体内容详见本书第 7、8 章。

1.2.3 现代工程对工程估价师的素质要求

随着建筑业的发展，估价工作的内容日益增多，工作范围也日益广阔。在新的历史时期，社会的发展对建筑造价人员的要求与计划时期相比，已经发生了重大变化。估价师从单纯按定额编制概预算或准备工程量清单发展为

我国十大超级工程

业主或承包商的成本顾问，为此，估价人员应尽快适应时代要求，提高自身的综合素质。

如在美国，工程成本的估价管理主要由"工程成本促进协会"（简称 AACE）进行行业管理。AACE 的认证有成本工程师证（简称 CCE）和成本咨询师证（简称 CCC）两种，二者考试内容是一样的。要取得 CCE 证，必须已经具有四年以上工程学历教育并已获得工程学士学位。要取得 CCC 证，必须已经具有四年以上的建筑技术、项目管理、商业等专业学历，或已取得项目工程师执照。持有这两证的人员并没有什么特权，只是证明其已具有最新

的工程造价专业知识和技能，就业更有优势。AACE 的认证考试主要涉及以下四个方面的知识和技能。

（1）基本知识

如工程经济学、生产率学、统计与概率、预测学、优化理论、价值工程等。

（2）成本估算与控制技能

如项目分解、成本构成、成本和价格的估概预算方法、成本指数、风险分析和现金流量等。

（3）项目管理知识

如管理学、行为科学、工期计划、资源管理、生产率管理、合同管理、社会和法律等。

（4）经济分析技能

如现金流量、盈利分析等。

以上四方面的知识和技能是在不断更新的。

为了满足现代工程的要求和适应我国造价管理体制的转型，我国加强了建设项目投资的控制管理，项目投资控制与造价管理的执业资格制度逐步形成，工程估价相关执业资格见表 1-1。

表 1-1　工程估价相关执业资格

序号	名称	考试科目	成绩滚动年限	管理部门	承办机构	实施时间
1	监理工程师	建设工程合同管理,建设工程质量、投资、进度控制,建设工程监理基本理论,建设工程监理案例分析	2	住房和城乡建设部	中国建设监理协会	1992 年 7 月
2	房地产估价师	房地产基本制度与政策,房地产投资经营与管理,房地产估价理论与实务,房地产估价案例与分析	2	住房和城乡建设部	住房和城乡建设部执业资格注册中心	1995 年 3 月
3	资产评估师	资产评估,经济法,财务会计,机电设备评估基础,建筑工程评估基础	3	财政部	中国资产评估协会	1996 年 8 月
4	造价工程师	工程造价管理基础理论与相关法规,工程造价计价与控制,建设工程技术与计量（分土建和安装两个专业）,工程造价案例分析	2	住房和城乡建设部	中国建设工程造价管理协会	1996 年 8 月
5	咨询工程师（投资）	工程咨询概论,宏观经济政策与发展规划,工程项目组织与管理,项目决策分析与评价,现代咨询方法与实务	3	国家发展和改革委员会	中国工程咨询协会	2001 年 12 月
6	一级建造师	建设工程经济,建设工程法规与相关知识,建设工程项目管理,专业工程管理与实务	2	住房和城乡建设部	住房和城乡建设部执业资格注册中心	2003 年 1 月
7	设备监理师	设备工程监理基础及相关知识,设备监理合同管理,质量、投资、进度控制,设备监理综合实务与案例分析	2	国家质量监督检验检疫总局	中国设备监理协会	2003 年 10 月

我国从事工程估价的人员应具备以下能力。

① 具有对工程项目各阶段估价的能力，能根据工程和统一的工程量计算规则，掌握工程量计算、工程量清单编制、工程单价的制定方法和工程估价的审核；掌握工程结算方法，

协助编制与审查工程决算。

② 能够运用现代经济分析方法，对拟建项目计算期（寿命期）内的投入、产出诸多因素进行调查；通过可行性研究，做好工程项目的预测工作，为业主优选投资方案提供依据。

③ 熟悉与工程相关的法律法规，了解工程项目中各方的权利、责任与义务。能对合同协议中的条款做出正确的解释；掌握招投标及评标方法，并具备谈判和索赔的才能与技巧。

④ 了解建筑施工技术、方法和过程，正确理解施工图、施工组织设计和施工安排。合理地编制费用项目，为正确估价提供保障。

⑤ 有获得工程信息、资料的能力，并能运用工程信息系统提供的各类技术与经济指标，结合工程项目具体特点，对已完工程的经济性做出评价和总结。

小　结

我国工程建设程序分为投资决策阶段、设计阶段、建设实施阶段、竣工验收阶段，每个阶段工程对建设项目投资所做的测算统称为"工程估价"。工程估价有单件性、多次性、依据复杂性、组合性、动态性等特点。受雇于业主及承包商的估价师工作内容有不同的侧重点。目前我国工程计价模式仍然是定额计价模式与工程量清单模式并存，但从发展趋势看，工程量清单模式将成为主要的计价方法。我国目前建设行业的执业资格都涉及工程估价内容。

思　考　题

（1）除了本章所列的执业资格，还有二级建造师、全国造价员资格考试，各省、自治区、直辖市细则有所不同，根据自己的意向就业地区上网查看相关内容。

（2）根据工程估价人员应具备的基本素质，对照分析自己的差距在哪里。

建设项目投资组成

2.1 建设项目投资组成概述

2.1.1 我国现行建设项目总投资组成

我国现行建设项目总投资由固定资产投资和流动资产投资两部分组成，固定资产投资即工程造价，工程造价的主要构成部分是建设投资，根据国家发改委和建设部（发改投资〔2006〕1325 号）发布的《建设项目经济评价方法与参数》（第三版）的规定，建设投资包括工程费用、工程建设其他费用和预备费三部分。工程费用是指直接构成固定资产实体的各种费用，可以分为建筑安装工程费和设备及工器具购置费；工程建设其他费用是指根据国家有关规定应在投资中支付，并列入建设项目总造价或单项工程造价的费用；预备费是为了保证工程项目的顺利实施，避免在难以预料的情况下造成投资不足而预先安排的一笔费用。建设项目总投资的具体构成如图 2-1 所示。图中列示的项目总投资主要是指在项目可行性研究阶段用于财务分析时的总投资构成，在"项目报批总投资"或"项目概算总投资"中只包括铺底流动资金，其金额通常为流动资金总额的 30%。

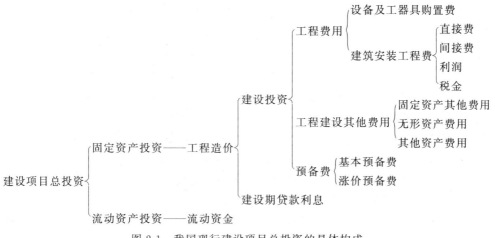

图 2-1 我国现行建设项目总投资的具体构成

2.1.2 世界银行及国外项目的投资组成

1978 年，世界银行、国际咨询工程师联合会对项目的总建设成本（相当于我国的工程造价）做了统一规定，工程项目总建设成本包括项目直接建设成本、项目间接建设成本、应急费和建设成本上升费等。各部分详细内容如下。

2.1.2.1 项目直接建设成本

① 土地征购费。

② 场外设施费用。如道路、码头、桥梁、机场、输电线路等设施费用。

③ 场地费用。指用于场地准备、厂区道路、铁路、围栏、场内设施等的建设费用。

④ 工艺设备费。指主要设备、辅助设备及零配件的购置费用，包括海运包装费用、交货港离岸价，但不包括税金。

⑤ 设备安装费。指设备供应商的监理费用，本国劳务及工资费用，辅助材料、施工设备、消耗品和工具费用，以及安装承包商的管理费和利润。

⑥ 管道系统费用。指与管道系统的材料及劳务相关的全部费用。

⑦ 电气设备费。其内容与第④项类似。

⑧ 电气安装费。指设备供应商的监理费用，本国劳务及工资费用，辅助材料、电缆、管道和工具费用，以及安装承包商的管理费和利润。

⑨ 仪器仪表费。指所有自动仪表、控制板、配线和辅助材料的费用以及供应商的监理费，外国或本国劳务及工资费用，承包商的管理费和利润。

⑩ 机械的绝缘和油漆费。指与机械及管道的绝缘和油漆相关的全部费用。

⑪ 工艺建筑费。指原材料、劳务费以及与基础、建筑结构、屋顶、内外装修、公共设施有关的全部费用。

⑫ 服务性建筑费用。其内容与第⑪项相似。

⑬ 工厂普通公共设施费。包括材料和劳务费以及与供水、燃料供应、通风、蒸汽发生及分配、下水道、污物处理等公共设施有关的费用。

⑭ 车辆费。指工艺操作必需的机动设备零件费用，包括海运包装费用以及交货港的离岸价，但不包括税金。

⑮ 其他当地费用。指那些不能归类于以上任何一个项目，不能计入项目间接成本，但在建设期间又必不可少的费用。如临时设备、临时公共设施及场地的维持费，营地设施及其管理费，建筑保险和债券，杂项开支等费用。

2.1.2.2 项目间接建设成本

① 项目管理费。包括：总部人员的薪金、福利费，以及用于初步设计和详细工程设计、采购、时间和成本控制、行政和其他一般管理的费用；施工管理现场人员的薪金、福利费，以及用于施工现场监督、质量保证、现场采购、时间及成本控制、行政及其他施工管理机构的费用；零星杂项费用，如返工、旅行、生活津贴、业务支出等；各种酬金。

② 开工试车费。指工厂投料试车必需的劳务和材料费用。

③ 业主的行政性费用。指业主的项目管理人员的费用。

④ 生产前费用。指前期研究、勘测、建矿、采矿等费用。

⑤ 运费和保险费。指海运、国内运输、许可证及佣金、海洋保险、综合保险等费用。

⑥ 地方税。指地方关税、地方税及对特殊项目征收的税金。

2.1.2.3 应急费

（1）未明确项目的准备金

此项准备金用于在估算时不可能明确的潜在项目，包括那些在做成本估算时因为缺乏完整、准确和详细的资料而不能完全预见和不能注明的项目，并且这些项目是必须完成的，或它们的费用是必定要发生的。在每一个组成部分中均单独以一定的百分比确定，并作为估算的一个项目单独列出。此项准备金不是为了支付工作范围以外可能增加的项目，不是用来应付天灾、非正常经济情况及罢工等情况，也不是用来补偿估算的任何误差，而是用来支付那些几乎可以肯定要发生的费用。因此，它是估算不可缺少的一个组成部分。

（2）不可预见准备金

此项准备金（在未明确项目的准备金之外）用于在估算达到了一定的完整性并符合技术标准的基础上，由于物质、社会和经济的变化，导致的估算增加情况。此种情况可能发生，也可能不发生。因此，不可预见准备金只是一种储备，可能不动用。

2.1.2.4　建设成本上升费

通常，估算中使用的构成工资率、材料和设备价格基础的截止日期就是"估算日期"。必须对该日期或已知成本基础进行调整，以补偿直至工程结束时的未知价格增长。

工程的各个主要组成部分（国内劳务和相关成本、本国材料、外国材料、本国设备、外国设备、项目管理机构）的细目划分决定以后，便可确定每一个主要组成部分的增长率。这个增长率是一项判断因素。它以已发表的国内和国际成本指数、公司记录等为依据，并与实际供应商进行核对，然后根据确定的增长率和从工程进度表中获得的各主要组成部分的中点值，计算出每项主要组成部分的成本上升值。

2.2　设备及工、器具购置费的组成

设备及工、器具购置费用是由设备购置费和工具、器具及生产家具购置费组成的，它是固定资产投资中的积极部分。在生产性工程建设中，设备及工、器具购置费占工程造价比重的增大，意味着生产技术的进步和资本有机构成的提高。

2.2.1　设备购置费的组成及计算

设备购置费是指为建设项目购置或自制的达到固定资产标准的各种国产或进口设备、工具、器具的购置费用。它由设备原价和设备运杂费构成：

$$设备购置费＝设备原价＋设备运杂费 \tag{2-1}$$

式中，设备原价是指国产设备或进口设备的原价；设备运杂费指除设备原价之外的设备采购、运输、途中包装及仓库保管等方面支出费用的总和。

2.2.1.1　国产设备原价的构成及计算

国产设备原价一般指的是设备制造厂的交货价或订货合同价。它一般根据生产厂或供应商的询价、报价、合同价确定，或采用一定的方法计算确定。国产设备原价分为国产标准设备原价和国产非标准设备原价。

（1）国产标准设备原价

国产标准设备是指按照主管部门颁布的标准图纸和技术要求，由我国设备生产厂批量生产的，符合国家质量检测标准的设备。国产标准设备原价一般是设备制造厂的交货价，即出厂价，设备出厂价有两种，一是带有备件的出厂价，二是不带有备件的出厂价。在计算设备原价时，应按带有备件的出厂价计算。如设备由设备成套公司供应，则应以订货合同价为设备原价。

（2）国产非标准设备原价

国产非标准设备是指国家尚无定型标准，各设备生产厂不可能在工艺过程中采用批量生产，只能按订货要求并根据具体的设计图纸制造的设备。非标准设备由于单件生产、无定型标准，所以无法获取市场交易价格，只能按其成本构成或相关技术参数估算其价格。非标准设备原价有多种不同的计算方法，如成本计算估价法、系列设备插入估价法、分部组合估价法、定额估价法等。但无论采用哪种方法都应该使非标准设备计价接近实际出厂价，并且计算方法要简便。成本计算估价法是一种比较常用的估算非标准设备原价的方法，按成本计算估价法，非标准设备的原价由以下各项组成。

① 材料费。其计算公式为：

$$材料费 = 材料净重 \times (1 + 加工损耗系数) \times 每吨材料综合价 \qquad (2\text{-}2)$$

② 加工费。包括生产工人工资和工资附加费、燃料动力费、设备折旧费、车间经费等。其计算公式为：

$$加工费 = 设备总重量（吨）\times 设备每吨加工费 \qquad (2\text{-}3)$$

③ 辅助材料费（简称辅材费）。包括焊条、焊丝、氧气、氩气、氮气、油漆、电石等费用。其计算公式为：

$$辅助材料费 = 设备总重量 \times 辅助材料费指标 \qquad (2\text{-}4)$$

④ 专用工具费。按①～③项之和乘以一定百分比计算。

⑤ 废品损失费。按①～④项之和乘以一定百分比计算。

⑥ 外购配套件费。按设备设计图纸所列的外购配套件的名称、型号、规格、数量、重量，根据相应的价格加运杂费计算。

⑦ 包装费。按以上①～⑥项之和乘以一定百分比计算。

⑧ 利润。可按①～⑤项加第⑦项之和乘以一定利润率计算。

⑨ 税金。主要指增值税。计算公式为：

$$增值税 = 当期销项税额 - 进项税额 \qquad (2\text{-}5)$$

$$当期销项税额 = 销售额 \times 适用增值税率 \qquad (2\text{-}6)$$

销售额为①～⑧项之和。

⑩ 非标准设备设计费。按国家规定的设计费收费标准计算。

综上所述，单台非标准设备原价可用下面的计算公式表达：

单台非标准设备原价＝{[（材料费＋加工费＋辅助材料费）×（1＋专用工具费率）×

（1＋废品损失费率）＋外购配套件费]×（1＋包装费率）－

外购配套件费}×（1＋利润率）＋销项税额＋非标准设备

设计费＋外购配套件费 （2-7）

【例 2-1】 某工厂采购一台国产非标准设备，制造厂生产该台设备所用材料费 20 万元，加工费 2 万元，辅助材料费 4000 元，制造厂为制造设备，在材料采购过程中发生进项增值税额 3.5 万元，专用工具费率 1.5%，废品损失费率 10%，外购配套件费 5 万元，包装费率 1%，利润率为 7%，增值税率 17%，非标准设备设计费 2 万元，求该国产非标准设备的原价。

解 专用工具费＝（20＋2＋0.4）×1.5%＝0.336（万元）

废品损失费＝（20＋2＋0.4＋0.336）×10%＝2.2736（万元）

包装费＝（22.4＋0.336＋2.2736＋5）×1%＝0.3001（万元）

利润＝（22.4＋0.336＋2.2736＋0.3001）×7%＝1.7717（万元）

销项税额＝(22.4＋0.336＋2.2736＋5＋0.3001＋1.7717)×17％＝5.4538（万元）

该国产非标准设备的原价＝22.4＋0.336＋2.2736＋5＋0.3001＋

1.7717＋5.4538＋2＋5＝44.5352（万元）

2.2.1.2 进口设备原价的构成及计算

进口设备的原价是指进口设备的抵岸价，即抵达买方边境港口或边境车站，且交完关税等税费后形成的价格。进口设备抵岸价的构成与进口设备的交货类别有关。

（1）进口设备的交货类别

进口设备的交货类别可分为内陆交货类、目的地交货类、装运港交货类。

① 内陆交货类。即卖方在出口国内陆的某个地点交货。在交货地点，卖方及时提交合同规定的货物和有关凭证，并负担交货前的一切费用和风险；买方按时接受货物，交付货款，负担接货后的一切费用和风险，并自行办理出口手续和装运出口。货物的所有权也在交货后由卖方转移给买方。

② 目的地交货类。即卖方在进口国的港口或内地交货，有目的港船上交货价、目的港船边交货价（FOS）和目的港码头交货价（关税已付）及完税后交货价（进口国的指定地点）等几种交货价。它们的特点是：买卖双方承担的责任、费用和风险是以目的地约定交货点为分界线，只有当卖方在交货点将货物置于买方控制下才算交货，才能向买方收取货款。这种交货类别对卖方来说承担的风险较大，在国际贸易中卖方一般不愿采用。

③ 装运港交货类。即卖方在出口国装运港交货。主要有：装运港船上交货价（FOB），习惯称离岸价格；运费在内价（C&F）和运费、保险费在内价（CIF），习惯称到岸价格。它们的特点是：卖方按照约定的时间在装运港交货，只要卖方把合同规定的货物装船后提供货运单据便完成交货任务，可凭单据收回货款。

（2）进口设备抵岸价的构成及计算

进口设备抵岸价＝货价＋国际运费＋运输保险费＋银行财务费＋外贸手续费＋关税＋

增值税＋消费税＋海关监管手续费＋车辆购置附加费 (2-8)

① 货价（FOB）。一般指装运港船上交货价，设备 FOB 价分为原币货价和人民币货价，原币货价一般折算为美元表示，人民币货价按原币货价乘以外汇市场美元兑换人民币汇率中间价确定。FOB 价按有关生产厂商询价、报价、订货合同价计算。

② 国际运费。即从装运港（站）到达我国目的港（站）的运费。我国进口设备大部分采用海洋运输，小部分采用铁路运输，个别采用航空运输。进口设备国际运费计算公式为：

国际运费(海、陆、空)＝原币货价(FOB)×运费率 (2-9)

或

国际运费(海、陆、空)＝运量×单位运价 (2-10)

其中，运费率或单位运价参照有关部门或进出口公司的规定执行。

③ 运输保险费。对外贸易货物运输保险是由保险人（保险公司）与被保险人（出口人或进口人）订立保险契约，在被保险人交付议定的保险费后，保险人根据保险契约的规定对货物在运输过程中发生的承保责任范围内的损失给予经济补偿的保险，是一种财产保险。运输保险费计算公式为：

$$运输保险费＝\frac{原币货价(FOB)＋国外运费}{1-保险费率(％)}×保险费率(％)$$ (2-11)

其中，保险费率按保险公司规定的进口货物保险费率计算。

④ 银行财务费。一般是指我国银行手续费，可按下式简化计算：

$$银行财务费＝人民币货价（FOB）×银行财务费率 \qquad (2-12)$$

⑤ 外贸手续费。指按商务部规定的外贸手续费率计取的费用，外贸手续费率一般取 1.5%，其计算公式为：

$$外贸手续费＝（FOB价＋国际运费＋运输保险费）×外贸手续费率 \qquad (2-13)$$

⑥ 关税。由海关对进出国境或关境的货物和物品征收的一种税，计算公式为：

$$关税＝到岸价格（CIF）×进口关税税率 \qquad (2-14)$$

对进口设备，习惯上称 FOB 价为离岸格，称 CIF 价为到岸价格。

$$CIF价＝FOB价＋国际运费＋运输保险费 \qquad (2-15)$$

⑦ 增值税。是对从事进口贸易的单位和个人，在进口商品报关进口后征收的税种。我国增值税条例规定，进口应税产品均按组成计税价格和增值税税率直接计算应纳税额，计算公式为：

$$进口产品增值税额＝组成计税价格×增值税税率 \qquad (2-16)$$
$$组成计税价格＝关税完税价格＋关税＋消费税 \qquad (2-17)$$

⑧ 消费税。仅对部分进口设备（如轿车、摩托车等）征收，计算公式为：

$$应纳消费税税额＝\frac{到岸价格＋关税}{1－消费税税率}×消费税税率 \qquad (2-18)$$

其中，消费税税率根据规定的税率计算。

⑨ 海关监管手续费。指海关对进口减税、免税、保税货物实施监督、管理、提供服务的手续费，费率一般为 0.3%。对于全额征收进口关税的货物不计本项费用。计算公式为：

$$海关监管手续费＝到岸价×海关监管手续费率 \qquad (2-19)$$

⑩ 车辆购置附加费。进口车辆需缴进口车辆购置附加费。计算公式如下：

$$进口车辆购置附加费＝（到岸价＋关税＋消费税＋增值税）×车辆购置附加费 \qquad (2-20)$$

【例 2-2】 从某国进口设备，重量 1000t，装运港船上交货价为 400 万美元，工程建设项目位于国内某省会城市。如果国际运费标准为 300 美元/t，海上运输保险费率为 3‰，银行财务费率为 5‰，外贸手续费率为 1.5%，关税税率为 22%，增值税税率为 17%，消费税税率 10%，银行外汇牌价为 1 美元＝6.8 元人民币，对该设备的原价进行估算。

解　进口设备 FOB 价＝400×6.8＝2720（万元）（人民币，下同）

国际运费＝300×1000×6.8＝2040000（元）＝204（万元）

$$海运保险费＝\frac{2720＋204}{1－0.3\%}×0.3\%＝8.80（万元）$$

CIF 价＝2720＋204＋8.80＝2932.8（万元）

银行财务费＝2720×5‰＝13.6（万元）

外贸手续费＝2932.8×1.5%＝43.99（万元）

关税＝2932.8×22%＝645.22（万元）

$$消费税＝\frac{2932.8＋645.22}{1－10\%}×10\%＝397.56（万元）$$

增值税＝（2932.8＋645.22＋397.56）×17%＝675.85（万元）

进口设备原价＝2932.8＋13.6＋43.99＋645.22＋397.56＋675.85＝4709.02（万元）

2.2.1.3　设备运杂费的构成及计算

（1）设备运杂费的构成

设备运杂费是指设备从制造厂家交货地点运至施工现场所发生的运输费、装卸费、包装费、供应部门手续费、成套公司服务费、采购和仓库保管费、港口建设费、保险费等（不包括超限设备运输措施费）。其构成内容如下。

① 运费和装卸费。由设备制造厂交货地点起至工地仓库（或施工组织设计指定的需要安装设备的堆放地点）止所发生的运费和装卸费。

② 包装费。在设备原价中没有包含的，为运输而进行的包装支出的各种费用。

③ 设备供销部门的手续费。按有关部门规定的统一费率计算。

④ 采购与仓库保管费。指采购、验收、保管和收发设备所发生的各种费用，包括设备采购人员、保管人员和管理人员的工资、工资附加费、办公费、差旅交通费，设备供应部门办公和仓库所占固定资产使用费、工具用具使用费、劳动保护费、检验试验费等。这些费用可按主管部门规定的采购与保管费率计算。

（2）设备运杂费的计算

设备运杂费按设备原价乘以设备运杂费率计算，计算公式为：

$$设备运杂费＝设备原价×设备运杂费率 \tag{2-21}$$

2.2.2　工具、器具及生产家具购置费的组成及计算

工具、器具及生产家具购置费是指新建或扩建项目初步设计规定的，为保证初期正常生产必须购置的没有达到固定资产标准的设备、仪器、工卡模具、器具、生产家具和备品备件等的购置费用。一般以设备购置费为计算基数，按照部门或行业规定的工具、器具及生产家具费率计算。计算公式为：

$$工具、器具及生产家具购置费＝设备购置费×定额费率 \tag{2-22}$$

2.3　建筑安装工程费用的组成

住房城乡建设部、财政部 2013 年发布《建筑安装工程费用项目组成》（以下简称《费用组成》），自 2013 年 7 月 1 日起施行。原建设部、财政部《关于印发〈建筑安装工程费用项目组成〉的通知》（建标〔2003〕206 号）同时废止。建筑安装工程费用项目组成如下。

2.3.1　建筑安装工程费用项目组成（按费用构成要素划分）

建筑安装工程费按照费用构成要素由人工费、材料（包含工程设备，下同）费、施工机具使用费、企业管理费、利润、规费和税金组成。其中人工费、材料费、施工机具使用费、企业管理费和利润包含在分部分项工程费、措施项目费、其他项目费中（见图 2-2）。

2.3.1.1　人工费

人工费是指按工资总额构成规定，支付给从事建筑安装工程施工的生产工人和附属生产单位工人的各项费用。包括如下内容。

（1）计时工资或计件工资

计时工资或计件工资是指按计时工资标准和工作时间或对已做工作按计件单价支付给个人的劳动报酬。

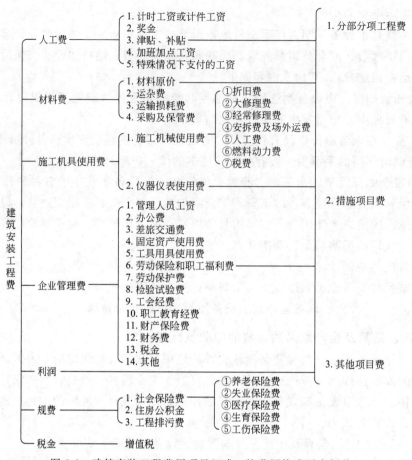

图 2-2　建筑安装工程费用项目组成（按费用构成要素划分）

（2）奖金

奖金是指对超额劳动和增收节支支付给个人的劳动报酬。如节约奖、劳动竞赛奖等。

（3）津贴补贴

津贴补贴是指为了补偿职工特殊或额外的劳动消耗和因其他特殊原因支付给个人的津贴，以及为了保证职工工资水平不受物价影响支付给个人的物价补贴。如流动施工津贴、特殊地区施工津贴、高温（寒）作业临时津贴、高空津贴等。

（4）加班加点工资

加班加点工资是指按规定支付的在法定节假日工作的加班工资和在法定日工作时间外延时工作的加点工资。

（5）特殊情况下支付的工资

特殊情况下支付的工资是指根据国家法律、法规和政策规定，因病、工伤、产假、计划生育假、婚丧假、事假、探亲假、定期休假、停工学习、执行国家或社会义务等原因按计时工资标准或计时工资标准的一定比例支付的工资。

2.3.1.2　材料费

材料费是指施工过程中耗费的原材料、辅助材料、构配件、零件、半成品或成品、工程设备的费用。包括如下内容。

（1）材料原价

材料原价是指材料、工程设备的出厂价格或商家供应价格。

（2）运杂费

运杂费是指材料、工程设备自来源地运至工地仓库或指定堆放地点所发生的全部费用。

（3）运输损耗费

运输损耗费是指材料在运输装卸过程中不可避免的损耗发生的费用。

（4）采购及保管费

采购及保管费是指为组织采购、供应和保管材料、工程设备的过程中所需要的各项费用。包括采购费、仓储费、工地保管费、仓储损耗。

工程设备是指构成或计划构成永久工程一部分的机电设备、金属结构设备、仪器装置及其他类似的设备和装置。

2.3.1.3　施工机具使用费

施工机具使用费是指施工作业所发生的施工机械、仪器仪表使用费或租赁费。

（1）施工机械使用费

施工机械使用费以施工机械台班耗用量乘以施工机械台班单价表示，施工机械台班单价应由下列七项费用组成。

① 折旧费。指施工机械在规定的使用年限内，陆续收回其原值的费用。

② 大修理费。指施工机械按规定的大修理间隔台班进行必要的大修理，以恢复其正常功能所需的费用。

③ 经常修理费。指施工机械除大修理以外的各级保养和临时故障排除所需的费用。包括为保障机械正常运转所需替换设备与随机配备工具附具的摊销和维护费用，机械运转中日常保养所需润滑与擦拭的材料费用，以及机械停滞期间的维护和保养费用，等等。

④ 安拆费及场外运费。安拆费指施工机械（大型机械除外）在现场进行安装与拆卸所需的人工、材料、机械和试运转费用以及机械辅助设施的折旧、搭设、拆除等费用；场外运费指施工机械整体或分体自停放地点运至施工现场或由一施工地点运至另一施工地点的运输、装卸、辅助材料及架线等费用。

⑤ 人工费。指机上司机（司炉）和其他操作人员的人工费。

⑥ 燃料动力费。指施工机械在运转作业中所消耗的各种燃料及水、电等的费用。

⑦ 税费。指施工机械按照国家规定应缴纳的车船税、保险费及年检费等。

（2）仪器仪表使用费

仪器仪表使用费是指工程施工所需使用的仪器仪表的摊销及维修费用。

2.3.1.4　企业管理费

企业管理费是指建筑安装企业组织施工生产和经营管理所需的费用。包括如下内容。

（1）管理人员工资

是指按规定支付给管理人员的计时工资、奖金、津贴补贴、加班加点工资及特殊情况下支付的工资等。

（2）办公费

是指企业管理办公用的文具、纸张、账表、印刷、邮电、书报、办公软件、现场监控、会议、水电、烧水和集体取暖降温（包括现场临时宿舍取暖降温）等费用。

（3）差旅交通费

是指职工因公出差、调动工作的差旅费、住勤补助费，市内交通费和误餐补助费，职工探亲路费，劳动力招募费，职工退休、退职一次性路费，工伤人员就医路费，工地转移费以及管理部门使用的交通工具的油料、燃料等费用。

（4）固定资产使用费

是指管理和试验部门及附属生产单位使用的属于固定资产的房屋、设备、仪器等的折旧、大修、维修或租赁费。

（5）工具用具使用费

是指企业施工生产和管理使用的不属于固定资产的工具、器具、家具、交通工具和检验、试验、测绘、消防用具等的购置、维修和摊销费。

（6）劳动保险和职工福利费

是指由企业支付的职工退职金、按规定支付给离休干部的经费，集体福利费、夏季防暑降温补贴、冬季取暖补贴、上下班交通补贴等。

（7）劳动保护费

是企业按规定发放的劳动保护用品的支出。如工作服、手套、防暑降温饮料以及在有碍身体健康的环境中施工的保健费用等。

（8）检验试验费

是指施工企业按照有关标准规定，对建筑以及材料、构件和建筑安装物进行一般鉴定、检查所发生的费用，包括自设试验室进行试验所耗用的材料等费用。不包括新结构、新材料的试验费，对构件做破坏性试验及其他特殊要求检验试验的费用和建设单位委托检测机构进行检测的费用，此类检测发生的费用由建设单位在工程建设其他费用中列支。但施工企业提供的具有合格证明的材料经检测不合格的，该检测费用由施工企业支付。

（9）工会经费

是指企业按《中华人民共和国工会法》规定的全部职工工资总额比例计提的工会经费。

（10）职工教育经费

是指按职工工资总额的规定比例计提，企业为职工进行专业技术和职业技能培训、专业技术人员继续教育、职工职业技能鉴定、职业资格认定以及根据需要对职工进行各类文化教育所发生的费用。

（11）财产保险费

是指施工管理用财产、车辆等的保险费用。

（12）财务费

是指企业为施工生产筹集资金或提供预付款担保、履约担保、职工工资支付担保等所发生的各种费用。

（13）税金

是指企业按规定缴纳的房产税、车船税、土地使用税、印花税等。

（14）其他

包括技术转让费、技术开发费、投标费、业务招待费、绿化费、广告费、公证费、法律顾问费、审计费、咨询费、保险费等。

2.3.1.5　利润

利润是指施工企业完成所承包工程获得的盈利。

2.3.1.6　规费

规费是指按国家法律、法规规定，由省级政府和省级有关权力部门规定必须缴纳或计取的费用。包括如下内容。

（1）社会保险费

① 养老保险费。是指企业按照规定标准为职工缴纳的基本养老保险费。

② 失业保险费。是指企业按照规定标准为职工缴纳的失业保险费。

③ 医疗保险费。是指企业按照规定标准为职工缴纳的基本医疗保险费。

④ 生育保险费。是指企业按照规定标准为职工缴纳的生育保险费。

⑤ 工伤保险费。是指企业按照规定标准为职工缴纳的工伤保险费。

（2）住房公积金

是指企业按规定标准为职工缴纳的住房公积金。

（3）工程排污费

是指企业按规定缴纳的施工现场工程排污费。

其他应列而未列入的规费，按实际发生计取。

2.3.1.7 税金

建筑安装工程税金是指国家税法规定的应计入工程造价内的税金。2016 年 3 月 23 日，财政部、国家税务总局颁布《关于全面推开营业税改征增值税试点的通知》（财税〔2016〕36 号），建筑业增值税税率适用 11%，2016 年 5 月 1 日开始由缴纳营业税改为缴纳增值税。

2.3.2 建筑安装工程费用项目组成（按造价形成划分）

建筑安装工程费按照工程造价形成由分部分项工程费、措施项目费、其他项目费、规费、税金组成，分部分项工程费、措施项目费、其他项目费包含人工费、材料费、施工机具使用费、企业管理费和利润（见图 2-3）。

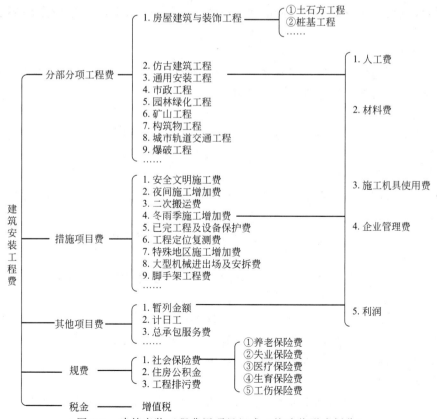

图 2-3 建筑安装工程费用项目组成（按造价形成划分）

2.3.2.1　分部分项工程费

分部分项工程费是指各专业工程的分部分项工程应予列支的各项费用。

（1）专业工程

是指按现行国家计量规范划分的房屋建筑与装饰工程、仿古建筑工程、通用安装工程、市政工程、园林绿化工程、矿山工程、构筑物工程、城市轨道交通工程、爆破工程等各类工程。

（2）分部分项工程

指按现行国家计量规范对各专业工程划分的项目。如房屋建筑与装饰工程划分为土石方工程、地基处理与桩基工程、砌筑工程、钢筋及钢筋混凝土工程等。

各类专业工程的分部分项工程划分见现行国家或行业计量规范。

2.3.2.2　措施项目费

措施项目费是指为完成建设工程施工，发生于该工程施工前和施工过程中的技术、生活、安全、环境保护等方面的费用。包括如下内容。

（1）安全文明施工费

① 环境保护费。是指施工现场为达到环保部门要求所需要的各项费用。

② 文明施工费。是指施工现场文明施工所需要的各项费用。

③ 安全施工费。是指施工现场安全施工所需要的各项费用。

④ 临时设施费。是指施工企业为进行建设工程施工所必须搭设的生活和生产用的临时建筑物、构筑物和其他临时设施所需的费用。包括临时设施的搭设、维修、拆除、清理费或摊销费等。

（2）夜间施工增加费

是指因夜间施工所发生的夜班补助费、夜间施工降效、夜间施工照明设备摊销及照明用电等费用。

（3）二次搬运费

是指因施工场地条件限制而发生的材料、构配件、半成品等一次运输不能到达堆放地点，必须进行二次或多次搬运所发生的费用。

（4）冬雨季施工增加费

是指在冬季或雨季施工需增加的临时设施、防滑、排除雨雪、人工及施工机械效率降低等费用。

（5）已完工程及设备保护费

是指竣工验收前，对已完工程及设备采取的必要保护措施所发生的费用。

（6）工程定位复测费

是指工程施工过程中进行全部施工测量放线和复测工作的费用。

（7）特殊地区施工增加费

是指工程在沙漠或其边缘地区、高海拔、高寒、原始森林等特殊地区施工增加的费用。

（8）大型机械设备进出场及安拆费

是指机械整体或分体自停放场地运至施工现场或由一个施工地点运至另一个施工地点，所发生的机械进出场运输和转移费用及机械在施工现场进行安装、拆卸所需的人工费、材料费、机械费、试运转费和安装所需的辅助设施的费用。

（9）脚手架工程费

是指施工需要的各种脚手架搭、拆、运输费用以及脚手架购置费的摊销（或租赁）费用。

措施项目及其包含的内容详见各类专业工程的现行国家或行业计量规范。

2.3.2.3 其他项目费

（1）暂列金额

是指建设单位在工程量清单中暂定并包括在工程合同价款中的一笔款项。用于施工合同签订时尚未确定或者不可预见的所需材料、工程设备、服务的采购，施工中可能发生的工程变更、合同约定调整因素出现时的工程价款调整以及发生的索赔、现场签证确认等的费用。

（2）计日工

是指在施工过程中，施工企业完成建设单位提出的施工图纸以外的零星项目或工作所需的费用。

（3）总承包服务费

是指总承包人为配合、协调建设单位进行的专业工程发包，对建设单位自行采购的材料、工程设备等进行保管以及施工现场管理、竣工资料汇总整理等服务所需的费用。

2.3.2.4 规费

规费定义同2.3.1.6。

2.3.2.5 税金

税金定义同2.3.1.7。

2.3.3 建筑安装工程费用构成要素的计算方法

2.3.3.1 人工费计算方法

人工费可以参考以下两种方法计算：

第一种方法：

$$人工费 = \sum(工日消耗量 \times 日工资单价) \tag{2-23}$$

$$日工资单价 = \frac{生产工人平均月工资(计时、计件) + 平均月工资(奖金 + 津贴补贴 + 特殊情况下支付的工资)}{年平均每月法定工作日}$$
$$\tag{2-24}$$

式（2-23）、式（2-24）主要适用于施工企业投标报价时自主确定人工费，也是工程造价管理机构编制计价定额确定定额人工单价或发布人工成本信息的参考依据。

第二种方法：

$$人工费 = \sum(工程工日消耗量 \times 日工资单价) \tag{2-25}$$

日工资单价是指施工企业平均技术熟练程度的生产工人在每工作日（国家法定工作时间内）按规定从事施工作业应得的日工资总额。

工程造价管理机构确定日工资单价应通过市场调查、根据工程项目的技术要求，参考实物工程量人工单价综合分析确定，普工、一般技工、高级技工最低日工资单价不得低于工程所在地人力资源和社会保障部门所发布的最低工资标准的1.3倍、2倍、3倍。

工程计价定额不可只列一个综合工日单价，应根据工程项目技术要求和工种差别适当划分多种日人工单价，确保各分部工程人工费构成合理。

式（2-25）适用于工程造价管理机构编制计价定额时确定定额人工费，是施工企业投标报价的参考依据。

2.3.3.2 材料费计算方法

（1）材料费

$$材料费 = \sum(材料消耗量 \times 材料单价) \tag{2-26}$$

$$材料单价 = \{(材料原价 + 运杂费) \times [1 + 运输损耗率(\%)]\} \times [1 + 采购保管费率(\%)]$$
$$\tag{2-27}$$

（2）工程设备费

$$工程设备费 = \sum(工程设备量 \times 工程设备单价) \tag{2-28}$$

$$工程设备单价 = (设备原价 + 运杂费) \times [1 + 采购保管费率(\%)] \tag{2-29}$$

2.3.3.3 施工机具使用费计算方法

（1）施工机械使用费

$$施工机械使用费 = \sum(施工机械台班消耗量 \times 机械台班单价) \tag{2-30}$$

$$机械台班单价 = 台班折旧费 + 台班大修费 + 台班经常修理费 + 台班安拆费及场外运费 +$$
$$台班人工费 + 台班燃料动力费 + 台班车船税费 \tag{2-31}$$

注：工程造价管理机构在确定计价定额中的施工机械使用费时，应根据施工机械台班费用计算规则结合市场调查编制施工机械台班单价。施工企业可以参考工程造价管理机构发布的台班单价，自主确定施工机械使用费的报价，如租赁施工机械，公式为：施工机械使用费 $= \sum$（施工机械台班消耗量×机械台班租赁单价）。

（2）仪器仪表使用费

$$仪器仪表使用费 = 仪器仪表摊销费 + 仪器仪表维修费 \tag{2-32}$$

2.3.3.4 企业管理费费率计算方法

（1）以分部分项工程费为计算基础

$$企业管理费费率(\%) = \frac{生产工人年平均管理费}{年有效施工天数 \times 人工单价} \times 人工费占分部分项工程费比例(\%) \tag{2-33}$$

（2）以人工费和机械费合计为计算基础

$$企业管理费费率(\%) = \frac{生产工人年平均管理费}{年有效施工天数 \times (人工单价 + 每一工日机械使用费)} \times 100\% \tag{2-34}$$

（3）以人工费为计算基础

$$企业管理费费率(\%) = \frac{生产工人年平均管理费}{年有效施工天数 \times 人工单价} \times 100\% \tag{2-35}$$

注：上述公式适用于施工企业投标报价时自主确定管理费，是工程造价管理机构编制计价定额确定企业管理费的参考依据。

工程造价管理机构在确定计价定额中企业管理费时，应以定额人工费或（定额人工费＋定额机械费）作为计算基数，其费率根据历年工程造价积累的资料，辅以调查数据确定，列入分部分项工程和措施项目中。

2.3.3.5 利润计算方法

施工企业根据企业自身需求并结合建筑市场实际自主确定，列入报价中。

工程造价管理机构在确定计价定额中利润时，应以定额人工费或（定额人工费＋定额机械费）作为计算基数，其费率根据历年工程造价积累的资料，并结合建筑市场实际确定，以单位（单项）工程测算，利润占税前建筑安装工程费的比重可按不低于 5％且不高于 7％计算。利润应列入分部分项工程和措施项目中。

2.3.3.6 规费计算方法

（1）社会保险费和住房公积金

社会保险费和住房公积金应以定额人工费为计算基础，根据工程所在地省、自治区、直辖市或行业建设主管部门规定费率计算。

社会保险费和住房公积金＝∑(工程定额人工费×社会保险费和住房公积金费率)

$$(2-36)$$

式(2-36)中，社会保险费和住房公积金费率可按每万元发承包价的生产工人人工费和管理人员工资含量与工程所在地规定的缴纳标准综合分析取定。

(2) 工程排污费

工程排污费等其他应列而未列入的规费应按工程所在地环境保护等部门规定的标准缴纳，按实计取列入。

2.3.3.7　税金计算方法

根据《住房城乡建设部办公厅关于做好建筑业营改增建设工程计价依据调整准备工作的通知》(建标办〔2016〕4 号文)，工程造价可按以下公式计算：

$$工程造价＝税前工程造价×(1＋11\%) \qquad (2-37)$$

式中，11%为增值税率，税前工程造价＝人工费＋材料费＋机械费＋管理费＋利润＋规费＋措施费。各费用项目均以不包含增值税可抵扣进项税额的价格计算，即全部以"裸价"计算税金。

2.3.4　建筑安装工程计价公式
2.3.4.1　分部分项工程费

$$分部分项工程费＝∑(分部分项工程量×综合单价) \qquad (2-38)$$

式(2-38)中，综合单价包括人工费、材料费、施工机具使用费、企业管理费和利润以及一定范围的风险费用（下同）。

2.3.4.2　措施项目费

(1) 国家计量规范规定应予计量的措施项目

计算公式为：

$$措施项目费＝∑(措施项目工程量×综合单价) \qquad (2-39)$$

(2) 国家计量规范规定不宜计量的措施项目

计算方法如下。

① 安全文明施工费。

$$安全文明施工费＝计算基数×安全文明施工费费率(\%) \qquad (2-40)$$

计算基数应为定额基价（定额分部分项工程费＋定额中可以计量的措施项目费）、定额人工费或（定额人工费＋定额机械费），其费率由工程造价管理机构根据各专业工程的特点综合确定。

② 夜间施工增加费。

$$夜间施工增加费＝计算基数×夜间施工增加费费率(\%) \qquad (2-41)$$

③ 二次搬运费。

$$二次搬运费＝计算基数×二次搬运费费率(\%) \qquad (2-42)$$

④ 冬雨季施工增加费。

$$冬雨季施工增加费＝计算基数×冬雨季施工增加费费率(\%) \qquad (2-43)$$

⑤ 已完工程及设备保护费。

$$已完工程及设备保护费＝计算基数×已完工程及设备保护费费率(\%) \qquad (2-44)$$

上述②～⑤项措施项目的计费基数应为定额人工费或（定额人工费＋定额机械费），其费率由工程造价管理机构根据各专业工程特点和调查资料综合分析后确定。

2.3.4.3　其他项目费

　　① 暂列金额由建设单位根据工程特点，按有关计价规定估算，施工过程中由建设单位掌握使用。扣除合同价款调整后如有余额，归建设单位。

　　② 计日工由建设单位和施工企业按施工过程中的签证计价。

　　③ 总承包服务费由建设单位在招标控制价中根据总包服务范围和有关计价规定编制，施工企业投标时自主报价，施工过程中按签约合同价执行。

2.3.4.4　规费和税金

　　建设单位和施工企业均应按照省、自治区、直辖市或行业建设主管部门发布的标准计算规费和税金，不得作为竞争性费用。

2.3.5　建筑安装工程计价程序

2.3.5.1　建设单位工程招标控制价计价程序

　　建设单位工程招标控制价计价程序见表 2-1。

表 2-1　建设单位工程招标控制价计价程序

工程名称：　　　　　　　　　　　　　标段：

序号	内　容	计算方法	金额/元
1	分部分项工程费	按计价规定计算	
1.1			
1.2			
1.3			
1.4			
1.5			
2	措施项目费	按计价规定计算	
2.1	其中:安全文明施工费	按规定标准计算	
3	其他项目费		
3.1	其中:暂列金额	按计价规定估算	
3.2	其中:专业工程暂估价	按计价规定估算	
3.3	其中:计日工	按计价规定估算	
3.4	其中:总承包服务费	按计价规定估算	
4	规费	按规定标准计算	
5	税金(扣除不列入计税范围的工程设备金额)	(1+2+3+4)×规定税率	

招标控制价合计＝1+2+3+4+5

　　① 措施项目费中的总价措施的计算程序详见表 2-2。

表 2-2　措施项目费中总价措施计算程序

序号	项目编码	总价措施项目	计算基础	计算费率/%
1		安全文明施工费	Σ(分部分项人材机＋单价措施人材机)	
2		检验试验配合费	Σ(分部分项人材机＋单价措施人材机)	
3		雨季施工增加费	Σ(分部分项人材机＋单价措施人材机)	
4		工程定位复测费	Σ(分部分项人材机＋单价措施人材机)	
5		优良工程增加费	Σ(分部分项人材机＋单价措施人材机)	
6		提前竣工(赶工补偿)费	Σ(分部分项人材机＋单价措施人材机)	
		合计	1+2+3+4+5+6	

　　② 规费和税金的计算程序详见表 2-3。

表 2-3　规费和税金计算程序

序号	项目名称	计算基础	计算费率/%
一	建筑装饰装修工程	1+2	
1	规费	1.1+1.2+1.3	
1.1	社会保险费	Σ(分部分项人工费+单价措施人工费)	
1.1.1	养老保险费	Σ(分部分项人工费+单价措施人工费)	
1.1.2	失业保险费	Σ(分部分项人工费+单价措施人工费)	
1.1.3	医疗保险费	Σ(分部分项人工费+单价措施人工费)	
1.1.4	生育保险费	Σ(分部分项人工费+单价措施人工费)	
1.1.5	工伤保险费	Σ(分部分项人工费+单价措施人工费)	
1.2	住房公积金	Σ(分部分项人工费+单价措施人工费)	
1.3	工程排污费	Σ(分部分项人材机+单价措施人材机)	
2	增值税	Σ(分部分项工程费+措施项目费+其他项目费+规费)	

2.3.5.2　施工企业工程投标报价计价程序

施工企业工程投标报价计价程序见表 2-4。

表 2-4　施工企业工程投标报价计价程序

工程名称：　　　　　　　　　　标段：

序号	内容	计算方法	金额/元
1	分部分项工程费	自主报价	
1.1			
1.2			
1.3			
1.4			
1.5			
2	措施项目费	自主报价	
2.1	其中:安全文明施工费	按规定标准计算	
3	其他项目费		
3.1	其中:暂列金额	按招标文件提供金额计列	
3.2	其中:专业工程暂估价	按招标文件提供金额计列	
3.3	其中:计日工	自主报价	
3.4	其中:总承包服务费	自主报价	
4	规费	按规定标准计算	
5	税金(扣除不列入计税范围的工程设备金额)	(1+2+3+4)×规定税率	

投标报价合计=1+2+3+4+5

2.3.5.3　竣工结算计价程序

竣工结算计价程序见表 2-5。

表 2-5　竣工结算计价程序

工程名称：　　　　　　　　　　　　　　　　标段：

序号	汇总内容	计算方法	金额/元
1	分部分项工程费	按合同约定计算	
1.1			
1.2			
1.3			
1.4			
1.5			
2	措施项目	按合同约定计算	
2.1	其中:安全文明施工费	按规定标准计算	
3	其他项目		
3.1	其中:专业工程结算价	按合同约定计算	
3.2	其中:计日工	按计日工签证计算	
3.3	其中:总承包服务费	按合同约定计算	
3.4	索赔与现场签证	按发承包双方确认数额计算	
4	规费	按规定标准计算	
5	税金(扣除不列入计税范围的工程设备金额)	(1+2+3+4)×规定税率	

竣工结算总价合计＝1+2+3+4+5

2.4　工程建设其他费用组成

工程建设其他费用是指从工程筹建起到工程竣工验收交付使用止的整个建设期间，除建筑安装工程费用和设备及工、器具购置费用以外的，为保证工程建设顺利完成和交付使用后能够正常发挥效用而发生的各项费用。从内容上，可分为三类：第一类指固定资产其他费用；第二类指无形资产费用；第三类指其他资产费用。

2.4.1　固定资产其他费用

2.4.1.1　建设管理费

建设管理费是指建设单位从项目筹建开始直至工程竣工验收合格或交付使用为止发生的项目建设管理费用。

（1）建设管理费的内容

① 建设单位管理费。是指建设单位发生的管理性质的开支。包括：工作人员工资、工资性补贴、施工现场津贴、职工福利费、住房公积金、基本养老保险费、基本医疗保险费、失业保险费、工伤保险费、办公费、差旅交通费、劳动保护费、工具用具使用费、固定资产使用费、必要的办公及生活用品购置费、必要的通信设备及交通工具购置费、零星固定资产购置费、招募生产工人费、技术图书资料费、业务招待费、设计审查费、工程招标费、合同契约公证费、法律顾问费、咨询费、完工清理费、竣工验收费、印花税和其他管理性质开支。

② 工程监理费。是指建设单位委托工程监理单位实施工程监理的费用。此项费用应按

国家发改委与建设部联合发布的《建设工程监理与相关服务收费管理规定》（发改价格［2007］670号）计算。

（2）建设单位管理费的计算

建设单位管理费按照工程费用之和（包括设备工器具购置费和建筑安装工程费）乘以建设单位管理费费率计算。计算公式为：

$$建设单位管理费＝工程费用×建设单位管理费费率 \tag{2-45}$$

2.4.1.2　建设用地费

任何一个建设项目都固定于一定地点与地面相连接，必须占用一定量的土地，也就必然发生为获得建设用地而支付的费用，这就是土地使用费。它是指通过划拨方式取得土地使用权而支付的土地征用及迁移补偿费，或是通过土地使用权出让方式取得土地使用权而支付的土地使用权出让金。

（1）土地征用及迁移补偿费

是指建设项目通过划拨方式取得无限期的土地使用权，依照《中华人民共和国土地管理法》等规定所支付的费用。其总和一般不得超过被征土地年产值的30倍，土地年产值则按该地被征用前三年的平均产量和国家规定的价格计算。包括以下内容。

①土地补偿费。征用耕地（包括菜地）的补偿标准，按政府规定，为该耕地被征用前三年平均年产值的6～10倍，具体补偿标准由省、自治区、直辖市人民政府在此范围内制定。征用园地、鱼塘、藕塘、苇塘、宅基地、林场、牧场、草原等的补偿标准，由省、自治区、直辖市参照征用耕地的土地补偿费制定。征收无收益的土地，不予补偿。土地补偿费归农村集体经济组织所有。

②青苗补偿费和被征用土地上的房屋、水井、树木等附着物补偿费。这些补偿费的标准由省、自治区、直辖市人民政府制定。征用城市郊区的菜地时，还应按照有关规定向国家缴纳新菜地开发建设基金。地上附着物及青苗补偿费归地上附着物及青苗的所有者所有。

③安置补助费。征用耕地、菜地的，按需要安置的农业人口数计算。每个需要安置的农业人口的安置补助费标准为该耕地被征用前三年平均年产值的4～6倍。但每公顷耕地的安置补助费最高不得超过被征用前三年平均产值的15倍。征用土地的安置补助费必须专款专用，不得挪作他用，由农村集体经济组织管理和使用；其他单位安置的，安置补助支付给安置单位；不需要统一安置的，安置补助费发放给被安置人员个人或者征得被安置人同意后用于支付被安置人员的保险费用。市、县和乡（镇）人民政府应当加强对安置补助费使用情况的监督。

④缴纳的耕地占用税或城镇土地使用税、土地登记费及征地管理费等。县市土地管理机关从征地费中提取土地管理费，按征地工作量大小，视不同情况在1%～4%范围内提取。

⑤征地动迁费。包括征用土地上的房屋及附属构筑物、城市公共设施等的拆除费、迁建补偿费、搬迁运输费，企业单位因搬迁造成的减产、停工损失补贴费，拆迁管理费等。

⑥水利水电工程水库淹没处理补偿费。包括农村移民安置迁建费，城市迁建补偿费，库区工矿企业、交通、电力、通信、广播、管网、水利等的恢复、迁建补偿费，库底清理费，防护工程费，环境影响补偿费用等。

（2）土地使用权出让金

是指建设项目通过土地使用权出让方式，取得有限期的土地使用权，依照《中华人民共和国城镇国有土地使用权出让和转让暂行条例》规定支付的土地使用权出让金。

① 应明确国家是城市土地的唯一所有者，并分层次、有偿、有限期出让、转让城市土地。第一层次是城市政府将国有土地使用权出让给用地者，该层次由城市政府垄断经营。出让对象可以是有法人资格的企业事业单位，也可以是外商。第二层次及以下层次的转让则发生在使用者之间。

② 城市土地的出让和转让可采用协议、招标、公开拍卖等方式。

a. 协议方式是由用地单位申请，经市政府批准同意后双方洽谈具体地块及地价。该方式适用于市政工程、公益事业用地，需要减免地价的机关、部队用地，以及需要重点扶持、优先发展的产业用地。

b. 招标方式是在规定的期限内，由用地单位以书面形式投标，市政府根据投标报价、所提供的规划方案以及企业信誉综合考虑，择优而取。该方式适用于一般工程建设用地。

c. 公开拍卖是指在指定的地点和时间，由申请用地者叫价应价，价高者得。这完全由市场竞争决定，适用于盈利高的行业用地。

③ 关于政府有偿出让土地使用权的年限，各地可根据时间、区位等各种条件做不同的规定。根据《中华人民共和国城镇国有土地使用权出让和转让暂行条例》，土地使用权出让最高年限按下列用途确定。

a. 居住用地 70 年。

b. 工业用地 50 年。

c. 教育、科技、文化、卫生、体育用地 50 年。

d. 商业、旅游、娱乐用地 40 年。

e. 综合或者其他用地 50 年。

④ 土地有偿出让和转让，土地使用者和所有者要签约，明确使用者对土地享有的权利和对土地所有者应承担的义务。

a. 有偿出让和转让土地使用权，要向土地受让者征收契税。

b. 转让土地如有增值，要向转让者征收土地增值税。

c. 在土地使用权转让期间，国家要区别不同地段、不同用途向土地使用者收取土地占用费。

2.4.1.3 可行性研究费

是指在建设项目前期工作中，编制和评估项目建议书（或预可行性研究报告）、可行性研究报告所需的费用。此项费用应依据前期研究委托合同书计列，或参照《国家计委关于印发建设项目前期工作咨询收费暂行规定的通知》（计价格 [1999] 1283 号）规定计算。

2.4.1.4 研究试验费

是指为本建设项目提供或验证设计参数数据、资料等进行必要的研究试验的费用以及按照设计规定在施工中必须进行的试验、验证所需的费用。包括自行或委托其他部门研究试验所需人工费、材料费、试验设备及仪器使用费等。这项费用按照设计单位根据本工程项目的需要提出的研究试验内容和要求计算。在计算时要注意不应包括以下项目。

① 应由科技三项费用（即新产品试制费、中间试验费和重要科学研究补助费）开支的项目。

② 应在建筑安装费用中列支的施工企业对建筑材料、构件和建筑物进行一般鉴定、检查所发生的费用及技术革新的研究试验费。

③ 应由勘察设计费或工程费用开支的项目。

2.4.1.5 勘察设计费

是指委托勘察设计单位进行工程水文地质勘察、工程设计所发生的各项费用。包括：工程勘察费、初步设计费（基础设计费）、施工图设计费（详细设计费）、设计模型制作费。此项费用应按《关于发布〈工程勘察设计收费管理规定〉的通知》（计价格〔2002〕10号）的规定计算。

2.4.1.6 环境影响评价费

是指按照《中华人民共和国环境保护法》《中华人民共和国环境影响评价法》等规定，为全面、详细评价本建设项目对环境可能产生的污染或造成的重大影响所需的费用。包括编制环境影响报告书（含大纲）、环境影响报告表以及对环境影响报告书（含大纲）、环境影响报告表等进行评估等所需的费用。此项费用可参照《关于规范环境影响咨询收费有关问题的通知》（计价格〔2002〕125号）规定计算。

2.4.1.7 劳动安全卫生评价费

是指按照《建设项目（工程）劳动安全卫生监察规定》和《建设项目（工程）劳动安全卫生预评价管理办法》的规定，为预测和分析建设项目存在的职业危险、危害因素的种类和危险危害程度，并提出先进、科学、合理可行的劳动安全卫生技术和管理对策所需的费用。包括编制建设项目劳动安全卫生预评价大纲和劳动安全卫生预评价报告书以及为编制上述文件所进行的工程分析和环境现状调查等所需的费用。

2.4.1.8 场地准备及临时设施费

是指建设场地准备费和建设单位临时设施费。

（1）场地准备及临时设施费的内容

① 场地准备费是指建设项目为达到工程开工条件进行的场地平整和对建设场地余留的有碍于施工建设的设施进行拆除清理的费用。

② 临时设施费是指为满足施工建设需要而供到场地界区的、未列入工程费用的临时水、电、路、气、通信等其他工程费用和建设单位的现场临时建（构）筑物的搭设、维修、拆除、摊销或建设期间租赁费用，以及施工期间专用公路或桥梁的加固、养护、维修等费用。

（2）场地准备及临时设施费的计算

① 场地准备及临时设施应尽量与永久性工程统一考虑。建设场地的大型土石方工程应计入工程费用中的总图运输费用中。

② 新建项目的场地准备和临时设施费应根据实际工程量估算，或按工程费用的比例计算。改扩建项目一般只计拆除清理费。

$$场地准备和临时设施费 = 工程费用 \times 费率 + 拆除清理费 \qquad (2\text{-}46)$$

③ 发生拆除清理费时可按新建同类工程造价或主材费、设备费的比例计算。凡可回收材料的拆除工程，采用以料抵工方式冲抵拆除清理费。

④ 此项费用不包括已列入建筑安装工程费用中的施工单位临时设施费用。

2.4.1.9 引进技术和引进设备其他费

是指引进技术和设备发生的未计入设备费的费用，内容包括以下几点。

① 引进项目图纸资料翻译复制费、备品备件测绘费。可根据引进项目的具体情况计列或按引进货价（FOB）的比例估列；引进项目发生备品备件测绘费时按具体情况估列。

② 出国人员费用。包括买方人员出国设计联络、出国考察、联合设计、监造、培训等所发生的旅费、生活费等。依据合同或协议规定的出国人次、期限以及相应的费用标准计

算。生活费按照财政部、外交部规定的现行标准计算，旅费按中国民航公布的票价计算。

③ 来华人员费用。包括卖方来华工程技术人员的现场办公费用、往返现场交通费用、接待费用等。依据引进合同或协议有关条款及来华技术人员派遣计划进行计算。来华人员接待费用可按每人次费用指标计算。引进合同价款中已包括的费用内容不得重复计算。

④ 银行担保及承诺费。指引进项目由国内外金融机构出面承担风险和责任担保所发生的费用，以及支付贷款机构的承诺费用。应按担保或承诺协议计取。投资估算和概算编制时可以担保金额或承诺金额为基数乘以费率计算。

2.4.1.10　工程保险费

是指建设项目在建设期间根据需要对建筑工程、安装工程、机器设备和人身安全进行投保而发生的保险费用。包括建筑安装工程一切险、引进设备财产保险和人身意外伤害险等。

2.4.1.11　联合试运转费

是指新建项目或新增加生产能力的工程，在交付生产前按照批准的设计文件所规定的工程质量标准和技术要求，进行整个生产线或装置的负荷联合试运转或局部联动试车所发生的费用净支出（试运转支出大于收入的差额部分费用）。试运转支出包括试运转所需原材料、燃料及动力消耗、低值易耗品、其他物料消耗、工具用具使用费、机械使用费、保险金、施工单位参加试运转人员工资以及专家指导费等；试运转收入包括试运转期间的产品销售收入和其他收入。联合试运转费不包括应由设备安装工程费用开支的调试及试车费用，以及在试运转中暴露出来的因施工原因或设备缺陷等发生的处理费用。

2.4.1.12　特殊设备安全监督检验费

是指在施工现场组装的锅炉及压力容器、压力管道、消防设备、燃气设备、电梯等特殊设备和设施，由安全监察部门按照有关安全监察条例和实施细则以及设计技术要求进行安全检验，应由建设项目支付的、向安全监察部门缴纳的费用。此项费用按照建设项目所在省（自治区、直辖市）安全监察部门的规定标准计算。

2.4.1.13　市政公用设施费

是指使用市政公用设施的建设项目，按照项目所在地省一级人民政府有关规定建设或缴纳的市政公用设施建设配套费用，以及绿化工程补偿费用。

2.4.2　无形资产费用

无形资产费用系指直接形成无形资产的建设投资，主要是指专利及专有技术使用费。

（1）专利及专有技术使用费的主要内容

① 国外设计及技术资料费、引进有效专利和专有技术使用费及技术保密费。

② 国内有效专利、专有技术使用费用。

③ 商标权、商誉和特许经营权费等。

（2）专利及专有技术使用费的计算

在计算专利及专有技术使用费时应注意以下问题。

① 按专利使用许可协议和专有技术使用合同的规定计列。

② 专用技术的界定应以省、部级鉴定批准为依据。

③ 项目投资中只计需在建设期支付的专利及专有技术使用费。协议或合同规定在生产期支付的使用费应在生产成本中核算。

④ 一次性支付的商标权、商誉及特许经营权费按协议或合同规定计列。协议或合同规

定在生产期支付的商标权或商誉及特许经营权费应在生产成本中核算。

⑤ 为项目配套的专用设施投资，包括专用铁路线、专用公路、专用通信设施、送变电站、地下管道、专用码头等，如由项目建设单位负责投资但产权不归属本单位的，应作无形资产处理。

2.4.3 其他资产费用（递延资产）

是指建设投资中除形成固定资产和无形资产以外的部分，主要包括生产准备及开办费等。

（1）生产准备及开办费的内容

生产准备及开办费是指建设项目为保证正常生产（或营业、使用）而发生的人员培训费、提前进厂费以及投产使用必备的生产办公、生活家具用具及工器具等购置费用，包括以下内容。

① 人员培训费及提前进厂费：自行组织培训或委托其他单位培训的人员工资、工资性补贴、职工福利费、差旅交通费、劳动保护费、学习资料费等。

② 为保证初期正常生产（或营业、使用）所必需的生产办公、生活家具用具购置费。

③ 为保证初期正常生产（或营业、使用）必需的第一套不够固定资产标准的生产工具、器具、用具购置费。不包括备品备件费。

（2）生产准备及开办费的计算

① 新建项目以设计定员为基数计算，改扩建项目以新增设计定员为基数计算。

$$生产准备费＝设计定员×生产准备费指标(元/人) \tag{2-47}$$

② 可采用综合的生产准备费指标进行计算，也可以按费用内容的分类指标计算。

2.5 预备费、建设期贷款利息、铺底流动资金

2.5.1 预备费

按我国现行规定，预备费包括基本预备费和涨价预备费。

2.5.1.1 基本预备费

（1）基本预备费的内容

基本预备费是针对在项目实施过程中可能发生难以预料的支出，需要预留的费用，又称不可预见费。主要是指设计变更及施工过程中可能增加的工程量的费用。基本预备费一般由以下三个部分构成。

① 在批准的初步设计范围内，技术设计、施工图设计及施工过程中所增加的工程费用；设计变更、工程变更、材料代用、局部地基处理等增加的费用。

② 一般自然灾害造成的损失和预防自然灾害所采取的措施的费用。实行工程保险的工程项目，该费用应适当降低。

③ 竣工验收时为鉴定工程质量对隐蔽工程进行必要的挖掘和修复产生的费用。

（2）基本预备费的计算

基本预备费以工程费用和工程建设其他费二者之和为计取基础，乘以基本预备费费率进行计算。

$$基本预备费＝(工程费用＋工程建设其他费)×基本预备费费率 \tag{2-48}$$

基本预备费费率取值应执行国家及主管部门的有关规定。

2.5.1.2 涨价预备费

（1）涨价预备费的内容

涨价预备费是指建设项目在建设期内由于材料、人工、设备等价格可能发生变化引起工程造价变化，而事先预留的费用，亦称为价格变动不可预见费。涨价预备费的内容包括：人工、设备、材料、施工机械的价差费，建筑安装工程费及工程建设其他费用调整，利率、汇率调整等增加的费用。

（2）涨价预备费的计算

涨价预备费一般根据国家规定的投资综合价格指数，以估算年份价格水平的投资额为基数，采用复利方法计算。计算公式为：

$$PF = \sum_{t=1}^{n} I_t [(1+f)^t - 1] \tag{2-49}$$

式中，PF 为涨价预备费；n 为建设期年份数；I_t 为建设期中第 t 年的投资计划额，包括工程费用、工程建设其他费用及基本预备费，即第 t 年的静态投资额；f 为年均投资价格上涨率。

【例 2-3】 某建设项目初期静态投资为 21600 万元，建设期 3 年，各年投资计划额如下：第一年 7200 万元，第二年 10800 万元，第三年 3600 万元。年均投资价格上涨率为 6%，求项目建设期间涨价预备费。

解 第一年涨价预备费为：

$PF_1 = I_1[(1+f)-1] = 7200 \times 6\% = 432$ （万元）

第二年涨价预备费为：

$PF_2 = I_2[(1+f)^2 - 1] = 10800 \times [(1+6\%)^2 - 1] = 1334.88$ （万元）

第三年涨价预备费为：

$PF_3 = I_3[(1+f)^3 - 1] = 3600 \times [(1+6\%)^3 - 1] = 687.6576$ （万元）

所以，建设期的涨价预备费为：

$PF = 432 + 1334.88 + 687.6576 = 2454.5376$ （万元）

2.5.2 建设期贷款利息

建设期贷款利息是指项目建设期间向国内银行和其他非银行金融机构贷款、出口信贷、外国政府贷款、国际商业银行贷款，以及在境内外发行债券等所产生的利息。

当总贷款是分年均衡发放时，建设期利息的计算可按当年借款在年中支用考虑，即当年贷款按半年计息，上年贷款按全年计息。计算公式为：

$$q_j = \left(P_{j-1} + \frac{1}{2} A_j\right) i \tag{2-50}$$

式中，q_j 为建设期第 j 年应计利息；P_{j-1} 为建设期第（$j-1$）年末累计贷款本金与利息之和；A_j 为建设期第 j 年贷款金额；i 为年利率。

国外贷款利息的计算中，还应包括国外贷款银行根据贷款协议向贷款方以年利率的方式收取的手续费、管理费、承诺费，以及国内代理机构经国家主管部门批准的以年利率的方式向贷款单位收取的转贷费、担保费、管理费等。

【例 2-4】 某新建设项目，建设期 3 年，分年均衡进行贷款，第一年贷款 300 万元，第二年贷款 600 万元，第三年贷款 400 万元，年利率为 12%，建设期内利息只计息不支付，计算建设期贷款利息。

解 建设期各年利息计算如下：

$$q_1 = \frac{1}{2}A_1 i = 1/2 \times 300 \times 12\% = 18 \ (万元)$$

$$q_2 = \left(P_1 + \frac{1}{2}A_2\right)i = \left(300 + 18 + \frac{1}{2} \times 600\right) \times 12\% = 74.16 \ (万元)$$

$$q_3 = \left(P_2 + \frac{1}{2}A_3\right)i = \left(318 + 600 + 74.16 + \frac{1}{2} \times 400\right) \times 12\% = 143.06 \ (万元)$$

所以，建设期贷款利息＝18＋74.16＋143.06＝235.22（万元）

2.5.3 铺底流动资金

铺底流动资金是指生产性建设项目为保证生产和经营正常进行，按规定应列入建设项目总投资的铺底流动资金。一般按流动资金的 30% 计算。流动资金的计算方法详见本书第 4 章。

小 结

本章介绍了我国建设项目投资组成以及世界银行和国际咨询工程师联合会建设项目的投资组成。

我国现行建筑工程造价主要由设备及工器具购置费、建筑安装工程费、工程建设其他费用、预备费、建设期贷款利息构成。本章分别介绍了各建设项目投资的构成内容及计算方法。

思 考 题

(1) 我国现行建设项目投资构成。

(2) 设备、工器具购置费用的构成。

(3) 建筑安装工程费用的构成。

(4) 工程建设其他费用的构成。

(5) 某公司进口 10 辆轿车，装运港船上交货价 5 万美元/辆，海运费 500 美元/辆，运输保险费 300 美元/辆，银行财务费率 0.5%，外贸手续费率 1.5%，关税税率 28%。消费税率为 12%，增值税率为 17%（外汇汇率：1 美元＝6.8 元人民币）。计算该公司进口该 10 辆轿车的原价。

工程计价依据

3.1　工程计价依据概述

3.1.1　工程计价依据的概念

工程计价依据的含义有广义和狭义之分。广义上是指从事建设工程造价管理所需各类基础资料的总称；狭义上是指用于计算和确定工程造价的各类基础资料的总称。

计价依据反映的是一定时期的社会生产水平，它是建设管理科学化的产物，也是进行工程造价科学管理的基础。主要包括建设工程定额、工程造价指数和工程造价资料等内容，其中建设工程定额是工程计价的核心依据。

3.1.2　工程计价依据的种类

工程计价依据主要包括工程技术文件（设计图纸）、工程定额、市场价格信息、工程量计算规则、环境条件、建设实施的组织技术方案、相关的法规和政策等。

（1）工程技术文件

包括建设项目可行性研究资料，初步设计、扩大初步设计、施工图设计等资料，招标文件，等等。

（2）工程定额

包括施工定额、预算定额、概算定额和指标、估算指标等。

（3）市场价格信息

主要是人工、材料、机械台班等资源要素的价格。

（4）工程量计算规则

工程量计算规则是规定在计算分部分项工程量时，从设计图纸中摘取数值的原则和方法。定额中的各种消耗量数据是按定额中所附的工程量计算规则测定的，工程定额不同，相应的工程量计算规则也不同。因此，在计算工程量时，必须按照所采用的定额及其规定的计算规则进行计算，才能套用该定额中的定额消耗量指标，正确进行工程计价。

（5）环境条件

建设工程所处的环境和条件包括自然环境与社会环境。环境和条件的差异或变化，会导致工程造价费用大小的变化。工程的环境条件，包括工程地质条件、气象条件、现场环境与周边条件，也包括工程建设的实施方案、建设组织方案、建设技术方案等。

（6）其他

国家对建设工程费用的有关规定、与计算造价相关的法规和政策依据、包含在工程造价内的税费计取标准等。

3.2　工程定额体系

3.2.1　工程定额概述

工程定额是在合理的劳动组织和合理地使用材料与机械的条件下，完成一定计量单位合格建筑产品所消耗资源的数量标准。工程定额是一个综合概念，是建设工程造价计价和管理中各类定额的总称，包括许多种类的定额，可以按照不同的原则和方法对其进行分类。

3.2.2　工程定额的分类

（1）按定额反映的生产要素消耗内容分类

可以把工程定额分为劳动消耗定额、材料消耗定额和机械消耗定额三种。

① 劳动消耗定额。简称劳动定额（也称人工定额），是指完成一定数量的合格产品（工程实体或劳务）所消耗活劳动的数量标准。劳动定额的主要表现形式是时间定额，同时也表现为产量定额。时间定额与产量定额互为倒数。

② 材料消耗定额。简称材料定额，是指完成一定数量的合格产品所需消耗的原材料、成品、半成品、构配件、燃料以及水、电等动力资源的数量标准。

③ 机械消耗定额。以一台机械一个工作台班为计量单位，所以又称为机械台班定额。机械消耗定额是指为完成一定数量的合格产品（工程实体或劳务）所消耗的施工机械的数量标准。机械消耗定额的主要表现形式是机械时间定额，同时也以产量定额表现。

（2）按定额的用途分类

可以把工程定额分为施工定额、预算定额、概算定额、概算指标、投资估算指标五种。

① 施工定额。是施工企业（建筑安装企业）组织生产和加强管理在企业内部使用的一种定额，属于企业定额。施工定额是以同一性质的施工过程——工序作为对象编制，表示生产产品数量与生产要素消耗综合关系的定额。为了适应组织生产和管理的需要，施工定额的项目划分很细，是工程定额中分项最细、定额子目最多的一种定额，也是工程定额中的基础性定额。

② 预算定额。是在编制施工图预算阶段，以工程中的分项工程和结构构件为对象编制，用来计算工程造价和计算工程中的劳动、材料、机械需要量的定额。预算定额是一种计价性定额。从编制程序上看，预算定额是以施工定额为基础综合扩大编制的，同时也是编制概算定额的基础。

③ 概算定额。是以扩大分项工程或扩大结构构件为对象编制的，计算和确定劳动、材料、机械台班消耗量所使用的定额，也是一种计价性定额。概算定额是编制扩大初步设计概算、确定建设项目投资额的依据。概算定额的项目划分粗细，与扩大初步设计的深度相适应，一般是在预算定额的基础上综合扩大而成的，每一综合分项概算定额都包含了数项预算定额。

④ 概算指标。概算指标的设定和初步设计的深度相适应，比概算定额更加综合扩大。概算指标是概算定额的扩大与合并，它是以整个建筑物和构筑物为对象，以更为扩大的计量单位来编制的。概算指标的内容包括劳动、材料、机械台班定额三个基本部分，同时还列出了各结构分部的工程量及单位建筑工程（以体积或面积计）的造价，是一种计价定额。

⑤ 投资估算指标。它是在项目建议书和可行性研究阶段编制投资估算、计算投资需要量时使用的一种定额。它非常概略，往往以独立的单项工程或完整的工程项目为计算对象，编制内容是所有项目费用之和。它的概略程度与可行性研究阶段相适应。投资估算指标往往根据历史的预、决算资料和价格变动等资料编制，但其编制基础仍然离不开预算定额、概算定额。

上述定额的对比见表 3-1。

表 3-1 各种定额的对比

项目	施工定额	预算定额	概算定额	概算指标	投资估算指标
对象	工序	分项工程	扩大的分项工程	整个建筑物或构筑物	独立的单项工程或完整的工程项目
用途	编制施工预算	编制施工图预算	编制扩大初步设计概算	编制初步设计概算	编制投资估算
项目划分	最细	细	较粗	粗	很粗
定额水平	平均	平均	平均	平均	平均
定额性质	生产性定额	计价性定额			

（3）按照适用范围分类

工程定额分为全国通用定额、行业通用定额和专业专用定额三种。全国通用定额是指在部门间和地区间都可以使用的定额；行业通用定额是指具有专业特点在行业部门内可以通用的定额；专业专用定额是特殊专业的定额，只能在指定的范围内使用。

（4）按主编单位和管理权限分类

工程定额可以分为全国统一定额、行业统一定额、地区统一定额、企业定额、补充定额五种。

① 全国统一定额。是由国家建设行政主管部门综合全国工程建设中技术和施工组织管理的情况编制，并在全国范围内执行的定额。

② 行业统一定额。是考虑到各行业部门专业工程技术特点，以及施工生产和管理水平编制的。一般只在本行业和相同专业性质的范围内使用。

③ 地区统一定额。包括省、自治区、直辖市定额。地区统一定额主要是考虑地区性特点对全国统一定额水平做适当调整和补充编制的。

④ 企业定额。是由施工企业考虑本企业具体情况，参照国家、部门或地区定额的水平制定的定额。企业定额只在企业内部使用，是企业素质的一个标志。企业定额水平一般应高于国家现行定额，才能满足生产技术发展、企业管理和市场竞争的需要。在工程量清单计价方式下，企业定额作为施工企业进行工程投标报价的计价依据，正发挥着越来越大的作用。

⑤ 补充定额。是指随着设计、施工技术的发展，现行的定额不能满足需要的情况下，为补充缺陷所编制的定额。补充定额只能在指定的范围内使用，可以作为以后修订定额的基础。

上述各种定额虽然适用于不同的情况和用途，但是它们是一个相互联系、有机的整体，在实际工作中配合使用。

3.2.3 工程定额的特点

（1）科学性

工程定额的科学性包括两重含义。一重含义是指工程定额和生产力发展水平相适应，反映出工程建设中生产消费的客观规律。另一重含义是指工程定额管理在理论、方法和手段上适应现代科学和信息社会发展的需要。

工程定额的科学性，首先表现在用科学的态度制定定额，尊重客观实际，力求定额水平合理；其次表现在制定定额的技术方法上，利用现代科学管理的成就，形成一套系统的、完整的、在实践中行之有效的方法；最后，表现在定额制定和贯彻的一体化。制定定额是为了提供贯彻的依据，贯彻是为了实现管理的目标，也是对定额的信息反馈。

（2）系统性

工程定额是相对独立的系统。它是由多种定额结合而成的有机的整体。它的结构复杂，层次鲜明、目标明确。

工程定额的系统性是由工程建设的特点决定的。按照系统论的观点，工程建设就是庞大的实体系统。工程定额是为这个实体系统服务的。因而工程建设本身的多种类、多层次决定了以它为服务对象的工程定额的多种类、多层次。从整个国民经济来看，进行固定资产生产和再生产的工程建设，是一个有多项工程集合体的整体，其中包括农林水利、轻纺、机械、煤炭、电力、石油、冶金、化工、建材、交通运输、邮电工程，以及商业物资、科学教育文化、卫生体育、社会福利和住宅工程等。这些工程的建设又有严格的项目划分，如建设项目、单项工程、单位工程、分部分项工程；在计划和实施过程中有严密的逻辑阶段，如规划、可行性研究、设计、施工、竣工交付使用，以及投入使用后的维修。与此相适应必然形成工程定额的多种类、多层次。

（3）统一性

工程定额的统一性，主要是由国家对经济发展的有计划的宏观调控职能决定。为了使国民经济按照既定目标发展，就需要借助于某些标准、定额、参数等，对工程建设进行规划、组织、调节、控制。

工程定额的统一性按照其影响力和执行范围来看，有全国统一定额、地区统一定额和行业统一定额等；按照定额的制定、颁布和贯彻使用来看，有统一的程序、统一的原则、统一的要求和统一的用途。

（4）指导性

随着我国建设市场的不断成熟和规范，工程定额尤其是统一定额的指令性特点逐渐弱化，转而成为对整个建设市场的具体建设产品交易的指导作用。

工程定额的指导性的客观基础是定额的科学性。只有科学的定额才能正确指导客观的交易行为。工程定额的指导性体现在两个方面：一方面工程定额作为国家各地区和行业颁布的指导性依据，可以规范建设市场的交易行为，在具体的建设产品定价过程中也可以起到相应的参考性作用，同时统一定额还可以作为政府投资项目定价以及造价控制的重要依据；另一方面，在现行的工程量清单计价方式下，体现交易双方自主定价的特点，投标人报价的主要依据是企业定额，但企业定额的编制和完善仍然离不开统一定额的指导。

（5）稳定性与时效性

工程定额中的任何一种都是一定时期技术发展和管理水平的反映，因而在一段时间内都表现出稳定的状态。稳定的状态有长有短，一般在5～10年之间。保持定额的稳定性是维护定额的指导性所必需的，更是有效地贯彻定额所必要的。如果某种定额处于经常修改变动中，必然造成执行中的困难和混乱，很容易导致定额指导作用的丧失。工程定额的不稳定也会给定额的编制工作带来极大的困难。

但是工程定额的稳定性是相对的，当生产力向前发展时，定额就会与生产力不相适应。

这样，它原有的作用就会逐步减弱以至消失，需要重新编制或修订。

3.3 建筑安装工程人工、材料、机械台班定额消耗量

3.3.1 建筑安装工程施工工作研究

3.3.1.1 施工过程及其分类

（1）施工过程的含义

施工过程就是在建设工地范围内所进行的生产过程。如砌筑墙体、浇筑混凝土等都是施工过程。其最终目的是建造、恢复、改建、移动或拆除工业、民用建筑物和构筑物的全部或一部分。

（2）施工过程的分类

对施工过程的细致分析，使我们能够更深入地确定施工过程各个工序组成的必要性及其顺序的合理性，从而正确地制定各个工序所需要的工时消耗。

① 根据施工过程组织上的复杂程度，可以分解为工序、工作过程和综合工作过程。

a. 工序是在组织上不可分割的，在操作过程中技术上属于同类的施工过程。工序的特征是：工作者不变，劳动对象、劳动工具和工作地点不变。在工作中如有一项改变，那就说明已经由一项工序转入另一项工序了。如钢筋制作，它由平直钢筋、钢筋除锈、切断钢筋、弯曲钢筋等工序组成。

工序可以由一个人来完成，也可以由小组或施工队内的几名工人协同完成；可以手动完成，也可以由机械操作完成。

在编制施工定额时，工序是基本的施工过程，是主要的研究对象。测定定额时只需分解和标定到工序为止。如果进行某项先进技术或新技术的工时研究，就要分解到操作甚至动作为止，从中研究可改进操作或节约工时。

b. 工作过程是由同一工人或同一小组所完成的在技术操作上相互有机联系的工序的综合体，其特点是人员编制不变、工作地点不变，而材料和工具则可以变换。例如，砌墙和勾缝、抹灰和粉刷。

c. 综合工作过程是同时进行的、在组织上有机地联系在一起的，并且最终能获得一种产品的施工过程的总和。例如，砌砖墙这一综合工作过程，由调制砂浆、运砂浆、运砖、砌墙等工作过程构成，它们在不同的空间同时进行，在组织上有直接联系，并最终形成其共同产品——一定数量的砖墙。

② 按照工艺特点，施工过程可以分为循环施工过程和非循环施工过程两类。凡各个组成部分按一定顺序一次循环进行，并且每经一次重复都可以生产出同一种产品的施工过程称为循环施工过程，反之，若施工过程的工序或其他组成部分不是以同样的次序重复，或者生产出来的产品各不相同，这种施工过程则称为非循环施工过程。

3.3.1.2 工作时间分类

工作时间，指的是工作班延续时间。例如8小时工作制的工作时间就是8h，午休时间不包括在内。对工作时间消耗的研究，可以分为两个系统进行，即工人工作时间的消耗和工人所使用的机器工作时间的消耗。

（1）工人工作时间消耗的分类

工人在工作班内消耗的工作时间，按其消耗的性质，基本可以分为两大类：必需消耗的

时间和损失时间。工人工作时间的分类一般如图 3-1 所示。

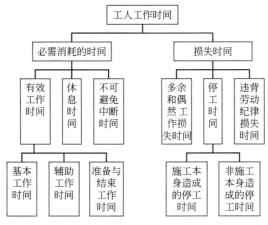

图 3-1 工人工作时间分类

① 必需消耗的时间是工人在正常施工条件下，为完成一定合格产品（工作任务）所消耗掉的时间，是制定定额的主要依据，包括有效工作时间、休息时间和不可避免中断时间的消耗。

a. 有效工作时间是从生产效果来看与产品生产直接有关的时间消耗。包括基本工作时间、辅助工作时间、准备与结束工作时间的消耗。

b. 休息时间是工人在工作过程中为恢复体力所必需的短暂休息和生理需要的时间消耗。这种时间是为了保证工人精力充沛地进行工作，所以在定额时间中必须计算在内。休息时间的长短和劳动条件、劳动强度有关，劳动越繁重紧张、劳动条件越差（如高温），则休息时间需越长。

c. 不可避免中断时间是由于施工工艺特点引起的工作中断所必需的时间。与施工过程工艺特点有关的工作中断时间，应包括在定额时间内，但应尽量缩短此项时间消耗。

② 损失时间是与产品生产无关，而与施工组织和技术上的缺点有关，与工人在施工过程中的个人过失或某些偶然因素有关的时间消耗，损失时间中包括多余和偶然工作、停工、违背劳动纪律所引起的工时损失。

a. 多余工作是工人进行了任务以外而又不能增加产品数量的工作。如重砌质量不合格的墙体。多余工作的工时损失，一般都是由于工程技术人员和工人的差错引起的，因此，不应计入定额时间内。偶然工作也是工人在任务外进行的工作，但能够获得一定的产品。如抹灰工不得不补上偶然遗留的墙洞等。由于偶然工作能获得一定产品，拟定定额时要适当考虑它的影响。

b. 停工时间是工作班内停止工作造成的损失。停工时间按其性质可分为施工本身造成的停工时间和非施工本身造成的停工时间两种。施工本身造成的停工时间，是由于施工组织不善、材料供应不及时、工作面准备工作做得不好、工作地点组织不良等情况引起的停工时间。非施工本身造成的停工时间，是由于水源、电源中断引起的停工时间。前一种情况在拟定定额时不应考虑，后一种情况定额中则应给予合理的考虑。

c. 违背劳动纪律造成的工作时间损失，是指工人在工作班开始和午休后的迟到、午饭前和工作班结束前的早退、擅自离开工作岗位、工作时间内聊天或办私事等造成的工时损失。由于个别工人违背劳动纪律而影响其他工人无法工作的时间损失，也包括在内。

（2）机器工作时间消耗的分类

机器工作时间的消耗，按其性质也分为必需消耗的时间和损失时间两大类，如图 3-2 所示。

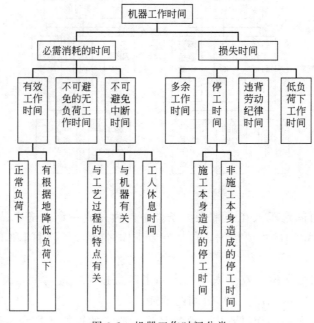

图 3-2　机器工作时间分类

① 必需消耗的时间是指工作班内消耗的与完成合格产品有关的工作时间。包括有效工作时间、不可避免的无负荷工作时间和不可避免的中断时间三项时间消耗。

a. 正常负荷下的工作时间，是机器在与机器说明书规定的额定负荷相符的情况下进行工作的时间。

b. 有根据地降低负荷下的工作时间，是在个别情况下由于技术上的原因，机器在低于其计算负荷下工作的时间。例如，汽车运输重量轻而体积大的货物时，不能充分利用汽车的载重吨位因而不得不降低其计算负荷。

c. 不可避免的无负荷工作时间，是由于施工过程的特点和机械结构的特点造成的机械无负荷工作时间。例如筑路机在工作区末端调头等，就属于此项工作时间的消耗。

d. 不可避免的中断时间是与工艺过程特点（如汽车在装货和卸货时的停车）、机器的使用和保养、工人休息有关的中断时间。

② 损失时间包括多余工作、停工、违背劳动纪律所消耗的工作时间和低负荷下的工作时间。

a. 机器多余工作时间，包括两种：一是机器进行任务内和工艺过程内未包括的工作而延续的时间，如工人没有及时供料而使机器空运转的时间；二是机械在负荷下所做的多余工作，如混凝土搅拌机搅拌混凝土时超过规定搅拌时间，即属于多余工作时间。

b. 机器的停工时间，按其性质也可分为施工本身造成和非施工本身造成的停工。前者是由于施工组织得不好而引起的停工现象，如暴雨时压路机的停工。上述停工中延续的时间，均为机器的停工时间。

c. 违反劳动纪律引起的机器的时间损失，是指由于工人迟到早退或擅离岗位等引起的机器停工时间。

d. 低负荷下的工作时间是由于工人或技术人员的过错所造成的施工机械在降低负荷情况下工作的时间。例如，工人装车的砂石数量不足引起的汽车在降低负荷的情况下工作所延续的时间。此项工作时间不能作为计算时间定额的基础。

3.3.2 测定时间消耗的基本方法——计时观察法

定额测定是制定定额的一个主要步骤。测定定额是用科学的方法观察、记录、整理、分析施工过程，为制定建筑工程定额提供可靠依据。测定定额通常使用计时观察法。

3.3.2.1 计时观察法概述

计时观察法，是研究工作时间消耗的一种技术测定方法。它以研究工时消耗为对象，以观察测时为手段，通过密集抽样和粗放抽样等技术进行直接的时间研究。计时观察法用于建筑施工中时以现场观察为主要技术手段，所以也称为现场观察法。

计时观察法能够把现场工时消耗情况和施工组织技术条件联系起来加以观察，不仅能为制定定额提供基础数据，而且能为改善施工组织管理、改善工艺过程和操作方法、消除不合理的工时损失和进一步挖掘生产潜力提供技术根据。计时观察法的局限性是考虑人的因素不够。

3.3.2.2 计时观察前的准备工作

（1）确定需要进行计时观察的施工过程

计时观察前的第一个准备工作，是研究并确定哪些施工过程需要进行计时观察。对于需要进行计时观察的施工过程要编出详细的目录，拟定工作进度计划，制定组织技术措施，并组织编制定额的专业技术队伍，按计划认真开展工作。在选择观察对象时，必须注意所选择的施工过程要完全符合正常的施工条件。所谓正常的施工条件，是指绝大多数企业和施工队、组，在合理组织施工条件下所处的施工条件。与此同时，还需调查影响施工过程的技术因素、组织因素和自然因素。

（2）对施工过程进行预研究

对于已确定的施工过程的性质应进行充分的研究，目的是正确地安排计时观察和收集可靠的原始资料。研究的方法，是全面地对各个施工过程及其所处的技术组织条件进行实际调查和分析，以便设计正常的（标准的）施工条件和分析研究测时数据。

（3）选择观察对象

所谓观察对象，就是对其进行计时观察完成该施工过程的工人。所选择的建筑安装工人，应具有与技术等级相符的工作技能和熟练程度，所承担的工作与其技术等级相符，同时应该能够完成或超额完成现行的施工劳动定额。

（4）其他准备工作

此外，还必须准备好必要的用具和表格。如测量用的秒表或电子计时器，测量产品数量的工具、器具，记录和整理测时资料的各种表格等。如果有条件且有必要，还可配备摄像和电子记录设备。

3.3.2.3 计时观察法的分类

对施工过程进行观察、测时，计算实物和劳务产量，记录施工过程所处的施工条件并确定影响工时消耗的因素，是计时观察法的三项主要内容和要求。计时观察法种类很多，最主要的有三种，如图3-3所示。

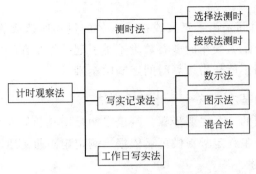

图 3-3　计时观察法的种类

（1）测时法

测时法主要适用于测定那些定时重复的循环工作的工时消耗，是精确度比较高的一种方法。包括选择法测时（间隔选择施工过程中非紧密连接的组成部分测定工时，精确度达0.5s）、接续法测时（比选择法测时更准确、完善）。

（2）写实记录法

写实记录法是研究各种性质的工作时间的消耗方法，包括基本工作时间、辅助工作时间、不可避免中断时间、准备与结束时间以及各种损失时间，采用这种方法，可以获得分析工作时间消耗的全部资料。这种测定方法比较简便、易于掌握，是一种值得提倡的方法。

（3）工作日写实法

工作日写实法，是一种研究整个工作班内的各种工时消耗的方法。利用写实记录表记录观察资料，记录时间时不需要将有效工作时间分为各个组成部分，只需要划分为适合技术水平和不适合技术水平两类。但是工时消耗还需按性质分类记录。

3.3.3　人工定额

3.3.3.1　人工定额的概念

人工定额又称劳动定额，是指在正常的施工技术、生产组织条件下和平均先进水平的基础上，完成单位合格产品所需的必要劳动消耗量标准，在施工企业的生产组织中具有十分重要的作用。

人工定额按表现形式的不同，可分为时间定额和产量定额。

（1）时间定额

也称工时定额，是指在一定的生产技术和生产组织下，某工种、某技术等级的工人小组或个人，完成单位合格产品所必须消耗的工作时间。主要包括准备与结束时间、基本工作时间、辅助工作时间、不可避免的中断时间、工人必需的休息时间。时间定额以"工日"为单位，根据现行的劳动制度，每"工日"是指一个工人工作一个工作日（8h）。时间定额的计算公式为：

$$单位产品的时间定额（工日）=\frac{完成一定数量的产品所需消耗的工日数}{完成合格产品的数量} \tag{3-1}$$

（2）产量定额

是指在一定的生产技术和生产组织下，某工种、某技术等级的工人小组或个人，在单位时间（一个工日）内完成合格产品的数量。产量定额的单位以单位时间内生产的产品计量单位表示，如 m^2/工日。产量定额的计算公式为：

$$单位时间产量定额 = \frac{完成合格产品的数量}{完成一定数量的产品所需消耗的工日数} \quad (3-2)$$

从以上公式可以看出，时间定额与产量定额互为倒数。

3.3.3.2　人工定额的编制

人工定额的编制包括两个过程，一是拟定正常的施工作业条件，二是拟定施工作业的定额时间。

（1）拟定正常的施工作业条件

就是确定执行定额所应具备的条件，主要包括：拟定施工作业的内容；拟定施工作业的方法；拟定施工作业地点的组织；拟定施工作业人员的组织；等等。

（2）拟定施工作业的定额时间

是在拟定基本工作时间、辅助工作时间、准备与结束时间、不可避免的中断时间以及休息时间的基础上编制的。

定额时间＝基本工作时间＋辅助工作时间＋准备与结束时间＋不可避免的中断时间＋

$$休息时间 = \frac{基本工作时间}{1 - 其他各项时间所占比例(\%)} \quad (3-3)$$

【例3-1】　某二砖墙的砌筑工程量合计为155m³，由13人的砌筑小组负责施工，其时间定额为0.876工日/m³，试计算其劳动量和施工天数。

解　完成该项工程所需的劳动量＝155×0.876＝135.78（工日）

完成该项工程所需的施工天数＝135.78/13＝10.4（天）（取11天）

3.3.4　材料消耗定额

3.3.4.1　材料消耗定额的含义

施工材料消耗定额是指在合理使用材料的条件下，生产单位合格产品所需消耗的一定品种、规格的原材料、燃料、半成品、配件和水、动力等资源的数量标准。在我国的建设工程成本构成中，材料费比重最高，平均占60%。

3.3.4.2　材料的分类

（1）根据材料消耗的性质划分

施工中材料的消耗，一般可分为必需消耗的材料和损失的材料两类。

① 必需消耗的材料，是指在合理用料的条件下，生产合格产品所需消耗的材料。它包括：直接用于建筑和安装的材料；不可避免的施工废料；不可避免的材料损耗。

必需消耗的材料属于施工正常消耗，是确定材料消耗定额的基本数据。其中：直接用于建筑和安装的材料，用于编制材料净用量定额；不可避免的施工废料和材料损耗，用于编制材料损耗定额。

② 损失的材料，属于施工生产中不合理的消耗，在确定材料定额消耗量时一般不加以考虑。

（2）根据材料消耗与工程实体的关系划分

施工中的材料可分为实体材料和非实体材料两类。

① 实体材料，是指直接构成工程实体的材料。它包括工程直接性材料和辅助材料。工程直接性材料是指一次性消耗、直接用于工程上构成建筑物或结构本体的材料，如钢筋混凝土柱中的钢筋、水泥、砂、碎石等。辅助材料指虽也是施工过程中所必需，却并不构成建筑物或结构本体的材料，如土石方爆破中所需的炸药、引信、雷管等。工程直接性材料用量

大，辅助材料用量少。

　　② 非实体材料，是指在施工中必须使用但又不能构成工程实体的施工措施性材料，主要指周转性材料，如模板、脚手架等。

3.3.4.3　材料消耗定额的组成

根据第一种材料分类方法，材料消耗定额的组成为：

$$材料消耗量＝材料净耗量＋材料损耗量 \tag{3-4}$$

$$材料损耗率＝\frac{材料损耗量}{材料净耗量} \tag{3-5}$$

$$材料消耗量＝材料净耗量×（1＋材料损耗率） \tag{3-6}$$

3.3.4.4　材料消耗定额的确定

　　（1）现场技术测定法

　　又称观测法，是根据对材料消耗过程的测定与观察，通过完成产品数量和材料消耗量的计算，确定各种材料消耗定额的一种方法。现场技术测定法主要适用于确定材料损耗量，因为该部分数值用统计法或其他方法较难得到。通过现场观察，还可以区别哪些是可以避免的损耗，哪些属于难以避免的损耗，明确定额中不应列入可以避免的损耗。

　　（2）实验室试验法

　　主要用于编制材料净用量定额。通过试验，能够对材料的结构、化学成分和物理性能以及按强度等级控制的混凝土、砂浆、沥青、油漆等配比做出科学的结论，给编制材料消耗定额提供有技术根据的、比较精确的计算数据。该方法的缺点在于无法估计到施工现场某些因素对材料消耗量的影响。

　　（3）现场统计法

　　以施工现场积累的分部分项工程使用材料数量、完成产品数量、完成工作原材料的剩余数量等统计资料为基础，经过整理分析，获得材料消耗的数据。这种方法由于不能分清材料消耗的性质，因而不能作为确定材料净用量定额和材料损耗量定额的依据，只能作为编制定额的辅助性方法使用。

　　（4）理论计算法

　　运用一定的数学公式计算材料消耗定额。如：

$$砖的净用量（块）＝\frac{2×墙厚的砖数}{墙厚×（砖长＋灰缝）×（砖厚＋灰缝）} \tag{3-7}$$

式中，墙厚取值为半砖墙 0.115m，一砖墙 0.24m，一砖半墙 0.365m。

$$每立方米砌体的砂浆净用量＝1－砖的净用量×单块砖体积（m^3） \tag{3-8}$$

$$块料面层净用量/100m^2＝\frac{100}{（块料长＋灰缝）×（块料宽＋灰缝）} \tag{3-9}$$

$$灰缝材料净用量/100m^2＝（100－块料净用量×块料长×块料宽）×灰缝厚 \tag{3-10}$$

$$结合层材料用量/100m^2＝100×结合层厚度 \tag{3-11}$$

　　【例 3-2】　用标准砖砌筑一砖半的墙体，求每立方米砖砌体所用砖和砂浆的总耗量。已知砖的损耗率为 1%，砂浆的损耗率为 1%，灰缝宽 0.01m。

　　解　$砖净用量＝\dfrac{2×1.5}{0.365×（0.24＋0.01）×（0.053＋0.01）}＝521.85（块）$

根据式(3-6)，有

砖的总用量＝521.85×（1＋1%）≈527（块）

每立方米砖砌体砂浆的净用量＝1－522×0.24×0.115×0.053＝0.236（m³）

每立方米砖砌体砂浆的总用量＝0.236×（1+1%）＝0.238（m³）

【**例 3-3**】　用 1∶3 水泥砂浆贴 300mm×300mm×20mm 的大理石块料面层，结合层厚度为 30mm，试计算 100m² 地面大理石块料面层和砂浆的总用量（设灰缝宽 3mm，大理石块料的损耗率为 0.2%，砂浆的损耗率为 1%）。

解　块料面层净用量＝$\dfrac{100}{(0.3+0.003)\times(0.3+0.003)}$＝1089.22（块/100m²）

大理石块料总用量＝1089.22×（1+0.2%）≈1092（块）

灰缝材料净用量＝（100－1089.22×0.3×0.3）×0.02＝0.039（m³/100m²）

结合层材料净用量＝100×0.03＝3（m³/100m²）

砂浆总用量＝（0.039+3）×（1+1%）＝3.07（m³）

3.3.5　机械台班定额

3.3.5.1　机械台班消耗定额的概念

机械台班消耗定额是指在合理使用机械和合理的施工组织条件下，完成单位合格产品（分部分项工程或结构构件）所需机械消耗的数量标准。按反映机械台班消耗方式的不同，机械消耗定额同样有时间定额和产量定额两种形式。

时间定额表现为完成单位合格产品所需消耗机械的工作时间标准；产量定额表现为机械在单位时间里所必须完成的合格产品的数量标准。时间定额与产量定额互为倒数。

3.3.5.2　机械台班消耗定额的编制

（1）确定机械纯工作 1h 的正常生产率

机械纯工作时间，就是指机械的必需消耗时间。机械纯工作 1h 正常生产率，就是在正常施工组织条件下，具有必需的知识和技能的技术工人操纵机械 1h 的生产率。

根据机械工作特点的不同，确定机械纯工作 1h 正常生产率的计算公式如下。

① 对于循环动作机械，确定机械纯工作 1h 正常生产率的计算公式如下：

$$\text{机械一次循环的正常延续时间}＝\Sigma\,\text{循环各组成部分正常延续时间}－\text{交叠时间} \qquad (3\text{-}12)$$

$$\text{机械纯工作 1h 循环次数}＝\frac{60\times60(\text{s})}{\text{一次循环的正常延续时间}} \qquad (3\text{-}13)$$

机械纯工作 1h 正常生产率＝机械纯工作 1h 正常循环次数×一次循环生产的产品数量

$$\qquad (3\text{-}14)$$

② 对于连续动作机械，确定机械纯工作 1h 正常生产率要根据机械的类型和结构特征，以及工作过程的特点来进行。计算公式为：

$$\text{连续动作机械纯工作 1h 正常生产率}＝\frac{\text{工作时间内生产的产品数量}}{\text{工作时间(h)}} \qquad (3\text{-}15)$$

工作时间内的产品数量和工作时间的消耗，要通过多次现场观察和机械说明书来取得数据。

（2）确定施工机械的正常利用系数

确定施工机械的正常利用系数，是指机械在工作班内对工作时间的利用率。机械的利用系数和机械在工作班内的工作状况有着密切的关系。所以要确定机械的正常利用系数，首先要拟定机械工作班的正常工作状况，保证合理利用工时。机械正常利用系数的计算公式如下：

$$机械正常利用系数 = \frac{机械在一个工作班内纯工作时间}{一个工作班延续时间(8h)} \quad (3\text{-}16)$$

（3）计算施工机械台班定额

计算施工机械定额是编制机械定额工作的最后一步。在确定了机械工作正常条件、机械纯工作 1h 正常生产率和机械正常利用系数之后，采用下列公式计算施工机械的产量定额：

$$施工机械台班产量定额 = 机械纯工作 1h 正常生产率 \times 工作班纯工作时间 \quad (3\text{-}17)$$

或

$$施工机械台班产量定额 = 机械纯工作 1h 正常生产率 \times 工作班延续时间 \times 机械正常利用系数$$

$$(3\text{-}18)$$

$$施工机械时间定额 = \frac{1}{机械台班产量定额} \quad (3\text{-}19)$$

【例 3-4】 某工程现场采用出料容量 500L 的混凝土搅拌机，每一次循环中，装料、搅拌、卸料、中断需要的时间分别为 1min、3min、1min、1min，机械正常利用系数为 0.9，求该机械的台班产量定额。

解 该搅拌机一次循环的正常延续时间 = 1 + 3 + 1 + 1 = 6 （min） = 0.1 （h）

该搅拌机纯工作 1h 循环次数 = 1/0.1 = 10

该搅拌机纯工作 1h 正常生产率 = 10 × 500 = 5000(L) = 5 （m³）

该搅拌机台班产量定额 = 5 × 8 × 0.9 = 36 （m³/台班）

3.4 预算定额

3.4.1 预算定额概述

3.4.1.1 预算定额的概念与用途

（1）预算定额的概念

预算定额，是指在合理的施工组织设计、正常施工条件下，生产一个规定计量单位合格结构件、分项工程所需的人工、材料和机械台班的社会平均消耗量标准。预算定额是工程建设中的一项重要的技术经济文件，是编制施工图预算的主要依据，是确定和控制工程造价的基础。

（2）预算定额的用途

① 预算定额是编制施工图预算、确定建筑安装工程造价的基础。施工图设计一经确定，工程预算造价就取决于预算定额水平和人工、材料及机械台班的价格。预算定额起着控制劳动消耗、材料消耗和机械台班使用的作用，进而起着控制建筑产品价格的作用。

② 预算定额是编制施工组织设计的依据。施工组织设计的重要作用之一，是确定施工中所需的人力、物力的供求量，并做出最佳安排。施工单位在缺乏本企业的施工定额的情况下，根据预算定额，亦能够比较精确地计算出施工中各项资源的需要量。预算定额为有计划地组织材料采购和预制加工、劳动力和施工机械的调配，提供了可靠的计算依据。

③ 预算定额是工程结算的依据。工程结算是建设单位和施工单位按照工程进度对已完成的分部分项工程实现货币支付的行为。按进度支付工程款，需要根据预算定额将已完分项工程的造价算出。单位工程验收后，再按竣工工程量、预算定额和施工合同规定进行结算，以保证建设单位资金的合理使用和施工单位的经济收入。

④ 预算定额是施工单位进行经济活动分析的依据。预算定额规定的物化劳动和劳动消

耗指标，是施工单位在生产经营中允许消耗的最高标准。施工单位必须以预算定额作为评价企业工作的重要标准，作为努力实现的目标。施工单位可根据预算定额对施工中的劳动、材料、机械消耗情况进行具体的分析，以便找出并克服低功效、高消耗的薄弱环节，提高竞争力。只有在施工中尽量降低劳动消耗，采用新技术，提高劳动者素质，提高劳动生产率，才能取得较好的经济效益。

⑤ 预算定额是编制概算定额的基础。概算定额是在预算定额的基础上综合扩大编制的。利用预算定额作为编制依据，不但可以节省编制工作的大量人力、物力和时间，收到事半功倍的效果，还可以使概算定额在水平上与预算定额保持一致，以免造成执行中的不一致。

⑥ 预算定额是合理编制招标控制价、投标报价的基础。在深化改革的过程中，预算定额的指令性作用将日益削弱，而对施工单位按照工程个别报价的指导性作用仍然存在，因此预算定额作为编制招标控制价和施工企业报价的基础性作用仍将存在，这也是由预算定额本身的科学性和指导性决定的。

3.4.1.2 预算定额的种类

（1）按专业性质分

预算定额有建筑工程定额和安装工程定额两大类。

建筑工程定额按专业对象分为工程预算定额、市政工程预算定额、铁路工程预算定额、公路工程预算定额、房屋修缮工程预算定额、矿山井巷预算定额等。

安装工程定额按专业对象分为电气设备安装工程预算定额、机械设备安装工程预算定额、通信设备安装工程预算定额、化学工业设备安装工程预算定额、工业管道安装工程预算定额、工艺金属结构安装工程预算定额、热力设备安装工程预算定额等。

（2）按管理权限和执行范围划分

预算定额可分为全国统一预算定额、行业统一预算定额和地区统一预算定额等。

（3）按生产要素划分

分为劳动定额、机械定额和材料消耗定额，它们相互依存形成一个整体，作为编制预算定额的依据，各自不具有独立性。

3.4.1.3 预算定额的编制原则、依据和步骤

（1）预算定额的编制原则

为保证预算定额的质量，充分发挥预算定额的作用，并为了实际使用简便，在编制工作中应遵循以下原则。

① 按社会平均水平确定预算定额的原则。预算定额是确定和控制建筑安装工程造价的主要依据。因此，它必须遵照价值规律的客观要求，即按生产过程中所消耗的社会必要劳动时间确定定额水平。所以预算定额的平均水平，是在正常的施工条件及合理的施工组织和工艺条件、平均劳动熟练程度和劳动强度下，完成单位分项工程基本构造要素所需的劳动时间。

② 简明适用原则。简明适用一是指在编制预算定额时，对于那些主要的、常用的、价值量大的项目，分项工程划分宜细；次要、不常用、价值量相对较小的项目的划分则可粗糙一些。二是指预算定额要项目齐全。要注意补充那些因采用新技术、新结构、新材料而出现的新定额项目。如果项目不全，缺项多，就会使计价工作缺少充足可靠的依据。三是要求合理确定预算定额的计算单位，简化工程量的计算，尽可能地避免同一材料用不同的计量单位和一量多用，尽量减少定额附注和换算系数。

③ 坚持统一性和差别性相结合的原则。所谓统一性，就是从培育全国统一市场规范计价行为出发，计价定额的制定规划和组织实施由国务院建设行政主管部门归口管理，由其负责全国统一定额制定或修订，颁发有关工程造价管理的规章制度办法等。所谓差别性，就是在统一性的基础上，各部门和省、自治区、直辖市主管部门可以在自己的管辖范围内，根据本部门和地区的具体情况，制定部门和地区性定额、补充性制度和管理办法，以适应我国幅员辽阔、地区间部门发展不平衡和差异大的实际情况。

（2）预算定额的编制依据

① 现行施工定额。预算定额是在现行施工定额的基础上编制的。预算定额中的人工、材料、机械台班消耗水平，需要根据施工定额取定；预算定额的计量单位的选择，也要以施工定额为参考，从而保证两者的协调和可比性，减轻预算定额的编制工作量，缩短编制时间。

② 现行设计规范、施工及验收规范，质量评定标准和安全操作规程。

③ 具有代表性的典型工程施工图及有关标准图。对这些图纸进行仔细分析研究，并计算出工程量，作为编制定额时选择施工方法确定定额含量的依据。

④ 新技术、新结构、新材料和先进的施工方法等。这类资料是调整定额水平和增加新的定额项目所必需的依据。

⑤ 有关科学实验、技术测定和统计、经验资料。这类文件是确定定额水平的重要依据。

⑥ 现行的预算定额、材料预算价格及有关文件规定等。过去定额编制过程中积累的基础资料，也是编制预算定额的依据和参考。

（3）预算定额的编制程序和要求

预算定额的编制，大致可以分为准备工作、收集资料、编制定额、报批和修改定稿五个阶段。各阶段工作相互有交叉，有些工作还有多次反复。其中预算定额编制阶段的主要工作如下。

① 确定编制细则。主要包括：统一编制表格及编制方法；统一计算口径、计量单位和小数点位数的要求；有关统一性规定，如名称统一、用字统一、专业用语统一、符号代码统一，简化字要规范，文字要简练明确。

预算定额与施工定额计量单位往往不同。施工定额的计量单位一般按照工序或施工过程确定，而预算定额的计量单位主要是根据分部分项工程和结构构件的形体特征及其变化确定。由于工作内容综合，预算定额的计量单位亦具有综合的性质。工程计算规则的规定应确切反映定额项目所包含的工作内容。预算定额的计量单位关系到预算工作的繁简和准确性。因此，要正确地确定各分部分项工程的计量单位。一般依据建筑结构构件形状的特点确定。

② 确定定额的项目划分和工程量计算规则。计算工程数量，是为了计算出典型设计图纸所包括的施工过程的工程量，以便在编制预算定额时，有可能用施工定额的人工、材料和机械台班消耗指标确定预算定额所含工序的消耗量。

③ 定额人工、材料、机械台班耗用量的计算、复核和测算。

3.4.2　预算定额的编制方法

确定预算定额中人工、材料、机械台班消耗指标时，必须先按施工定额的分项逐项计算出消耗指标，然后按预算定额的项目加以综合。但是这种综合不是简单地合并和相加，而需要在综合过程中增加两种定额之间的适当水平差。预算定额的水平，首先取决于这些消耗量的合理确定。

　　人工、材料和机械台班消耗量指标，应根据定额编制原则和要求，采用理论与实际相结合、图纸计算和施工现场测算相结合、编制人员与现场工作人员相结合等方法进行计算和确定，使定额既符合政策要求，又与客观情况一致，便于贯彻执行。

3.4.2.1　人工消耗量的确定

　　预算定额中人工消耗量是指为完成该定额单位分项工程所需的用工数量，分为两部分：一是直接完成单位合格产品所需消耗的技术工种的用工，称为基本用工；二是辅助用工的其他用工数，称为其他用工。

　　(1) 基本用工

　　基本用工指完成某一项合格分项工程所必需消耗的技术工种用工，按技术工种相应劳动定额的工时定额计算，以不同工种列出定额工日。基本用工包括以下内容。

　　① 完成定额计量单位的主要用工。按综合取定的工程量和相应劳动定额进行计算。计算公式如下：

$$基本用工 = \sum(综合取定的工程量 \times 施工劳动定额) \qquad (3\text{-}20)$$

　　例如工程实际中的砖基础，有一砖厚、一砖半厚、二砖厚之分，用工各不相同，在预算定额中由于不区分厚度，需要按照统计的比例，加权平均得出综合人工消耗。

　　② 按劳动定额规定应增（减）计算的用工量。由于预算定额是在施工定额子目的基础上综合扩大的，包括的工作内容较多，施工的工效视具体部位而不一样，所以需要另增加人工消耗，而这种人工消耗也可以列入基本用工内。

　　(2) 其他用工

　　其他用工是辅助基本用工消耗的工日，包括超运距用工、辅助用工和人工幅度差。

　　① 超运距用工。超运距指施工定额中已包括的材料、半成品场内水平搬运距离与预算定额所考虑的现场材料、半成品堆放地点到操作地点的水平运输距离之差。发生在超运距内的运输材料、半成品的人工消耗即为超运距用工。

$$超运距 = 预算定额取定运距 - 劳动定额已包括的运距 \qquad (3\text{-}21)$$

$$超运距用工 = \sum(超运距材料数量 \times 超运距劳动定额) \qquad (3\text{-}22)$$

　　② 辅助用工。辅助用工指技术工种劳动定额内不包括而在预算定额内又必须考虑的用工。例如，机械土方工程配合用工、材料加工（筛砂、洗石、淋化石膏）、电焊点火用工等。计算公式如下：

$$辅助用工 = \sum(材料加工数量 \times 相应的加工劳动定额) \qquad (3\text{-}23)$$

　　③ 人工幅度差。人工幅度差指在劳动定额中未包括而在预算定额中又必须考虑的用工，也是在正常施工情况下不可避免但又很难准确计量的用工和各种工时损失。如：土建各工种间的工序搭接及土建工程与水、暖、电工程之间的交叉作业相互配合或影响所发生的停歇；施工机械在单位工程之间转移及临时水电线路移动所造成的停工；工程质量检查和隐蔽工程验收工作；场内班组操作地点转移影响工人的操作时间；工序交接时对前一工序不可避免的修整用工；等等。计算公式为：

$$人工幅度差 = (基本用工 + 辅助用工 + 超运距用工) \times 人工幅度差系数 \qquad (3\text{-}24)$$

　　人工幅度差系数一般为 $10\% \sim 15\%$，在预算定额中，人工幅度差的用工量列入其他用工量中。

　　因此，预算定额人工消耗量的计算公式为：

$$人工消耗量＝基本用工＋辅助用工＋超运距用工＋人工幅度差 \qquad (3-25)$$
或　$$人工消耗量＝(基本用工＋辅助用工＋超运距用工)×(1＋人工幅度差系数) \qquad (3-26)$$

【例 3-5】　完成 $10m^3$ 砖墙需基本用工为 26 个工日，辅助用工为 5 个工日，超距离运砖需 3 个工日，人工幅度差系数为 10%，则预算定额人工工日消耗量为多少工日/$10m^3$？

解　$(26＋5＋3)×(1＋10%)＝37.4$（工日/$10m^3$）

3.4.2.2　材料消耗量的确定

预算定额中的材料消耗量是指在正常施工条件下，为完成单位合格产品的施工任务所需消耗的材料、成品、半成品、构配件及周转性材料的数量标准。预算定额的材料消耗量包括主要材料、辅助材料、零星材料等，是由材料的净用量和损耗量所构成的。材料损耗量包括：由工地仓库、现场堆放地点或施工现场加工地点到施工操作地点的运输损耗，施工操作地点的堆放损耗，施工操作时的损耗，等等。这里的损耗量不包括二次搬运和规格改装的加工损耗，场外运输损耗包括在材料预算价格内。

预算定额中材料消耗量的确定方法与施工定额中材料消耗量的确定方法一样，但是预算定额中材料的损耗率与施工定额中材料的损耗率不同，预算定额中材料损耗率的损耗范围比施工定额中材料损耗率的损耗范围更广，必须考虑整个施工现场范围内材料堆放、运输、制备及施工操作过程中的损耗。

3.4.2.3　机械台班消耗量的确定

预算定额中的机械台班消耗量是指在正常施工条件下，生产单位合格产品（分部分项工程或结构件）必须消耗的某种型号施工机械的台班数量。

（1）根据施工定额确定机械台班消耗量

这种方法是指用施工定额中机械台班产量加上机械幅度差计算预算定额的机械台班消耗量。

机械台班幅度差是指在施工定额中所规定的范围内没有包括，而在实际施工中又不可避免产生的影响机械或使机械停歇的时间。其内容包括以下几点。

① 施工机械转移工作面及配套机械相互影响损失的时间。

② 在正常施工条件下，机械在施工中不可避免的工序间歇。

③ 工程开工或收尾时工作量不饱满所损失的时间。

④ 检查工程质量影响机械操作时间。

⑤ 临时停机、停电影响机械操作时间。

⑥ 机械维修引起的停歇时间。

大型机械幅度差系数为：土方机械 25%，打桩机械 33%，吊装机械 30%。砂浆、混凝土搅拌机由于按小组配用，以小组产量计算机械台班产量，不另增加机械幅度差。其他分部工程如钢筋加工、木材、水磨石等各项专用机械的幅度差为 10%。

综上所述，预算定额的机械台班消耗量，计算公式为：

$$预算定额机械消耗量＝施工定额机械耗用台班×(1＋机械幅度差系数) \qquad (3-27)$$

【例 3-6】　已知某挖土机挖土，一次性正常循环工作时间是 40s，每次循环平均挖土量 $0.3m^3$，机械正常利用系数为 0.8，机械幅度差为 25%。求该机械挖土方 $1000m^3$ 的预算定额机械耗用台班量。

解　机械纯工作 1h 循环次数＝3600/40＝90（次/台班）

机械纯工作 1h 正常生产率＝90×0.3＝27（m^3）

施工机械台班产量定额 $= 27 \times 8 \times 0.8 = 172.8$（$m^3$/台班）

预算定额台班时间定额 $= 1/172.8 \approx 0.00579$（台班/$m^3$）

预算定额机械耗用台班量 $= 0.00579 \times (1+25\%) \approx 0.00724$（台班/$m^3$）

挖土方 $1000m^3$ 的预算定额机械耗用台班量 $= 1000 \times 0.00724 = 7.24$（台班）

（2）以现场测定资料为基础确定机械台班消耗量

如遇到施工定额缺项者，则需要依据单位时间完成的产量测定。

3.4.2.4 预算定额示例

表 3-2 为 1995 年《全国统一建筑工程基础定额》中砖石结构工程部分砖墙项目的示例。

表 3-2 砖墙项目示例

内容：调、运、铺砂浆，运砖；砌砖，包括窗台虎头砖、腰线、门窗套；安装木砖、铁件等。

定额编号			4-2	4-4	4-5	4-8	4-10	4-11
项目		单位	单面清水墙			混水砖墙		
			1/2 砖	1 砖	1 砖半	1/2 砖	1 砖	1 砖半
人工	综合工日	工日	21.97	18.87	17.83	20.14	16.08	15.63
材料	水泥砂浆 M5	m^3	—	—	—	1.95	—	—
	水泥砂浆 M10	m^3	1.95	—	—	—	—	—
	水泥混合砂浆 M2.5	m^3	—	2.25	2.40	—	2.25	2.04
	普通黏土砖	千块	5.641	5.314	5.350	5.641	5.314	5.350
	水	m^3	1.13	1.06	1.07	1.13	1.06	1.07
机械	灰浆搅拌机 200L	台班	0.33	0.38	0.40	0.33	0.38	0.40

注：以 $10m^3$ 计。

3.4.3 预算定额单价的确定与预算定额的组成

3.4.3.1 预算定额单价的确定

预算定额单价是指根据定额规定的实物消耗量指标和地区造价管理部门统计的平均价格，计算并确定的人工费、材料费和机械费之和，简称预算单价（或预算基价）。

3.4.3.2 预算定额的组成

为方便使用，通常将预算定额项目表及相关的资料汇编成册，称为预算定额。它一般由目录、总说明、建筑面积计算规则、分部工程说明、分部工程的工程量计算规则、项目表、附注及附录等内容组成。表 3-3 为某单位估价表实例。

① 总说明是对定额的说明，概述定额的编制依据、适当范围、编制过程中已考虑和未考虑的因素以及使用中应注意的问题。

② 分部工程说明是对各分部工程定额的说明，指明该分部工程定额的项目划分、施工方法、材料选用、定额换算以及使用中应该注明的问题。

③ 建筑面积计算规则和分部工程的工程量计算规则是对计算建筑面积和计算各分部分项工程的工程量所作的规定。

④ 预算定额中篇幅最大的是项目表。项目表按分部、分项的顺序排列。每个分项可能有几个子目，项目表包括编号、名称和计量单位。有的定额采用全册顺序编号，有的定额采用分部工程顺序编号。

表 3-3　建筑工程单位估价表实例

定额编号：166　　　　　　项目名称：一砖及一砖以上内墙　　　　　计量单位：$10m^3$

项　目	单位	单价	数量	合价
人工费	元/工日	21.52	15.22	327.53
材料费	元			1096.89
其中:混合砂浆 M2.5	m^3	98.87	2.35	232.34
红(青)砖	千块	164.00	5.26	862.64
水	m^3	1.80	1.06	1.91
机械费	元			208.73
其中:灰浆搅拌机	台班	44.70	0.28	12.52
塔吊	台班	417.47	0.47	196.21
合计				1633.15

⑤ 每个子目包括人工、材料、机械的消耗量，当预算定额与单位估价表二者合一时，每个子目应包括该分项工程的预算单价（定额基价），构成定额基价的人工费、材料费、机械费。使用者可以根据分项工程的实物消耗量和对应的单价，进行预算单价的换算。

⑥ 附注是附在定额项目表下（或上）面的注释，是对某些定额项目的使用方法的补充说明。

⑦ 附录是指收录在预算定额中的参考资料，包括施工机械台班费用定额、混凝土和砂浆配合比表，建筑工程材料预算价格表以及其他必要的资料。附录主要供使用者在进行工程预算单价换算时使用。

3.4.4　预算定额的应用

预算定额是编制施工图预算、进行工程结算的基础资料，因此，熟练准确地使用预算定额是专业技术人员必备的一项基本能力。预算定额的应用主要包括预算定额的套用、预算定额的换算和预算定额的补充三个方面的工作内容。

3.4.4.1　预算定额的套用

套用定额应根据施工图纸、设计要求、做法说明，从工程内容、技术特征、施工方法等方面认真核对，当与定额条件完全相符时，才能直接套用。

若施工图纸的分部分项工程内容与相应的定额项目规定内容不一致，但定额规定不允许换算或调整时，也应直接套用定额。

【例 3-7】　M5.0 混合砂浆（中砂）砖墙 $50m^3$，计算预算价格。已在预算定额中查到实心砖墙的单价为 1686.04 元/$10m^3$。

解　此项工程量预算价格为：$50 \times 1686.04/10 = 8430.2$（元）

3.4.4.2　预算定额的换算

预算定额的换算是指当工程项目内容与相应定额子目内容不完全一致而定额又允许换算时，就要按定额规定的范围、内容和方法进行换算，从而使定额子目与工程项目保持一致。经过换算后的定额项目，要在其定额编号后加注"换"字，以示区别。定额换算的方法有很多种，主要有乘系数换算、强度等级换算、材料断面换算等。

（1）乘系数换算

乘系数换算是将某工程量乘上一个规定的系数使原工程量变大或变小，再按规定套用相应的定额求预算价格的方法。工程量系数一般在各分部的计算规则中。

【例 3-8】　某"预算定额"中规定，木百叶门刷油漆，执行单层木门定额，工程量乘 1.25 的系数。已查得单层木门刷调和漆的基价为 1430.79 元/100m²，求 42m² 木百叶门刷调和漆的预算单价。

解　42m² 木百叶门刷调和漆的预算单价为：

$$42 \times 1.25 \times 1430.79 / 100 = 751.16（元）$$

（2）强度等级换算

当定额中的混凝土和砂浆强度等级与设计要求不同时，允许按附录换算，但定额中各种配合比的材料用量不得调整。因此，换算时，应按照换价不换量的原则进行。

【例 3-9】　已计算出 M2.5 混合砂浆（中砂）砖墙的工程量为 100m³，求该工程量的预算价格。已在"预算定额"中查到，无 M2.5 混合砂浆（中砂）砖墙子目，但有 M5 混合砂浆（中砂）砖墙，单价为 1675.04 元/10m³。在相应的"材料"栏中，M5 混合砂浆（中砂）砖墙的砂浆用量为 2.24m³，砂浆单价 119.62 元/m³。在定额附录中查得，M2.5 混合砂浆（中砂）的单价为 109.66 元/m³。

解　此例中设计要求与定额条件在砂浆强度等级上不相符，根据预算总说明中换价不换量的原则，可以通过下列公式进行换算：

新基价＝原基价－换出部分价值＋换入部分价值

$$= 1675.04 - 2.24 \times 119.62 + 2.24 \times 109.66 = 1652.73（元/10m³）$$

工程量合价＝$1652.73 \times 100 / 10 = 16527.3$（元）

（3）材料断面换算

当木门窗的设计尺寸与定额规定的截面尺寸不同时，可根据设计的门窗框、扇的断面，以及定额断面和定额材积进行定额换算。其换算公式为：

$$换算后的木材体积 = \frac{设计断面}{定额断面} \times 定额材积 \tag{3-28}$$

（4）其他换算

定额允许换算的项目是多种多样的，除了上面介绍的几种之外，还有由于材料的品种、规格发生变化而引起的定额换算，由于砌筑、浇筑或抹灰等厚度发生变化而引起的定额换算，等等，这些换算可以参照以上介绍的换算方法灵活应用。

3.4.4.3　预算定额的补充

当工程项目在预算定额中没有对应的子目可以套用，也无法通过对某一子目进行换算得到时，就只有按照定额编制的方法编制补充项目，经建设单位或监理单位审查认可后，可用于本项目预算的编制。也称为临时定额或一次性定额。编制补充定额项目应在定额编号后注明"补"字，以示区别。

3.5　概算定额与概算指标

3.5.1　概算定额的概念及作用

（1）概算定额的概念

概算定额，是在预算定额的基础上，确定完成合格的单位扩大分项工程或单位扩大结构构件所需消耗的人工、材料和机械台班的数量标准，所以概算定额又称扩大结构定额。

概算定额是预算定额的综合与扩大。它将预算定额中有联系的若干个分项工程项目综合为一个概算定额项目。如砖基础概算定额项目就是以砖基础为主，综合了平整场地、挖槽、铺设垫层、砌砖基础、铺设防潮层、回填土及运土等预算定额中的分项工程项目。又如砖墙定额就是以砖墙为主，综合了砌砖，钢筋混凝土过梁制作、运输、安装，勒脚、内外墙面抹灰、内外墙刷白等预算定额的分项工程项目。

概算定额与预算定额的相同之处在于，它们都是以建（构）筑物各个结构部分和分部分项工程为单位表示的，内容也包括人工、材料和机械台班使用量定额三个基本部分，并列有基价。概算定额表达的主要内容、主要方式及基本使用方法都与预算定额相近。

概算定额与预算定额的不同之处，在于项目划分和综合扩大程度上的差异，同时，概算定额主要用于设计概算的编制。由于概算定额综合了若干分项工程的预算定额，因此使用概算工程量计算和编制概算表，都比编制施工图预算简化一些。

（2）概算定额的作用

① 是初步设计阶段编制概算、扩大初步设计阶段编制修正概算的主要依据。

② 是对设计项目进行技术经济分析比较的基础资料之一。

③ 是建设工程主要材料计划编制的依据。

④ 是控制施工图预算的依据。

⑤ 是施工企业在准备施工期间，编制施工组织总设计或总规划时，对生产要素提出需要量计划的依据。

⑥ 是工程结束后，进行竣工决算和评价的依据。

⑦ 是编制概算指标的依据。

3.5.2 概算定额的内容

根据专业特点和地区特点编制的概算定额手册，内容基本上由文字说明、定额项目表和附录三个部分组成。

（1）文字说明

文字说明部分有总说明和分部工程说明。在总说明中，主要阐述概算定额的编制依据、使用范围、包括的内容及作用、应遵守的规则及建筑面积计算规则等。分部工程说明主要阐述本分部工程包括的综合工作内容及分部分项工程的工程量计算规则等。

（2）定额项目表

主要包括以下内容。

① 定额项目的划分。概算定额项目一般按以下两种方法划分。一是按工程结构划分：一般是按土石方、基础、墙、梁板柱、门窗、楼地面、屋面、装饰、构筑物等工程结构划分。二是按工程部位（分部）划分：一般是按基础、墙体、梁柱、楼地面、屋盖、其他工程部位划分，如基础工程中包括了砖、石、混凝土基础等项目。

② 定额项目表。定额项目表是概算定额手册的主要内容，由若干分节定额组成。各节定额由工程内容、定额表及附注说明组成。定额表中列有定额编号、计量单位、概算价格、人工和材料与机械台班消耗量指标，综合了预算定额的若干项目与数量。以建筑工程概算定额为例说明，见表3-4。

表 3-4 现浇混凝土柱概算定额表

工程内容：模板制作、安装、拆除，钢筋制作、安装，混凝土浇捣、抹灰、刷浆。

计量单位：10m³

概算定额编号			4-3		4-4	
项 目	单位	单价/元	矩形柱			
			周长 1.8m 以内		周长 1.8m 以外	
			数量	合价	数量	合价
基准价	元		13428.76		12947.26	
其中 人工费	元		2116.40		1728.76	
材料费	元		10272.03		10361.83	
机械费	元		1040.33		856.67	
合计工	工日	22.00	96.20	2116.40	78.58	1728.76
材料 中(粗)砂(天然)	t	35.81	9.494	339.98	8.817	315.74
碎石 5～20mm	t	36.18	12.207	441.65	12.207	441.65
石灰膏	m³	98.89	0.221	20.75	0.155	14.55
普通木成材	m³	1000.00	0.302	302.00	0.187	187.00
圆钢(钢筋)	t	3000.00	2.188	6564.00	2.407	7221.00
组合钢模板	kg	4.00	64.416	257.66	39.848	159.39
钢支撑(钢管)	kg	4.85	34.165	165.70	21.134	102.50
零星卡具	kg	4.00	33.954	135.82	21.004	84.02
铁钉	kg	5.96	3.091	18.42	1.912	11.40
镀锌铁丝 22 号	kg	8.07	8.368	67.53	9.206	74.29
电焊条	kg	7.84	15.644	122.65	17.212	134.94
803 涂料	kg	1.45	22.901	33.21	16.038	23.26
水	m³	0.99	12.700	12.57	12.300	12.21
水泥 425 号	kg	0.25	664.459	166.11	517.117	129.28
水泥 525 号	kg	0.30	4141.200	1242.36	4141.200	1242.36
脚手架	元		196.00		90.60	
其他材料费	元		185.62		117.64	
机械 垂直运输费	元		628.00		510.00	
其他机械费	元		412.33		346.67	

3.5.3 概算指标的概念及作用

（1）概算指标的概念

建筑安装工程概算指标通常是以整个建筑物或构筑物为对象，以建筑面积、体积或成套设备装置的台或组为计量单位而规定的人工、材料、机械台班的消耗量标准和造价指标。

从上述概念可以看出，建筑安装工程概算定额与概算指标的主要区别如下。

① 确定各种消耗量指标的对象不同。

概算定额是以单位扩大分项工程或单位扩大结构构件为对象，而概算指标则是以整个建筑物（如 100m² 或 1000m³）和构筑物为对象。因此，概算指标比概算定额更加综合与扩大。

② 确定各种消耗量指标的依据不同。

概算定额以现行预算定额为基础，计算之后才综合确定出各种消耗量指标。而概算指标中各种消耗量指标的确定，则主要来自各种预算或结算资料。

（2）概算指标的作用

① 概算指标可以作为编制投资估算的参考。

② 概算指标中的主要材料指标可以作为匡算主要材料用量的依据。

③ 概算指标是设计单位进行设计方案比较、建设单位选址的一种依据。

④ 概算指标是编制固定资产投资计划、确定投资额和主要材料计划的主要依据。

3.5.4 概算指标的内容

（1）概算指标的组成内容

一般分为文字说明和列表两部分，以及必要的附录。

① 文字说明。其内容一般包括：概算指标的编制范围、编制依据、分册情况、指标包括的内容、指标未包括的内容、指标的使用方法、指标允许调整的范围及调整方法等。

② 列表。建筑工程的列表形式，房屋建筑、构筑物的列表一般是以建筑面积、建筑体积、"座"、"个" 等为计算单位，辅以必要的示意图，示意图画出建筑物的轮廓示意或单线平面图，列出综合指标：元/100m² 或元/1000m³，自然条件（如地耐力、地震烈度等），建筑物的类型、结构形式及各部位中结构主要特点，主要工程量。安装工程的列表形式，设备以 "t" 或 "台" 为计算单位，也可以设备购置费或设备原价的百分比（%）表示；工艺管道一般以 "t" 为计算单位；通信电话安装以 "站" 为计算单位。列出指标编号、项目名称、规格、综合指标（元/计算单位）之后一般还要列出其中的人工费，必要时还要列出主要材料费、辅材费。

总体来说建筑工程列表形式分为以下几个部分。

a. 示意图。表明工程的结构、工业项目，还表示出吊车及起重能力等。

b. 工程特征。对采暖工程特征，应列出采暖热媒及采暖形式；对电气照明工程特征，可列出建筑层数、结构类型、配线方式、灯具名称等；对房屋建筑工程特征，主要对工程的结构形式、层高、层数和建筑面积进行说明。如表 3-5 所示。

表 3-5　内浇外砌住宅工程特征

结构类型	层数	层高/m	檐高/m	建筑面积/m²
内浇外砌	六层	2.8	17.7	4206

c. 经济指标。说明该项目每 100m²，每座的造价指标及其中土建、水暖和电照等单位工程的相应造价。如表 3-6 所示。

表 3-6　内浇外砌住宅经济指标　　　　　　　　　100m² 建筑面积

项　　目		合计/元	其中/元			
			直接费	间接费	利润	税金
单方造价		30422	21860	5576	1893	1093
其中	土建	26133	18778	4790	1626	939
	水暖	2565	1843	470	160	92
	电照	1724	1239	316	107	62

d. 构造内容及工程量指标。说明该工程项目的构造内容和相应计算单位的工程量指标及人工、材料消耗指标。如表 3-7、表 3-8 所示。

表 3-7　内浇外砌住宅构造内容及工程量指标　　100m² 建筑面积

序号	构造特征	工程量	单位	数量
		一、土建		
1	基础	灌注桩	m³	14.64
2	外墙	二砖墙、清水墙勾缝、内墙抹灰刷白	m³	24.32
3	内墙	混凝土墙、一砖墙、抹灰刷白	m³	22.70
4	柱	混凝土柱	m³	0.70
5	地面	碎砖垫层、水泥砂浆面层	m²	13
6	楼面	120mm 厚预制空心板、水泥砂浆面层	m²	65
7	门窗	木门窗	m²	62
8	屋面	预制空心板、水泥珍珠岩保温、三毡四油卷材防水	m²	21.7
9	脚手架	综合脚手架	m²	100
		二、水暖		
1	采暖方式	集中采暖		
2	给水性质	生活给水明设		
3	排水性质	生活排水		
4	通风方式	自然通风		
		三、电照		
1	配电方式	塑料管暗配电线		
2	灯具种类	日光灯		
3	用电量			

表 3-8　内浇外砌住宅人工及主要材料消耗指标　　100m² 建筑面积

序号	名称及规格	单位	数量	序号	名称及规格	单位	数量
	一、土建				二、水暖		
1	人工	工日	506	1	人工	工日	39
2	钢筋	t	3.25	2	钢管	t	0.18
3	型钢	t	0.13	3	暖气片	m²	20
4	水泥	t	18.10	4	卫生器具	套	2.35
5	白灰	t	2.10	5	水表	个	1.84
6	沥青	t	0.29		三、电照		
7	红砖	千块	15.10	1	人工	工日	20
8	木材	m³	4.10	2	电线	m	283
9	砂	m³	41	3	钢管	t	0.04
10	砾石	m³	30.5	4	灯具	套	8.43
11	玻璃	m²	29.2	5	电表	个	1.84
12	卷材	m²	90.8	6	配电箱	套	6.1
					四、机械使用费	%	7.5
					五、其他材料费	%	19.57

（2）概算指标的表现形式

概算指标在具体内容的表示方法，分为综合概算指标和单项概算指标两种形式。

① 综合概算指标。综合概算指标是按照工业或民用建筑及其结构类型而制定的概算指标。综合概算指标的概括性较大，其准确性、针对性不如单项概算指标。

② 单项概算指标。单项概算指标是指为某种建筑物或构筑物而编制的概算指标。单项概算指标的针对性较强，故指标中对工程结构形式要做介绍。只要工程项目的结构形式及工程内容与单项指标中的工程概况相吻合，编制出的设计概算就比较准确。

3.6　估算指标

3.6.1　估算指标的概念

工程建设投资估算指标是编制建设项目建议书、可行性研究报告等前期工作阶段投资估算的依据，也可以作为编制固定资产长远规划投资额的参考。投资估算指标为完成项目建设的投资估算提供依据和手段，它在固定资产的形成过程中起着投资预测、投资控制、投资效益分析的作用，是合理确定项目投资的基础。投资估算指标中的主要材料消耗量也是一种扩大材料消耗量指标，可以作为计算建设项目主要材料消耗量的基础。估算指标的正确制定对于提高投资估算的准确度，对建设项目的合理评估、正确决策具有重要意义。

3.6.2　估算指标的内容

投资估算指标是确定和控制建设项目全过程各项投资支出的技术经济指标，其范围涉及建设前期、建设实施期和竣工验收交付使用期等各个阶段的费用支出，因行业不同而内容各异，一般可分为建设项目综合指标、单项工程指标和单位工程指标三个层次。

（1）建设项目综合指标

指按规定应列入建设项目总投资的从立项筹建开始至竣工验收交付使用的全部投资额，包括单项工程投资、工程建设其他费用和预备费等。

建设项目综合指标一般以项目的综合生产能力单位投资表示，如元/t、元/kW。或以使用功能表示，如医院床位：元/床。

（2）单项工程指标

指按规定应列入能独立发挥生产能力或使用效益的单项工程内的全部投资额，包括建筑工程费、安装工程费、设备和工器具及生产家具购置费以及可能包含的其他费用。单项工程一般划分原则如下。

① 主要生产设施。指直接参加产品生产的工程项目，包括生产车间或生产装置。

② 辅助生产设施。指为主要生产车间服务的工程项目。包括集中控制室、中央实验室、机修、电修、仪器仪表修理及木工（模）等车间，原材料、半成品、成品及危险品等仓库。

③ 公用工程。包括给排水系统（给排水泵房、水塔、水池及全厂给排水管网）、供热系统（锅炉房及水处理设施、全厂热力管网）、供电及通信系统（变配电所、开关所及全厂输电、电信线路）以及热电站、热力站、煤气站、空压站、冷冻站、冷却塔和全厂管网等。

④ 环境保护工程。包括废气、废渣、废水等处理和综合利用设施及全厂性绿化。

⑤ 总图运输工程。包括厂区防洪、围墙大门、传达及收发室、汽车库、消防车库、厂区道路、桥涵、厂区码头及厂区大型土石方工程。

⑥ 厂区服务设施。包括厂部办公室、厂区食堂、医务室、浴室、哺乳室、自行车棚等。

⑦ 生活福利设施。包括职工医院、住宅、生活区食堂、俱乐部、托儿所、幼儿园、子

弟学校、商业服务点以及与之配套的设施。

⑧厂外工程。如水源工程，厂外输电、输水、排水、通信、输油等管线以及公路、铁路专用线等。

单项工程指标一般以单项工程生产能力单位投资，如"元/t"或其他单位表示。如变配电站："元/(kV·A)"；锅炉房："元/t"；供水站："元/m³"。办公室、仓库、宿舍、住宅等房屋则区别不同结构形式以"元/m²"表示。

（3）单位工程指标

单位工程指标指按规定应列入能独立设计、施工的工程项目的费用，即建筑安装工程费用。

单位工程指标一般以如下方式表示：房屋区别不同结构形式以"元/m²"表示；道路区别不同结构层、面层以"元/m²"表示；水塔区别不同结构层、容积以"元/座"表示；管道区别不同材质、管径以"元/m"表示。

3.7 工程造价信息的管理

3.7.1 工程造价信息的概念及内容

3.7.1.1 工程造价信息的概念、特点和分类

（1）工程造价信息

工程造价信息是一切有关工程造价的特征、状态及其变化的信息的组合。在工程承发包市场和工程建设过程中，工程造价总是在不停地运动、变化着，并呈现出种种不同特征。人们通过工程造价信息来认识和掌握工程承发包市场和工程建设过程中工程造价的运动变化。

（2）工程造价信息的特点

① 区域性。建筑材料大多重量大、体积大、产地远离消费地点，因而运输量大，费用也较高，应尽可能就近使用建筑材料，因此，这类信息的交换和流通往往限制在一定区域内。

② 多样性。工程造价信息资料在内容和形式上应多样化。

③ 专业性。建设工程的专业化（如水利、电力、铁路、邮电、建安工程）决定其所需的信息具有专业特殊性。

④ 系统性。工程造价的管理工作是在一定条件下受各种因素制约和影响，并且从多方面反映出来，因而从工程造价信息源发出来的信息都不是孤立、紊乱的，而是大量的、有系统性的。

⑤ 动态性。需要不断地收集和补充新的内容，进行信息的更新，才能真实反映工程造价的动态变化。

⑥ 季节性。建筑生产受自然条件影响大，施工内容的安排必须充分考虑季节因素，所以工程造价信息也受季节性的影响。

（3）工程造价信息的分类

① 按管理组织的角度，分为系统化工程造价信息和非系统化工程造价信息。

② 按形式，可分为文件式工程造价信息和非文件式工程造价信息。

③ 按传递方向，可分为横向传递的工程造价信息和纵向传递的工程造价信息。

④ 按反映面，分为宏观工程造价信息和微观工程造价信息。

⑤ 按时态，分为过去时的、现在时的、未来的工程造价信息。

⑥ 按稳定程度，分为固定工程造价信息和流动工程造价信息。

3.7.1.2 工程造价信息包括的内容

（1）价格信息

包括各种建筑材料、装修材料、安装材料、人工工资、施工机械等的最新的市场价格。这些信息是比较初级的，一般没有经过系统的加工处理，也可称为数据。

（2）指数

主要指根据原始价格信息加工整理得到的各种工程造价指数。

（3）已完工程信息

已完或在建工程造价信息，可以为拟建工程或在建工程造价提供依据。这种信息也可称为工程造价资料。

3.7.2 工程造价资料的积累

（1）工程造价资料及其分类

工程造价资料是指已竣工和在建的有关工程可行性研究、估算、概算、施工图预算、招标投标价格、工程竣工结算、竣工决算、单位工程施工成本以及新材料、新结构、新设备、新施工工艺等建筑安装工程分部分项的单价分析等资料。

工程造价资料可以分为以下几种类型。

① 按照不同工程类型（如厂房、铁路、住宅、公建、市政工程等）进行划分，并分别列出其包含的单项工程和单位工程。

② 按照不同阶段划分。一般分为项目可行性研究、投资估算、初步设计概算、施工图预算、工程量清单和报价、竣工结算、竣工决算等。

③ 按照组成特点划分。一般分为建设项目、单项工程和单位工程造价资料，同时也包括有关新材料、新工艺、新设备、新技术的分部分项工程造价资料。

（2）工程造价资料积累的内容

工程造价资料积累的内容应包括"量"（如主要工程量、材料量、设备量等）和"价"，还要包括对造价确定有重要影响的技术经济条件，如工程概况、建设条件等。

① 建设项目和单项工程造价资料

a. 对造价有主要影响的技术经济条件。如项目建设标准、建设工期、建设地点等。

b. 主要的工程量、主要的材料量和主要设备的名称、型号、规格、数量等。

c. 投资估算、概算、预算、竣工决算及造价指数等。

② 单位工程造价资料

单位工程造价资料包括工程的内容、建筑结构特征、主要工程量、主要材料的用量和单价、人工工日和人工费以及相应的造价。

③ 其他

主要包括有关新材料、新工艺、新设备、新技术分部分项工程的人工工日、主要材料用量、机械台班用量等。

3.7.3 工程造价资料的管理

（1）建立造价资料积累制度

建立工程造价资料积累制度是工程造价计价依据极其重要的基础性工作。发达国家和地区不同阶段的投资估算，以及编制标底、投标报价的主要依据是单位和个人所积累的工程造价资料。全面系统地积累和利用工程造价资料，建立稳定的造价资料积累制度，对于我国加强工程造价管理、合理确定和有效控制工程造价具有十分重要的意义。

工程造价资料积累的工作量非常大，牵涉面也非常广，应当依靠各级政府有关部门和行业组织进行组织管理。

（2）资料数据库的建立和网络化管理

积极推广使用计算机建立工程造价资料的资料数据库，开发通用的工程造价资料管理程序，可以提高工程造价资料的适用性和可靠性。要建立造价资料数据库，首要问题是工程的分类与编码。由于不同的工程在技术参数和工程造价组成方面有较大的差异，把同类型工程合并在一个数据库文件中，而把另一类型工程合并到另一数据库文件中去。为了便于进行数据的统一管理和信息交流，必须设计出一套科学、系统的编码体系。

有了统一的工程分类与相应的编码之后，就可进行数据的搜集、整理和输入工作，从而得到不同层次的造价资料数据库。工程造价资料数据库的建立必须严格遵守统一的标准。

3.7.4　工程造价资料的运用

（1）作为编制固定资产投资计划的参考，用作建设成本分析

由于基建支出不是一次性投入，一般是分年逐次投入，因此可以采用下面的公式把各年发生的建设成本折合为现值。

$$Z = \sum_{k=1}^{n} T_k (1+i)^{-k} \tag{3-29}$$

式中，Z 为建设成本现值；T_k 为建设期间第 k 年投入的建设成本；k 为实际建设工期年限；i 为社会折现率。

在这个基础上，还可以用以下公式计算出建设成本节约额和建设成本降低率（当二者为负数时，表明成本超支）：

$$建设成本节约额 = 批准概算现值 - 建设成本现值 \tag{3-30}$$

$$建设成本降低率 = \frac{建设成本节约额}{批准概算} \times 100\% \tag{3-31}$$

还可以按建设成本构成把实际数与概算数加以对比。对建筑安装工程投资，要分别从实物工程量定额和价格两方面对实际数与概算数进行对比。对设备工器具投资，则要从设备规格数量、设备实际价格等方面与概算进行对比。将各种比较的结果综合在一起，可以比较全面地描述项目投入实施的情况。

（2）进行单位生产能力投资分析

单位生产能力投资的计算公式是：

$$单位生产能力投资 = \frac{全部投资完成额（现值）}{全部新增生产能力（使用能力）} \tag{3-32}$$

在其他条件相同的情况下，单位生产能力投资越小则投资效益越好。计算的结果可与类似的工程进行比较，从而评价该建设工程的效益。

（3）用作编制投资估算的重要依据

设计单位的设计人员在编制估算时一般采用类比的方法，因此需要选择若干个类型工程加以分解、换算和合并，并考虑到当前的设备与材料价格情况，最后得出工程的投资估算额。有了工程造价资料数据库，设计人员就可以从中挑选出所需要的典型工程，运用计

算机进行适当的分解与换算，加上设计人员的经验和判断，最后得出较为可靠的工程投资估算额。

（4）用作编制初步设计概算和审查施工图预算的重要依据

在编制初步设计概算时，有时要用类比的方式编制。这种类比法比估算要细致深入，可以具体到单位工程甚至分部工程的水平上。在限额设计和优化设计方案的过程中，设计人员可能要反复修改设计方案，每次修改都希望能得到相应的概算。具有较多的典型工程资料是十分有益的。多种工程组合的比较不仅有助于设计人员探索造价分配的合理方式，还能为设计人员指出修改设计方案的可行途径。

施工图预算编制完成之后，需要有经验的造价管理人员来审查，以确定其正确性，这一过程可以借助有关造价资料。从造价资料中选取类似资料，将其造价与施工图预算进行比较，从中发现施工图预算是否有偏差和遗漏。由于设计变更、材料调价等因素所带来的造价变化，在施工图预算阶段往往无法事先估计到，此时参考以往类似工程的数据，有助于预见到这些因素发生的可能性。

（5）用作确定招标控制价和投标报价的参考资料

在为建设单位制定招标控制价或施工单位投标报价的工作中，无论是用工程量清单还是用定额计价法，工程造价资料都可以发挥重要作用。它可以向甲、乙双方指明类似工程的实际造价及其变化规律，使得甲、乙双方都可以对未来将发生的造价进行预测和准备，从而避免招标控制价和报价的盲目性。尤其是在工程量清单计价方式下，投标人自主报价，没有统一的参考标准，除了根据有关政府机构颁布的人工、材料、机械价格指数外，更大程度上依赖于企业已完工程的历史经验。这就对工程造价资料的积累分析提出了很高的要求，不仅需要总造价及专业工程的造价分析资料，还需要更具体的、与工程量清单计价规范相适应的各分项工程的综合单价资料。此外，还需要从企业历年来完成的类似工程的综合单价的发展趋势获取企业技术能力和发展能力水平变化的信息。

（6）用作技术经济分析的基础资料

由于不断地搜集和积累工程在建期间的造价资料，到结算和决算时就能简单容易地得出结果。造价信息的及时反馈，使得建设单位和施工单位都可以尽早地发现问题，并及时予以解决。这也正是把对造价的控制由静态转入动态的关键所在。

（7）用作编制各类定额的基础资料

通过分析各类分部分项工程造价，了解各分部分项工程中各类实物量消耗，掌握各分部分项工程预算和结算的对比结果，定额管理部门就可以发现原有定额是否符合实际情况，从而提出修改的方案。对于新工艺和新材料，也可以从积累的资料中获得编制新增定额的有用信息。概算定额和估算指标的编制与修订，也可以从造价资料中得到参考依据。

（8）用以测定调价系数、编制造价指数

为了计算各种工程造价指数（如材料费价格指数、人工费指数、直接工程费价格指数、建筑安装工程价格指数、设备及工器具价格指数、工程造价指数、投资总量指数等），必须选取若干个典型工程的数据进行分析与综合，在此过程中，已经积累起来的造价资料可以充分发挥作用。

（9）用以研究同类工程造价的变化规律

定额管理部门可以在拥有较多的同类工程造价资料的基础上，研究出各类工程造价的变化规律。

小　结

工程计价依据的核心是建设工程定额，根据不同的划分原则、不同种类可分为施工定额、预算定额、概算定额、概算指标、估算指标等，它们都是工程估价过程不可缺少的计价依据，相互之间有一定的联系和区别。本章分别介绍了这些定额的编制方法。工程造价资料的积累与管理也是工程计价的一个重要环节。

思　考　题

(1) 工程计价的依据有哪些？

(2) 试述预算定额、概算定额、概算指标、估算指标四者之间的关系。

(3) 某工业架空热力管道工程的型钢支架工程，由于现行预算定额没有适用的定额子目，需要根据现场实测数据，结合工程所在地的人工、材料、机械台班价格，编制每焊接10t 型钢支架的工程单价。

问题：

① 若测得每焊接1t 型钢支架需要基本工作时间为54h，辅助工作时间、准备与结束工作时间、不可避免的中断时间、休息时间分别占工作延续时间的 3%、2%、2%、18%。试计算每焊接1t 型钢支架的人工时间定额和产量定额。

② 除焊接外，对每吨型钢支架的安装、防腐、油漆等作业所测算出的人工时间定额为 12 工日，各项作业人工幅度差取定为 10%，试计算每吨型钢支架工程的定额人工消耗量。

③ 若工程所在地综合人工日工资标准为 22.5 元，每吨型钢支架工程消耗的各种型钢为 1.06t（每吨型钢综合单价为 3600 元），消耗其他材料费为 380 元，消耗各种机械台班费为 490 元，试计算每10t 型钢支架工程的单价。

投资估算

4.1　投资估算概述

4.1.1　建设项目投资估算的概念

投资估算是指在项目投资决策过程中，依据现有的资料和特定的方法，对建设项目的投资数额进行的估计。它是项目建设前期编制项目建议书和可行性研究报告的重要组成部分，是项目决策的重要依据之一。投资估算的准确与否不仅影响到可行性研究工作的质量和经济评价效果，而且也直接关系到下一阶段设计概算和施工图预算的编制，对建设项目资金筹措方案也有直接的影响。因此，全面准确地估算建设项目的工程造价，是可行性研究乃至整个决策阶段造价管理的重要任务。

4.1.2　投资估算的作用

建设项目的投资估算是拟建项目前期阶段中，论证拟建项目在经济上是否合理的重要经济文件。各个阶段的投资估算有各自的作用。

① 项目建议书阶段的投资估算，是项目主管部门审批项目建议书的依据之一，对项目的规划、规模控制起参考作用。

② 项目可行性研究阶段的投资估算，是项目投资决策的重要依据，也是研究、分析、评价项目投资经济效果的重要条件。可行性研究报告被批准之后，其投资估算额即作为设计任务书下达的投资限额，也即建设项目投资的最高限额，不得随意突破。

③ 投资估算对工程设计概算起控制作用，设计概算不得突破经批准的投资估算额，也是工程限额设计的依据。

④ 投资估算可作为项目资金筹措及制订建设贷款计划的依据，建设单位可根据批准的项目投资估算额，进行资金筹措和向银行申请贷款。

⑤ 项目投资估算是进行工程设计招标、优选设计单位和设计方案的依据。

4.1.3　建设投资估算的阶段划分与精度要求

投资估算贯穿于整个建设项目投资决策过程之中，不同阶段所具备的条件、掌握的资料和投资估算要求不同，因而投资估算的准确程度在不同阶段也不同。国内外的投资估算阶段的划分与误差要求稍有差异，见表4-1。

表 4-1　国内外投资估算阶段划分与误差要求　　　　　　　单位：%

阶段	国外		国内	
	阶段名称	误差	阶段名称	误差
一	项目的投资设想阶段（毛估阶段、比照估算）	＞30	项目规划阶段	＞30
二	项目的投资机会研究（粗估阶段、因素估算）	＜30	项目建议书阶段	＜30
三	项目的初步可行性研究阶段（初步估算阶段、认可估算）	＜20	项目初步可行性研究阶段	＜20
四	项目的详细可行性研究阶段（确定估算、控制估算）	＜10	项目详细可行性研究阶段	＜10
五	项目的设计阶段（详细估算、投标估算）	＜5	—	—

4.2　投资估算编制依据和编制程序

4.2.1　投资估算的编制依据

建设项目投资估算的编制依据一般包括以下内容。

① 项目建议书（或建设规划）、可行性研究报告、方案设计（包括设计招标或设计竞选中的方案设计）。

② 设计参数，包括各种建筑面积指标、能源消耗指标等。

③ 现场情况，如地理位置、地质条件、交通条件、供水条件、供电条件等。

④ 已建类似工程项目的投资档案资料。

⑤ 投资估算指标、概算指标、技术经济指标。

⑥ 专门机构发布的工程建设费用的计算方法、费用标准以及其他有关工程估算造价的文件。

⑦ 当地材料、设备的市场价格。

⑧ 影响建设工程投资的动态因素，如利率、汇率、税率等。

⑨ 其他经验参考数据，如材料和设备运杂费率、设备安装费率、零星工程及辅材的比率等。

以上资料越具体、越完备，编制的投资估算就越准确。

4.2.2　投资估算的编制程序

建设项目投资估算的编制程序如图 4-1 所示。

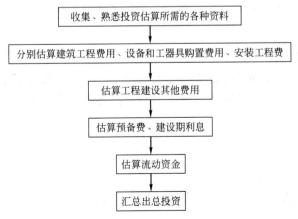

图 4-1　投资估算的编制程序

4.3　投资估算编制方法

投资估算的编制方法很多，各有其适用的条件和范围，而且误差程度也各不相同。应根据项目的性质、占有的技术经济资料和数据的具体情况，选用适宜的估算方法。

4.3.1　静态投资估算方法

静态投资估算是建设项目投资估算的基础，所以必须全面、准确地进行分析计算，既要避免少算漏算，又要防止高估冒算，力求切合实际，在实际工作中，可根据掌握资料的程序及投资估算编制要求的深度，从以下所介绍的方法中选用。

（1）单位生产能力估算法

单位生产能力估算法是根据已建成的、性质类似的建设项目（或生产装置）的投资或生产能力，以及拟建项目（或生产装置）的生产能力，做适当的调整之后得出拟建项目的投资估算，其计算公式如下：

$$C_2 = \frac{C_1}{Q_1} Q_2 f \qquad (4-1)$$

式中，C_1 为已建类似项目的投资额；Q_1 为已建类似项目的生产能力；C_2 为拟建项目的投资额；Q_2 为拟建项目的生产能力；f 为不同时期、不同地点的定额、单价、费率等的综合调整系数。

该方法一般只能进行粗略快速的估计。因为项目投资能力和造价之间并不是线性关系，所以，在使用这种方法时要注意拟建项目的生产与类似项目的可比性，否则误差很大。

【例 4-1】　假定某地拟建一座 200 套客房的豪华宾馆，另有一座豪华宾馆最近在该地竣工，且掌握了以下资料：它有 250 套客房，有门厅、餐厅、会议室、游泳池、夜总会、网球场等设施，总造价 1025 万美元。估算新建项目的总投资。

解　根据以上资料，可首先推算出折算为每套客房的造价：

$$\frac{总造价}{客房总套数} = \frac{1025}{250} = 4.1（万美元/套）$$

据此，即可很快速地计算出在同一地方，且各方面都有可比性的具有 200 套客房的豪华宾馆的造价估算值为：$4.1 \times 200 = 820$（万美元）。

（2）生产能力指数法

又称指数估算法，它是根据已建成的类似项目生产能力和投资额来粗略估算拟建项目静态投资额的方法，是对单位生产能力估算法的改进。其计算公式为：

$$C_2 = C_1 \left(\frac{Q_2}{Q_1} \right)^n f \qquad (4-2)$$

式中，n 为生产能力指数，$0 \leqslant n \leqslant 1$。

其他符号含义同式（4-1）。

若已建类似项目的生产规模与拟建项目生产规模相差不大，Q_1 与 Q_2 的比值在 $0.5 \sim 2$ 之间，则指数 n 的取值近似为 1。

当已建类似项目和拟建项目生产规模相差小于 50 倍，且拟建项目生产规模的扩大仅靠增大设备规模达到时，则 n 取 $0.6\sim0.7$；当靠增加相同规模设备达到时，则 n 取 $0.8\sim0.9$。

【例 4-2】 2022 年已建成年产 10 万吨的某钢厂，其投资额为 4000 万元，2026 年拟建生产 50 万吨的钢厂项目，建设期 2 年。假设自 2022 至 2026 年造价指数每年平均递增 4%，生产能力指数 $n=0.8$。请估算拟建钢厂的静态投资额。

解 $C_2=C_1\left(\dfrac{Q_2}{Q_1}\right)^n f=4000\left(\dfrac{50}{10}\right)^{0.8}\times(1+4\%)^4=16957.8（万元）$

生产能力指数法与单位生产能力估算法相比精确度略高，其误差可控制在 $\pm20\%$ 以内，尽管误差仍较大，但计算简单、速度快，只是要求类似工程的资料可靠，条件基本相同。

（3）系数估算法

系数估算法也称因子估算法，它是以拟建项目的主体工程费或主要设备购置费为基数，以其他工程费与主体工程费的百分比为系数估算项目的静态投资的方法。

① 设备系数法。以拟建项目的设备费为基数，根据已建成的同类项目的建筑安装费和其他工程费等与设备价值的百分比，求出拟建项目建筑安装工程费和其他工程费，进而求出项目的静态投资。其计算公式为：

$$C=E(1+f_1P_1+f_2P_2+f_3P_3+\cdots)+I \tag{4-3}$$

式中，C 为拟建项目的静态投资；E 为拟建项目的设备购置费；P_1、P_2、$P_3\cdots$ 为已建项目中建筑安装工程费和其他工程费等与设备购置费的比例；f_1、f_2、$f_3\cdots$ 为随时间、空间等因素变化的综合调整系数；I 为拟建项目的其他费用。

② 朗格系数法。以拟建项目的设备购置费为基数，乘以适当系数来推算项目的静态投资。这种方法国内不常见，是世行项目投资估算常采用的方法。其计算公式为：

$$C=E(1+\sum K_i)K_c \tag{4-4}$$

式中，K_i 为管线、仪表、建筑物等费用的估算系数；K_c 为管理费、合同费、应急费等费用的总估算系数。

静态投资与设备购置费之比为朗格系数 K_L，即：

$$K_L=(1+\sum K_i)K_c \tag{4-5}$$

朗格系数包含的内容见表 4-2。

表 4-2 朗格系数包含的内容

项　目		固体流程	固流流程	流体流程
朗格系数 K_L		3.1	3.63	4.74
内容	(a)包括设备基础、绝热、油漆及设备安装费	$E\times1.43$		
	(b)包括上述在内和配管工程费	(a)×1.1	(a)×1.25	(a)×1.6
	(c)装置直接费	(b)×1.5		
	(d)包括上述在内和间接费，总费用(C)	(c)×1.31	(c)×1.35	(c)×1.38

【例 4-3】 在北非某地建设一座年产 30 万套汽车轮胎的工厂，已知该工厂的设备到达工地的费用为 2204 万美元。试估算该工厂的静态投资。

解 轮胎工厂的生产流程基本上属于固体流程，因此在采用朗格系数法时，全部数据应采用固体流程的数据。计算如下：

① 设备到达现场的费用 2204 万美元，根据表 4-2 计算费用（a）

$E\times1.43=2204\times1.43=3151.72$（万美元）

则设备基础、绝热、油漆及设备安装费为：3151.72－2204＝947.72（万美元）

② 计算费用（b）

$E \times 1.43 \times 1.1 = 2204 \times 1.43 \times 1.1 \approx 3466.89$（万美元）

则其中配管工程费为：3466.89－3151.72＝315.17（万美元）

③ 计算费用（c），即装置直接费：

$E \times 1.43 \times 1.1 \times 1.5 \approx 5200.34$（万美元）

则电气、仪表、建筑等工程费用为

5200.34－3466.89＝1733.45（万美元）

④ 计算投资 C：

$E \times 1.43 \times 1.1 \times 1.5 \times 1.31 \approx 6812.45$（万美元）

则间接费用为

6812.45－5200.34＝1612.11（万美元）

由此估算出该工厂的静态投资为 6812.45 万美元，其中间接费用为 1612.11 万美元。

应用朗格系数法进行工程项目或装置估价的精度仍不是很高，主要原因为：装置规模大小发生变化的影响；不同地区自然地理条件的影响；不同地区经济地理条件的影响；不同地区气候条件的影响；主要设备材质发生变化时，设备费用变化较大而安装费变化不大所产生的影响。

尽管如此，由于朗格系数法是以设备购置费为计算基础，而设备费用在一项工程中所占的比重对于石油、石化、化工工程而言为 45％～55％，几乎占一半，同时一项工程中每台设备所含有的管道、电气、自控仪表、绝热、油漆、建筑等，都有一定的规律，所以，只要对各种不同类型工程的朗格系数掌握得准确，估算精度仍可较高，误差在 10％～15％。

（4）比例估算法

根据统计资料，先求出已有同类企业主要设备投资占项目静态投资的比例，然后估算出拟建项目的主要设备投资，即可按比例求出拟建项目的静态投资。其计算公式为：

$$I = \frac{1}{K} \sum_{i=1}^{n} Q_i P_i \tag{4-6}$$

式中，I 为拟建项目的静态投资；K 为已建项目主要设备投资占拟建项目总投资的比例；Q_i 为第 i 种主要设备的数量；P_i 为第 i 种主要设备的单价（到厂价格）；n 为主要设备种类数。

（5）指标估算法

这种方法是把建设项目以单项工程或单位工程，按建设内容纵向划分为各个主要生产设施、辅助及公用设施、行政及福利设施及各项其他基本建设费用，按费用性质横向划分为建筑工程、设备购置、安装工程等，根据各种具体的投资估算指标，进行各单位工程或单项工程投资的估算，在此基础上汇集编制成拟建项目的各个单项工程费用和拟建项目的工程费用投资估算，再按相关规定估算工程建设其他费用、基本预备费等，形成拟建项目静态投资。

4.3.2 动态投资估算方法

建设投资动态部分主要包括价格变动可能增加的投资额，如果是涉外项目，还应计算汇率的影响。动态部分的估算应以基准年静态投资的资金使用计划为基础来计算，而不是以编制的年静态投资为基础计算。涨价预备费计算详见本书第 2 章，这里仅介绍汇率变化对涉外项目的影响。

汇率是两种不同货币之间的兑换比率，或者说是以一种货币表示的另一种货币的价格。汇率的变化意味着一种货币相对于另一种货币的升值或贬值。在我国，人民币与外币之间的汇率采取以人民币表示外币价格的形式给出，如 1 美元＝6.85 元人民币。由于涉外项目的投资中包含人民币以外的币种，需要按照相应的汇率把外币投资额换算成人民币投资额，所以汇率变化就会对涉外项目的投资额产生影响。

① 外币对人民币升值。项目从国外市场购买设备材料所支付的外币金额不变，但换算成人民币的金额增加；从国外借款，本息所支付的外币金额不变，但换算成人民币的金额增加。

② 外币对人民币贬值。项目从国外市场购买设备材料所支付的外币金额不变，但换算成人民币的金额减少；从国外借款，本息所支付的外币金额不变，但换算成人民币的金额减少。

估计汇率变化对建设项目投资的影响，是通过预测汇率在项目建设期内的变动程度，以估算年份的投资额为基数，计算求得。

4.3.3　建设项目流动资金投资估算方法

项目运营需要流动资产投资，是指生产经营性项目投产后，为进行正常生产运营，用于购买原材料、燃料，支付工资及其他经营费用等所需的周转资金。流动资金估算一般采用分项详细估算法。个别情况或者小型项目可采用扩大指标估算法。

（1）分项详细估算法

流动资金的显著特点是在生产过程中不断周转，其周转额的大小与生产规模及周转速度直接相关。分项详细估算法是根据周转额与周转速度之间的关系，对构成流动资金的各项流动资产和流动负债分别进行估算。流动资产的构成要素一般包括存货、现金、应收账款和预付账款；流动负债的构成要素一般包括应付账款和预收账款。其计算公式为：

$$流动资金＝流动资产－流动负债 \tag{4-7}$$

$$流动资产＝应收账款＋预付账款＋存货＋现金 \tag{4-8}$$

$$流动负债＝应付账款＋预收账款 \tag{4-9}$$

$$流动资金本年增加额＝本年流动资金－上年流动资金 \tag{4-10}$$

流动资产和流动负债各项构成估算公式如下：

$$① \quad 周转次数＝\frac{360}{流动资金最低周转天数} \tag{4-11}$$

$$② \quad 应收账款＝\frac{年经营成本}{应收账款周转次数} \tag{4-12}$$

$$③ \quad 预付账款＝\frac{外购商品或服务年费用金额}{预付账款周转次数} \tag{4-13}$$

$$④ \quad 存货＝外购原材料、燃料＋其他材料＋在产品＋产成品 \tag{4-14}$$

$$外购原材料、燃料＝\frac{年外购原材料、燃料费用}{分项周转次数} \tag{4-15}$$

$$其他材料＝\frac{年其他材料费用}{其他材料周转次数} \tag{4-16}$$

$$在产品＝\frac{年外购原材料、燃料＋年工资及福利费＋年修理费＋年其他制造费用}{在产品周转次数} \tag{4-17}$$

$$产成品 = \frac{年经营成本 - 年其他营业费用}{产成品周转次数} \tag{4-18}$$

⑤ $$现金 = \frac{年工资及福利费 + 年其他费用}{现金周转次数} \tag{4-19}$$

$$年其他费用 = 制造费用 + 管理费用 + 营业费用 - 以上三项费用中所含的$$
$$工资及福利费、折旧费、摊销费、修理费 \tag{4-20}$$

⑥ $$应付账款 = \frac{年外购原材料、燃料动力费及其他材料年费用}{应付账款周转次数} \tag{4-21}$$

⑦ $$预收账款 = \frac{预收的营业收入年金额}{预收账款周转次数} \tag{4-22}$$

（2）扩大指标估算法

扩大指标估算法是根据现有同类企业的实际资料，求得各种流动资金率指标，亦可依据行业或部门给定的参考值或经验确定比率。将各类流动资金率乘以相对应的费用基数来估算流动资金。一般常用的基数有营业收入、经营成本、总成本费用和建设投资等。采用何种基数依行业习惯确定。扩大指标估算法简便易行，但准确度不高，适用于项目建议书阶段的估算。其计算公式为：

$$年流动资金额 = 年费用基数 × 各类流动资金率（\%） \tag{4-23}$$

【例 4-4】 已知某建设项目达到设计生产能力后全厂定员 1000 人，工资和福利费按每人每年 8000 元估算。每年的其他制造费用为 800 万元。年外购原材料燃料动力费估算为 21000 万元，年经营成本 25000 万元，年修理费占年经营成本的 10%。各项流动资金的最低周转天数分别为：应收账款 30 天，现金 40 天，应付账款 30 天，存货 40 天。试对项目进行流动资金估算。

解 用分项详细估算法估算流动资金。

① $$应收账款 = \frac{年经营成本}{应收账款周转次数} = \frac{25000}{360/30} = 2083.33（万元）$$

② $$现金 = \frac{年工资及福利费 + 年其他费用}{现金周转次数} = \frac{1000 × 0.8 + 800}{360/40} = 177.78（万元）$$

③ 存货

$$外购原材料、燃料 = \frac{年外购原材料、燃料费}{分项周转次数} = \frac{21000}{360/40} = 2333.33（万元）$$

$$在产品 = \frac{年外购原材料、燃料 + 年工资及福利费 + 年修理费 + 年其他制造费用}{在产品周转次数}$$

$$= \frac{21000 + 1000 × 0.8 + 25000 × 10\% + 800}{360/40} = 2788.89（万元）$$

$$产成品 = \frac{年经营成本 - 年其他营业费用}{产成品周转次数} = \frac{25000}{360/40} = 2777.78（万元）$$

$$存货 = 外购原材料、燃料 + 其他材料 + 在产品 + 产成品 = 2333.33 + 2788.89 + 2777.78$$
$$= 7900（万元）$$

④ $$流动资产 = 应收账款 + 预付账款 + 存货 + 现金$$
$$= 2083.33 + 7900 + 177.78 = 10161.11（万元）$$

⑤ $$应付账款 = \frac{年外购原材料、燃料动力费及其他材料年费用}{应付账款周转次数}$$

$$=\frac{21000}{360/30}=1750\text{（万元）}$$

⑥ 流动负债＝应付账款＝1750（万元）

⑦ 流动资金＝流动资产－流动负债＝10161.11－1750＝8411.11（万元）

小　结

投资估算是项目投资决策阶段所进行的工程估价，是进行投资决策的重要依据之一。本章主要介绍投资估算的编制依据、编制内容和编制方法。

思　考　题

(1) 某化学品生产工厂已建成年生产化学品 4.2 万吨的工程，设备投资额为 14302 万元。现拟建同类工厂，设计采用规格和容量更大的同类设备，年生产该种化学品 6.5 万吨，试计算其设备投资额（生产能力指数 $n=0.6$，综合调整系数 $f=1.2$）。

(2) 某公司计划投资兴建一工业项目，产品生产能力为 3000 万吨，同类型产品年产 2000 万吨的已建项目设备投资额为 5600 万元，且该已建项目中建筑、安装及其他工程费用等占设备费的百分比分别为 50%、20%、8%，相应的综合调整系数分别为 1.31、1.25、1.05。试求拟建项目的总投资额。

(3) 某拟建项目生产规模为年产某产品 500 万吨。根据统计资料，生产规模为 400 万吨同类产品的投资为 3000 万元，设备投资的综合调整系数为 1.08，生产能力指数为 0.7。该项目年销售收入估算为 14000 万元，存货资金占用估算为 4700 万元，全部职工人数为 1000人，每人每年工资及福利费估算为 9600 元，年其他费用估算为 3500 万元，年外购原材料、燃料及动力费为 15000 万元。各项资金的周转天数：应收账款为 30 天，现金为 15 天，应付账款为 30 天。估算该拟建项目的投资额、流动资金额及铺底流动资金。

5 设计概算

5.1 设计概算概述

5.1.1 设计概算的概念

设计概算是设计文件的重要组成部分，是在投资估算的控制下由设计单位根据初步设计（或技术设计）图纸及说明、概算定额（或概算指标）、各项费用定额或取费标准（指标）、设备和材料预算价格等资料或参照类似工程预决算文件，编制和确定建设项目从筹建至竣工交付使用所需全部费用的文件。采用两阶段设计的建设项目，初步设计阶段必须编制设计概算；采用三阶段设计的，扩大初步设计阶段必须编制修正概算。

5.1.2 设计概算的作用

（1）设计概算是编制建设计划、确定和控制建设项目投资的依据

国家规定，编制年度固定资产投资计划，确定计划投资总额及其构成数额，要以批准的初步设计概算为依据，没有批准的初步设计及其概算的建设工程不能列入年度固定资产投资计划。经批准的建设项目设计总概算的投资额，是该工程建设投资的最高限额。在工程建设过程中，年度固定资产投资计划安排，银行拨款或贷款、施工图设计及其预算、竣工决算等，未经按规定的程序批准，都不能突破这一限额，以确保国家固定资产投资计划的严格执行和有效控制。

（2）设计概算是评价设计方案的依据

设计概算是衡量设计方案经济合理性和选择最佳设计方案的依据，根据设计概算可以对不同的设计方案进行技术与经济合理性比较，以便选择最佳的设计方案。

（3）设计概算是筹集建设资金、签订贷款合同的依据

经批准的设计概算是建设单位利用各种渠道筹集建设资金，特别是向银行等金融机构申请贷款、签订贷款合同的依据。

（4）设计概算是设计阶段进行造价控制和工程招标、投标的依据

设计总概算一经批准，就作为工程造价管理的最高限额，并据此对工程造价进行严格控制。以设计概算进行招投标的工程，招标单位编制标底是以设计概算造价为依据的，并以此作为评标定标的依据。承包单位为了在投标竞争中取胜，也必须以设计概算为依据，编制出合适的投标报价。

（5）设计概算是控制施工图设计和施工图预算的依据

经批准的设计概算是建设项目投资的最高限额，设计单位必须按照批准的初步设计及其总概算进行施工图设计，施工图预算不得突破设计概算，确需突破总概算时，应按规定程序报经审批。

（6）设计概算是考核和评价工程建设项目成本和投资效果的依据

通过设计概算与竣工决算对比，可以分析和考核投资效果的好坏，同时还可以验证设计概算的准确性，有利于加强设计概算管理和建设项目的造价管理工作。

5.1.3 设计概算的编制依据及内容

5.1.3.1 编制依据

① 国家颁布的有关法律、法规、规章、规程等。

② 经批准的建设项目可行性研究报告。建设项目的可行性研究报告由建设单位委托，工程咨询单位编制，经国家、地方发改委或建设行政主管部门批准，其内容因建设项目性质而异。一般包括建设目的、建设规模、项目选址、建设内容、建设进度、建设投资、产品方案和原材料来源等。

③ 经批准的投资估算文件。投资估算文件是设计概算的最高额度标准，设计概算不得突破投资估算，投资估算必须能控制设计概算。

④ 经批准的初步设计和扩大的初步设计文件。其中包括初步设计的各工程图样、文字说明和设备清单，这些资料是用以了解本设计的内容和要求，并计算各工种工程量的依据。

⑤ 现行的地区或行业的概算定额、概算指标、费用定额和有关取费标准等。

⑥ 现行的地区的人工、设备、材料和机械价格以及各种工程造价指数等。

⑦ 建设场地自然条件、施工条件，包括地质资料和总平面图等。

⑧ 有关合同、协议及其他有关资料。

5.1.3.2 内容

设计概算分为单位工程概算、单项工程综合概算和建设项目总概算三级，各级概算间的相互关系如图 5-1 所示。

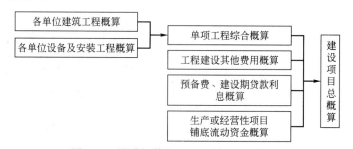

图 5-1　设计概算的三级概算之间的关系

（1）单位工程概算

单位工程是指具有单独设计文件、能够独立组织施工的工程，是单项工程的组成部分。单位工程概算是确定各单位工程建设费用的文件，是编制单项工程综合概算的依据，是单项工程综合概算的组成部分。单位工程概算按其工程性质分为建筑工程概算、设备及安装工程概算两大类。建筑工程概算包括土建工程概算，给排水、采暖工程概算，通风、空调工程概算，电气、照明工程概算，弱电工程概算，特殊构筑物工程概算，等等；设备及安装工程概算包括机械设备及安装工程概算，电气设备及安装工程概算，热力设备及安装工程概算，工具、器具及生产家具购置费概算，等等。

（2）单项工程综合概算

单项工程是指在一个建设项目中，具有独立的设计文件，建成后可以独立发挥生产能力或工程效益的项目。它是建设项目的组成部分，如生产车间、办公楼、食堂、图书馆、学生宿舍、住宅楼、一个配水厂等。单项工程是一个复杂的综合体，是具有独立存在意义的一个完整工程，如输水工程、净水厂工程、配水工程等。单项工程综合概算是确定一个单项工程所需建设费用的文件，由单项工程中的各单位工程概算汇总编制而成，是建设项目总概算的组成部分。单项工程综合概算的组成如图5-2所示。

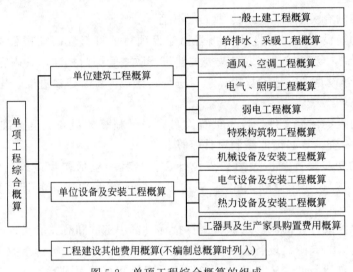

图5-2　单项工程综合概算的组成

（3）建设项目总概算

建设项目总概算是确定整个建设项目从筹建到竣工验收所需全部费用的文件，它是由各单项工程综合概算、工程建设其他费用概算、预备费、建设期贷款利息概算等汇总编制而成的，如图5-3所示。

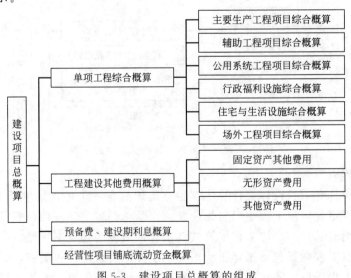

图5-3　建设项目总概算的组成

若干个单位工程概算汇总后成为单项工程概算，若干个单项工程概算和工程建设其他费用、预备费、建设期利息等概算文件汇总成为建设项目总概算。建设项目若为一个独立单项工程，则建设项目总概算与单项工程综合概算书可合并编制。

5.2　设计概算编制方法

编制建设项目设计概算，一般首先编制单位工程的设计概算，然后逐级汇总，形成单项工程综合概算及建设项目总概算。因此，下面分别介绍单位工程设计概算、单项工程综合概算和建设项目总概算的编制方法。

5.2.1　单位工程设计概算的编制

单位工程是单项工程的组成部分，是指具有单独的设计，可以独立组织施工，但不能独立发挥生产能力或使用效益的工程。单位工程概算是确定单位工程建设费用的文件，是单项工程综合概算的组成部分。单位工程概算由直接费、间接费、利润和税金组成。

单位工程概算分为建筑单位工程和设备及安装单位工程概算两大类。

5.2.1.1　建筑单位工程设计概算的编制

（1）概算定额法

由于施工图尚不完备，将施工中若干分项内容合并，按概算定额的工程量计算规则与定额单价估算造价的方法称为概算定额法。也称扩大单价法或扩大结构定额法。该方法要求初步设计达到一定深度，建筑结构比较明确时方可采用。

利用概算定额编制概算的具体步骤如下。

① 熟悉图纸，了解设计意图、施工条件和施工方法。

② 根据概算定额分部分项顺序，列出各分项工程的名称。工程量应按概算定额中规定的工程量计算规则计算，并将计算所得各分项工程量按概算定额编号顺序，填入工程概算表内。

③ 工程量乘以概算单价可得直接工程费，套用定额时注意换算。

④ 计算措施费和直接费。直接工程费加上措施费，可得直接费。

⑤ 根据直接费，计算间接费、利润和税金，相加得到单位工程概算造价。

$$单位工程概算造价＝直接费＋间接费＋利润＋税金 \qquad (5\text{-}1)$$

⑥ 计算单方造价（如每平方米建筑面积造价）。

⑦ 编写概算编制说明。

（2）概算指标法

当初步设计深度不够，不能准确计算工程量，但工程设计采用的技术比较成熟而又有类似工程概算指标可以利用时，可以采用概算指标法编制概算。由于概算指标比概算定额更为扩大、综合，所以利用概算指标编制的概算比按概算定额编制的概算更加简化，这种方法具有计算速度快的优点，但其精确度较低。一般用于住宅、文化福利工程或投资较小、比较简单的工程。

① 拟建工程结构特征与概算指标相同时的计算。

使用概算指标法时，如果拟建工程在建设地点、结构特征、地质自然条件、建筑面积等方面与概算指标相同或相近，就可以直接套用概算指标编制概算。

根据选用的概算指标的内容，可选用两种套用方法。

一种方法是以指标中所规定的每平方米或每立方米造价，乘以拟建单位工程建筑面积或体积，得出单位工程的直接工程费，再计算其他费用，即可求出单位工程概算造价。直接工程费的计算公式为：

直接工程费＝概算指标每平方米（或立方米）工程造价×拟建工程建筑面积（或体积）

$$(5-2)$$

这种简化方法的计算结果参照的是概算指标编制时期的价值标准，未考虑拟建工程建设时期与概算指标编制时期的价差，所以在计算直接工程费后还应进行物价指数调整。

另一种方法以概算指标中规定的每 $100m^2$ 或 $1000m^3$ 耗费的人工、主要材料数量为依据，首先计算拟建工程人工、材料消耗量，再计算直接工程费，并取费。概算指标中一般规定了 $100m^2$（或 $1000m^3$）所耗的工日数、主要材料数量，通过套用拟建地区当时的人工工日单价和主材预算单价，便可得到每 $100m^2$（或 $1000m^3$）建筑物的人工费和主材费而无须再做价差调整。计算公式为：

每 $100m^2$ 建筑面积的人工费＝指标规定的工日数×本地区人工工日单价 $\quad(5-3)$

每 $100m^2$ 建筑面积的主材费＝$\sum$（指标规定的主材数量×本地区主材预算单价）$\;(5-4)$

每 $100m^2$ 建筑面积的其他材料费＝主材费×其他材料费占主材费的百分比 $\quad(5-5)$

每 $100m^2$ 建筑面积的机械使用费＝（人工费＋主材费＋其他材料费）×机械使用费所占百分比

$$(5-6)$$

每 $1m^2$ 建筑面积的直接工程费＝（人工费＋主材费＋其他材料费＋机械使用费）/100

$$(5-7)$$

根据直接工程费，结合其他各项取费方法，分别计算措施费、间接费、利润、税金，得到每 $1m^2$ 建筑面积的概算单价，乘以拟建单位工程的建筑面积，即可得到单位工程概算造价。

② 拟建工程结构特征与概算指标有局部差异时的调整。

由于拟建工程往往与类似工程的概算指标的技术条件不尽相同，而且概算编制年份的设备、材料、人工等价格与拟建工程当时当地的价格也会不同，在实际工作中，还经常会遇到拟建对象的结构特征与概算指标中规定的结构特征有局部差异的情况，因此对概算指标进行调整后方可套用。调整方法如下。

a. 调整概算指标中的每平方米（或立方米）造价。当设计对象的结构特征与概算指标有局部差异时需要进行这种调整。这种调整方法是从原指标的概算单价中减去建筑、结构差异需"换出"的人工费（或材料、机械费用），加上建筑、结构差异需"换入"的人工费（或材料、机械费用），得到修正后的单位建筑面积概算单价。修正公式如下：

结构变化修正概算指标$(元/m^2)＝J+Q_1P_1-Q_2P_2$ $\quad\quad(5-8)$

式中，J 为原概算指标；Q_1 为概算指标中换入结构的工程量；Q_2 为概算指标中换出结构的工程量；P_1 为换入结构的直接工程费单价；P_2 为换出结构的直接工程费单价。

拟建工程的直接工程费＝修正后的概算指标×拟建工程建筑面积（或体积）$\quad(5-9)$

求出直接工程费后，再按照规定的取费方法计算其他费用，最终得到单位工程概算价值。

b. 调整概算指标中的工、料、机数量。这种方法是对原概算指标中每 $100m^2$（或 $1000m^3$）中的工、料、机数量进行调整，扣除原概算指标中与拟建工程结构不同部分的工、料、机消耗量，增加拟建工程与概算指标结构不同部分的工、料、机消耗量，使其成为与拟建工程结构相同的每 $100m^2$（或 $1000m^3$）的工、料、机数量。计算公式为：

$$结构变化修正概算指标的工、料、机数量＝原概算指标的工、料、机数量＋换入结构件$$
$$工程量×相应定额工、料、机消耗量－换出$$
$$结构件工程量×相应定额工、料、机消耗量$$

$$(5\text{-}10)$$

【例 5-1】　某新建住宅的建筑面积为 $4000m^2$，按概算指标和地区材料预算价格算出一般土建工程单位造价为 680.00 元/m^2（其中直接工程费为 480.00 元/m^2），采暖工程 34.00 元/m^2，给排水工程 38.00 元/m^2，照明工程 32.00 元/m^2。按照当地造价管理部门规定，土建工程措施费费率为 8%，间接费费率为 15%，利润率为 7%，税率为 3.4%。

但新建住宅的设计资料与概算指标相比，其结构构件有部分变更。设计资料表明外墙为 1 砖半，而概算指标外墙为 1 砖，根据当地土建工程预算定额，外墙带形毛石基础的预算单价为 150 元/m^3，1 砖外墙的预算单价为 177 元/m^3，1 砖半外墙的预算单价为 178 元/m^3。概算指标中每 $100m^2$ 建筑面积中含外墙带形毛石基础为 $18m^3$，1 砖外墙为 $46.5m^3$；新建工程设计资料表明，每 $100m^2$ 外墙带形毛石基础为 $19.6m^3$，1 砖半外墙为 $61.2m^3$。

请计算调整后的概算单价和新建住宅的概算造价。

解　对土建工程中结构构件的变更和单价调整过程如表 5-1 所示。

表 5-1 中的计算结果为直接工程费单价，需取费得到修正后的土建单位工程造价，即
$$509.03×(1＋8\%)×(1＋15\%)×(1＋7\%)×(1＋3.4\%)＝699.47（元/m^2）$$

其余工程单位造价不变，则经调整后的概算单价为：
$$699.47＋34.00＋38.00＋32.00＝803.47（元/m^2）$$

新建住宅的概算造价为：$803.47×4000＝3213880$（元）

表 5-1　土建工程概算指标调整表

序号	结构名称	单位	数量（每 $100m^2$ 含量）	单价/元	合价/元
	土建工程单位直接工程费造价				480.00
1	换出部分				
	外墙带形毛石基础	m^3	18.00	150.00	2700.00
	1 砖外墙	m^3	46.50	177.00	8230.50
	合计	元			10930.50
2	换入部分				
	外墙带形毛石基础	m^3	19.60	150.00	2940.00
	1 砖半外墙	m^3	61.20	178.00	10893.60
	合计	元			13833.60
结构变化修正指标			480.00－10930.50/100＋13833.60/100＝509.03(元)		

（3）类似工程预算法

类似工程预算法是利用技术条件与设计对象相似的已完工程或在建工程的工程造价资料来编制拟建工程设计概算的方法。该方法适用于拟建工程初步设计与已完工程或在建工程的设计类似且没有可用的概算指标的情况，但必须进行结构差异和价差调整。

① 建筑结构差异调整。

调整方法与概算指标法的调整方法相同。即先确定有差别的项目，然后分别按每一项目算出结构构件的工程量和单位价格，再以类似预算中相应的结构构件中的工程数量和单价为基础，算出总差价。将类似预算的直接工程费总额减去（或加上）这部分差价，就得到结构差异换算后的直接工程费，再进行取费得到结构差异换算后的造价。

② 价差调整。

类似工程造价的价差调整方法通常有两种：一是类似工程造价资料有具体的人、材、机用量时，可按类似工程造价资料中的人、材、机用量乘以拟建工程所在地的人工工日单价、材料单价、机械台班单价，计算直接工程费，再取费计算出所需的造价指标；二是类似工程造价资料只有人、材、机费用和其他费用时，可作如下价差调整：

$$D = AK \tag{5-11}$$
$$K = aK_1 + bK_2 + cK_3 + dK_4 + eK_5 \tag{5-12}$$

式中，D 为拟建工程单方概算造价；A 为类似工程单方预算造价；K 为综合调整系数；a、b、c、d、e 为类似工程预算的人工费、材料费、机械台班费、措施费、间接费占预算造价比重；K_1、K_2、K_3、K_4、K_5 为拟建工程地区与类似工程地区人工费、材料费、机械台班费、措施费、间接费价差系数。

$$K_1 = \frac{拟建工程概算的人工费（或工资标准）}{类似工程预算人工费（或工资标准）} \tag{5-13}$$

$$K_2 = \frac{\sum（类似工程主要材料数量 \times 编制概算地区材料预算价格）}{\sum 类似地区各主要材料费} \tag{5-14}$$

类似地，可得出其他指标的表达式。

【例 5-2】 拟建办公楼建筑面积为 3000m^2，类似工程的建筑面积为 2800m^2，预算造价为 320 万元。各种费用占预算造价的比例为：人工费 10%，材料费 60%，机械使用费 7%，措施费 3%，其他费用 20%；各种价格差异系数为：人工费 $K_1 = 1.02$，材料费 $K_2 = 1.05$，机械使用费 $K_3 = 0.99$，措施费 $K_4 = 1.04$，其他费用 $K_5 = 0.95$。试用类似工程预算法编制概算。

解 根据式(5-12)计算出综合调整系数 $K = 10\% \times 1.02 + 60\% \times 1.05 + 7\% \times 0.99 + 3\% \times 1.04 + 20\% \times 0.95 = 1.023$

价差修正后的类似工程预算造价 $= 320 \times 1.023 = 327.36$（万元）

价差修正后的类似工程预算单方造价 $= 327.36/2800 = 0.116914$（万元$/\text{m}^2$）$= 1169.14$（元$/\text{m}^2$）

由此可得，拟建办公楼概算造价 $= 1169.14 \times 3000 = 3507420$（元）$= 350.742$（万元）

【例 5-3】 拟建砖混结构住宅工程 3400m^2，结构形式与已建成的某工程相同，只有外墙保温贴面不同，其他部分均较为接近。具体数据见表 5-2。

表 5-2 基础数据

项 目		每平方米建筑面积消耗量	造价
类似工程	外墙保温 A	0.05m^3	153.00 元$/\text{m}^3$
	水泥砂浆抹面	0.84m^2	9.00 元$/\text{m}^2$
拟建工程	外墙保温 B	0.08m^3	185.00 元$/\text{m}^3$
	贴釉面砖	0.82m^2	50.00 元$/\text{m}^2$

类似工程单方直接工程费为 480 元/m^2，其中，人工费、材料费、机械费占单方直接工程费比例分别为 15%、75%、10%，综合费率为 20%。拟建工程与类似工程预算造价的人工费、材料费、机械费的差异系数分别为 2.01、1.06 和 1.92。

① 应用类似工程预算法确定拟建工程的单位工程概算造价。

② 若类似工程预算中，每平方米建筑面积主要资源消耗为人工 5.08 工日，钢材 23.8kg，水泥 205kg，原木 0.05m^3，铝合金门窗 0.24m^2，其他材料费为主材费的 45%，机械费占直接工程费比例为 8%，拟建工程主要资源的现行预算价格分别为人工 20.31 元/工日，钢材 3.1 元/kg，水泥 0.35 元/kg，原木 1400 元/m^3，铝合金门窗平均 350 元/m^2，拟建工程综合费率为 20%，应用概算指标法，确定拟建工程的单位工程概算造价。

解 ① 类似工程预算法

计算直接工程费差异系数，通过直接工程费部分的价差调整得到直接工程费单价，再做结构差异调整，最后取费得到单位造价。

拟建工程直接费差异系数＝15%×2.01＋75%×1.06＋10%×1.92＝1.2885

拟建工程概算指标(直接工程费)＝480×1.2885＝618.48（元/m^2）

结构修正概算指标(直接工程费)＝618.48＋(0.08×185＋0.82×50.00)－(0.05×153＋0.84×9.00)＝659.07（元/m^2）

拟建工程单位造价＝659.07×(1＋20%)＝790.88（元/m^2）

拟建工程概算造价＝790.88×3400＝2688992（元）

② 概算指标法

根据类似工程预算中每平方米建筑面积的主要资源消耗和现行预算价格，计算拟建工程单位建筑面积人工费、材料费、机械费。

人工费＝每平方米建筑面积人工工日消耗指标×现行人工工日单价
＝5.08×20.31＝103.17（元）

材料费＝∑(每平方米建筑面积材料消耗指标×相应材料预算价格)
＝(23.8×3.1＋205×0.35＋0.05×1400＋0.24×350)×(1＋45%)
＝434.32（元）

机械费＝直接工程费×机械费占直接工程费的比率＝直接工程费×8%

直接工程费＝103.17＋434.32＋直接工程费×8%

则直接工程费＝(103.17＋434.32)/(1－8%)＝584.23（元/m^2）

进行结构差异调整，按照所给综合费率计算拟建单位工程概算指标、修正概算指标和概算造价。

结构修正概算指标(直接工程费)＝拟建工程概算指标＋换入结构指标－换出结构指标
＝584.23＋(0.08×185＋0.82×50.00)－
(0.05×153＋0.84×9.00)
＝624.82（元/m^2）

拟建工程单位造价＝结构修正概算指标×(1＋综合费率)
＝624.82×(1＋20%)＝749.78（元/m^2）

拟建工程概算造价＝拟建工程单位造价×建筑面积
＝749.78×3400＝2549252（元）

5.2.1.2 设备及安装单位工程概算的编制

（1）设备购置费概算的编制

设备购置费由设备原价和运杂费两项组成。设备购置费是根据初步设计的设备清单计算出设备原价，并汇总求出设备总原价，然后按有关规定的设备运杂费率乘以设备总原价，两项相加即为设备购置费概算，计算公式为：

$$设备购置费概算 = \sum (设备清单中的设备数量 \times 设备原价) \times (1 + 运杂费率) \quad (5\text{-}15)$$

$$设备购置费概算 = \sum (设备清单中的设备数量 \times 设备预算价格) \quad (5\text{-}16)$$

国产标准设备原价可根据设备型号、规格、性能、材质、数量及附带的配件，向制造厂家询价或向设备、材料信息部门查询或按主管部门规定的现行价格逐项计算。非主要标准设备和工器具、生产家具的原价可按主要标准设备原价的百分比计算，百分比指标按主管部门或地区有关规定执行。

国产非标准设备原价在设计概算时可以根据非标准设备的类别、重量、性能、材质等情况，以每台设备规定的估价指标计算原价，也可根据某类设备所规定的吨重估价指标计算。

（2）设备安装工程概算的编制

① 预算单价法。当初步设计较深，有详细的设备清单时，可直接按安装工程预算定额单价编制设备安装工程概算，概算程序与安装工程施工图预算程序基本相同。

② 扩大单价法。当初步设计不够深，设备清单不完备，只有主体设备或仅有成套设备重量时，可采用主体设备、成套设备的综合扩大安装单价来编制概算。

③ 设备价值百分比法（又称安装设备百分比法）。当初步设计深度不够，只有设备出厂价而无详细规格、重量时，安装费可按其占设备费的百分比计算。其百分比值（即安装费率）由主管部门制定或由设计单位根据已完类似工程确定。该法常用于价格波动不大的定型产品和通用设备产品。计算公式为：

$$设备安装费 = 设备原价 \times 安装费率 \quad (5\text{-}17)$$

④ 综合吨位指标法。当初步设计提供的设备清单有设备规格和重量时，可采用综合吨位指标编制概算，综合吨位指标由主管部门或由设计单位根据已完类似工程资料确定。该法常用于设备价格波动较大的非标准设备和引进设备的安装工程概算。计算公式为：

$$设备安装费 = 设备吨重 \times 每吨设备安装费指标 \quad (5\text{-}18)$$

5.2.2 单项工程综合概算的编制

单项工程综合概算是以其所包含的建筑工程概算表和设备及安装工程概算表为基础汇总编制的。单项工程综合概算文件一般包括编制说明和综合概算表两部分，当项目无须编制建设项目总概算时，还应列入工程建设其他费用概算。

（1）编制说明

主要包括编制依据、编制方法、主要设备和材料的数量及其他有关问题。

（2）综合概算表

综合概算表根据单项工程所辖范围内的各单位工程概算等基础资料，按照国家规定的统一表格进行编制。对于工业建筑而言，其概算包括建筑工程和设备及安装工程；对于民用建筑工程而言，其概算包括一般土建工程和给排水、采暖、通风及电气照明工程等。某综合试验室综合概算表如表5-3所示。

5.2.3 建设项目总概算的编制

建设项目总概算是设计文件的重要组成部分。它由各单项工程综合概算、工程建设其他费用、建设期利息、预备费、固定资产投资方向调节税和经营性项目的铺底流动资金组成，并按主管部门规定的统一表格编制而成。

表 5-3 某综合试验室综合概算表

序号	单位工程或费用名称	概算价值/万元				技术经济指标		占总投资比例/%
		建安工程费	设备购置费	工程建设其他费用	合计	数量	单价/(元/m²)	
1	建筑工程	168.97			168.97	1360	1242.46	58.5
1.1	土建工程	115.54			115.54		894.54	
1.2	给排水工程	2.89			2.89		31.86	
1.3	采暖工程	4.33			4.33	1360	286.72	
1.4	通风空调工程	38.99			38.99		53.10	
1.5	电气照明工程	7.22			7.22		21.24	
2	设备及安装工程	8.67	109.76		118.43	1360	870.77	41.00
2.1	设备购置		109.76		109.76		807.06	
2.2	设备安装工程	8.67			8.67		63.71	
3	工器具购置		1.44		1.44	1360	10.62	0.50
	合计	177.64	111.20		288.84		2123.85	100

设计概算文件一般包括如下六部分。

（1）封面、签署页及目录

（2）编制说明

编制说明应包括下列内容。

① 工程概况。简述建设项目性质、特点、生产规模、建设周期、建设地点等主要情况。对于引进项目，要说明引进内容及与国内配套工程等主要情况。

② 资金来源及投资方式。

③ 编制依据及编制原则。

④ 编制方法，说明设计概算是采用概算定额法，还是采用概算指标法等。

⑤ 投资分析，主要分析各项投资的比重、各专业投资的比重等经济指标。

⑥ 其他需要说明的问题。

（3）总概算表

总概算表应反映静态投资和动态投资两个部分，如表 5-4 所示。

表 5-4 某市第一中心医院急救中心卫生防疫中心新建工程项目总概算表

序号	工程项目和费用名称	概算价值/万元				技术经济指标		备注
		建筑工程	安装工程	设备费	合计	数量/m²	单价/(元/m²)	
1	建筑、安装工程费用							
1.1	病原实验楼	5254.7	579.61	831.62	6665.93	21617	3083.65	
1.2	动力中心	534.88	240.17	317.16	1092.21	1547	7060.18	
	小计	5789.58	819.78	1148.78	7758.14	23164	3349.22	
2	工程建设其他费用					23164		

续表

| 序号 | 工程项目和费用名称 | 概算价值/万元 | | | | 技术经济指标 | | 备注 |
		建筑工程	安装工程	设备费	合计	数量/m²	单价/(元/m²)	
2.1	建设管理费				99.46	23164	42.94	
2.2	可行性研究费				32	23164	13.81	
2.3	勘察设计费				433.78	23164	187.26	
2.4	环境影响评价费				11	23164	4.75	
2.5	劳动安全卫生评价费				9	23164	3.89	
2.6	场地准备及临时设施费				85	23164	36.69	
2.7	市政公用设施及绿化补偿费				565.39	23164	244.08	
2.8	建设用地费				6711	23164	2897.17	
	小计				7946.63	23164	3430.59	
3	预备费				280.45	23164	121.07	
3.1	基本预备费				250.45	23164	108.12	
3.2	涨价预备费				30	23164	12.95	
4	建设期利息				220	23164	94.97	
5	造价合计				16205.22	23164	6995.86	

（4）工程建设其他费用概算表

工程建设其他费用概算按国家或地区或部委规定的项目和标准确定，并按统一表格编制。

（5）单项工程综合概算表和建筑安装单位工程概算表

（6）工程量计算表和工、料数量汇总表

5.3　设计概算的审查

5.3.1　设计概算审查的内容

（1）审查设计概算的编制依据

① 审查编制依据的合法性。各种编制依据必须经过国家或授权机关的批准，符合国家的编制规定，未经批准不能采用。不能以情况特殊为由，擅自提高概算定额、指标或费用标准。

② 审查编制依据的时效性。各种依据，如定额、指标等，应执行国家有关部门的现行规定，注意有无调整和新的规定。如有，应按新的调整办法和规定执行。

③ 审查编制依据的适用范围。各种编制依据有规定的适用范围，如主管部门规定的各种专业定额及其取费标准，只适用于该部门的专业工程；各地区规定的各种定额及其取费标准只适用于该地区范围以内。特别是地区的材料预算价格区域性更强。

（2）审查设计概算的编制深度

一般大中型项目的设计概算，应有完整的编制说明和"三级概算"（即总概算表、单项工程综合概算表、单位工程概算表），并按有关规定的深度进行编制。审查是否有符合规定的"三级概算"，各级概算的编制、校对、审核是否按规定签署。

（3）审查设计概算的编制范围

审查设计概算编制范围及具体内容是否与主管部门批准的建设项目范围及具体内容一致；审查分期建设项目的建设范围及具体工程内容有无重复交叉，是否重复计算或漏算；审查其他费用所列的项目是否符合规定，静态投资、动态投资和经营性项目铺底流动资金是否分别列出，等等。

（4）审查建设规模、标准

审查概算的投资规模、生产能力、设计标准、建设用地、建筑面积、主要设备、配套工程、设计定员等是否符合原批准可行性研究报告或立项批文的标准。如概算总投资超过原批准投资估算10%以上，应进一步审查超估算的原因。

（5）审查设备规格、数量和配置

审查所选用的设备规格、台数是否与生产规模一致，材质、自动化程度有无提高标准，引进设备是否配套、合理，备用设备台数是否恰当，消防、环保设备是否计算，等等。除此之外还要重点审查设备价格是否合理、是否符合有关规定等。

（6）审查工程量

要根据初步设计图纸、概算定额及工程量计算规则、专业设备材料表、建构筑物等进行审查，检查有无多算、重算、漏算。

（7）审查计价指标

应审查建筑与安装工程采用的计价定额、价格指数和有关人工、材料、机械台班单价是否符合工程所在地（或专业部门）定额要求和实际市场价格水平，费用取值是否合理，并审查概算指标调整系数、主材价格、人工与机械台班和辅材调整系数是否正确与合理。

（8）审查其他费用

工程建设其他费用约占总投资的25%以上，必须认真逐项审查。审查费用项目是否按国家统一规定计列，具体费率或计取标准是否按国家、行业或有关部门规定计算，有无随意列项、有无多列、交叉计列和漏列等。

5.3.2 设计概算审查的方法

设计概算审查前要熟悉设计图纸和有关资料，深入调查研究，了解建筑市场行情，了解现场施工条件，掌握第一手资料，进行经济对比分析，使审批后的概算更符合实际。常用方法如下。

（1）对比审查法

对比审查法主要包括：建设规模、标准与立项批文对比；工程数量与设计图纸对比；综合范围、内容与编制方法、规定对比；各项取费与规定标准对比；材料、人工单价与市场信息对比；引进设备、技术投资与报价要求对比；技术经济指标与同类工程对比；等等。通过以上对比，容易发现设计概算存在的主要问题和偏差。

（2）查询核实法

查询核实法是对一些关键设备和设施、重要装置、引进工程图纸不全、难以核算的较大投资进行多方查询核对，逐项落实的方法。主要设备的市场价格向设备供应部门或招标代理公司查询核实；重要生产装置、设施向同类企业（工程）查询了解；引进设备价格及有关税费向进出口公司调查落实；复杂的建筑安装工程向同类工程的建设、承包单位征求意见；深度不够或不清楚的问题直接向原概算编制人员、设计者询问清楚。

（3）联合会审法

联合会审前，可先采取多种形式分头审查，包括设计单位自审，主管、建设、承包单位初审，工程造价咨询公司评审，邀请同行专家预审，审批部门复审，等等，经层层审查把关后，由有关单位和专家进行联合会审。在会审大会上，由设计单位介绍概算编制情况及有关问题，各有关单位、专家汇报初审、预审意见。然后进行认真分析、讨论，结合对各专业技术方案的审查意见所产生的投资增减，逐一核实原概算存在的问题。经过充分协商，认真听取设计单位意见后，实事求是地处理和调整。

通过以上复审后，对审查中发现的问题和偏差，按照单项、单位工程的顺序，先按设备费、安装费、建筑费和工程建设其他费用分类整理。然后按照静态投资部分、动态投资部分和铺底流动资金三大类，汇总核增或核减的项目及其投资额。最后将具体审核数据，按照"原编概算""审核结果""增减投资""增减幅度"四栏列表，并按照原总概算表汇总顺序，将增减投资项目逐一列出，相应调整所属项目投资合计数，再依次汇总审核后的总投资及增减投资额。对于差错较多、问题较大或不能满足要求的，责成按会审意见修改返工后，重新报批；对于无重大原则问题、深度基本满足要求，投资增减不多的，当场核定概算投资额，并提交审批部门复核后，正式下达审批概算。

小　结

本章主要介绍了设计概算的内容及编制方法。要求掌握单位工程概算、单项工程概算、建设项目总概算的内容和编制方法。重点掌握单位工程项目设计概算的内容和编制方法，熟悉建设项目设计概算的作用、编制依据和设计概算审查的方法。

思　考　题

（1）设计概算的内容有哪些？

（2）单位工程设计概算的编制方法有哪些？

（3）拟建某工业建设项目，各项数据如下：

① 主要生产项目 7400 万元（其中：建筑工程费 2800 万元，设备购置费 3900 万元，安装工程费 700 万元）；

② 辅助生产项目 4900 万元（其中：建筑工程费 1900 万元，设备购置费 2600 万元，安装工程费 400 万元）；

③ 公用工程 2200 万元（其中：建筑工程费 1320 万元，设备购置费 660 万元，安装工程费 220 万元）；

④ 环境保护工程 660 万元（其中：建筑工程费 330 万元，设备购置费 220 万元，安装工程费 110 万元）；

⑤ 总图运输工程 330 万元（其中：建筑工程费 220 万元，设备购置费 110 万元）；

⑥ 服务性工程建筑工程费 160 万元；

⑦ 生活福利工程建筑工程费 220 万元；

⑧ 厂外工程建筑工程费 110 万元；

⑨ 工程建设其他费用 400 万元；

⑩ 基本预备费费率为 10%；

⑪ 建设期各年涨价预备费费率为 3%；

⑫ 建设期为 2 年，每年建设投资相等，建设资金来源为：第一年贷款 5000 万元，第二年贷款 4800 万元，其余为自有资金，贷款年利率为 6%；

⑬ 不考虑固定资产投资方向调节税。

试编制该项目总概算表。

（4）某拟建教学楼，建筑面积为 20000m^2，试用类似工程预算法，计算其概算造价。类似工程的建筑面积为 18000m^2，预算造价 1842 万元，各种费用占预算造价的比例分别是人工费 11%、材料费 65%、机械费 7%、其他费用 17%，并根据公式已算出修正系数为 $K_1 = 1.02$、$K_2 = 1.05$、$K_3 = 0.99$、$K_4 = 1.04$。

6 建筑面积计算规则

6.1 计算建筑面积的范围与方法

6.1.1 建筑面积

建筑物面积（construction area）是指建筑物（包括墙体）所形成的楼地面面积，是建筑物的一项重要技术特征指标。

建筑面积包括附属于建筑物的室外阳台、雨篷、檐廊、室外走廊、室外楼梯等的面积。

建筑面积是建设工程领域一个重要的技术经济指标，也是国家宏观调控的重要指标之一。

6.1.2 建筑面积的计算规范

（1）单层建筑物的建筑面积，应按其外墙勒脚以上结构外围水平面积计算，并应符合下列规定。

① 单层建筑物高度在 2.20m 及以上者应计算全面积；高度不足 2.20m 者应计算 1/2 面积。如图 6-1 所示。

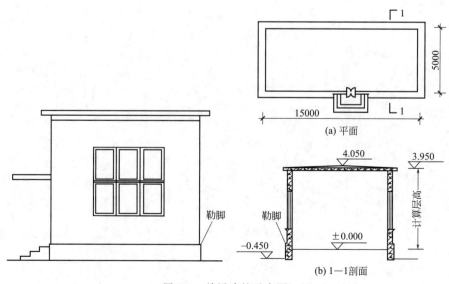

图 6-1 单层建筑示意图

$$S=(15+0.24)\times(5+0.24)=79.86(m^2)$$

② 形成建筑空间的坡屋顶，结构净高在 2.10m 及以上的部位应计算全面积；结构净高在 1.20m 及以上至 2.10m 以下的部位应计算 1/2 面积；结构净高在 1.20m 以下的部位不应计算面积。如图 6-2 所示。

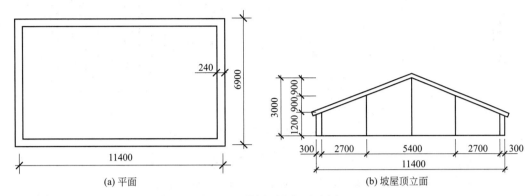

| (a) 平面 | (b) 坡屋顶立面 |

图 6-2　坡屋顶空间示意图

坡屋顶空间面积　$S=5.4\times(6.9+0.24)+2.7\times(6.9+0.24)\times0.5\times2=57.83(m^2)$

(2) 单层建筑物内设有局部楼层者，对于局部楼层的二层及以上楼层，有围护结构的应按其围护结构外围水平面积计算，无围护结构的应按其结构底板水平面积计算。结构层高在 2.20m 及以上者应计算全面积；结构层高在 2.20m 以下者应计算 1/2 面积。如图 6-3 所示。

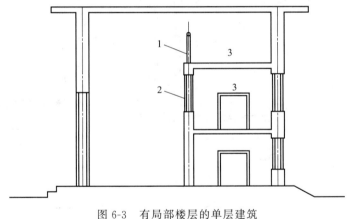

图 6-3　有局部楼层的单层建筑
1—围护设施；2—围护结构；3—局部楼层

(3) 多层建筑物按自然层外墙结构外围水平面积之和计算。首层应按其外墙勒脚以上结构外围水平面积计算；二层及以上楼层应按其外墙结构外围水平面积计算。层高在 2.20m 及以上者应计算全面积；层高不足 2.20m 者应计算 1/2 面积。

(4) 场馆看台下的建筑空间，结构净高在 2.10m 及以上的部位应计算全面积；结构净高在 1.20m 及以上至 2.10m 以下的部位应计算 1/2 面积；结构净高在 1.20m 以下的部位不应计算面积。如图 6-4 所示。

室内单独设置的有围护设施的悬挑看台，应按看台结构底板水平投影面积计算建筑面积。

有顶盖无围护结构的场馆看台应按其顶盖水平投影面积的 1/2 计算面积。

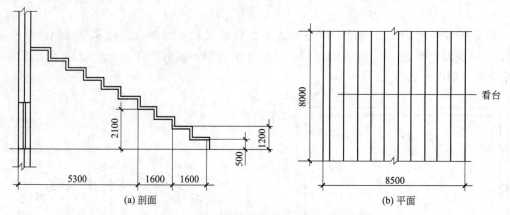

图 6-4 利用建筑物场馆看台下的建筑面积示意图

看台下建筑面积 $S=8\times(5.3+1.6\times0.5)=48.8(\mathrm{m}^2)$

（5）地下室、半地下室应按其结构外围水平面积计算。结构层高在 2.20m 及以上的，应计算全面积；结构层高在 2.20m 以下的，应计算 1/2 面积。如图 6-5 所示。

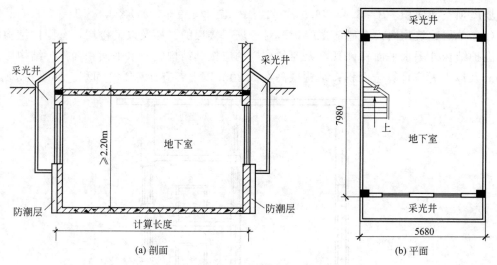

图 6-5 地下室建筑面积示意图

地下室作为设备、管道层按（26）条规定执行；地下室的各种竖向井道按（19）条规定执行；地下室的围护结构不垂直于水平面的按（18）条规定执行。

（6）出入口外墙外侧坡道有顶盖的部位，应按其外墙结构外围水平面积的 1/2 计算面积。

出入口坡道分有顶盖出入口坡道和无顶盖出入口坡道，出入口坡道顶盖的挑出长度，为顶盖结构外边线至外墙结构外边线的长度；顶盖以设计图纸为准，对后增加及建设单位自行增加的顶盖等，不计算建筑面积。顶盖不分材料种类（如钢筋混凝土顶盖、彩钢板顶盖、阳光板顶盖等）。地下室出入口见图 6-6。

（7）建筑物架空层及坡地建筑物吊脚架空层，应按其顶板水平投影计算建筑面积。结构层高在 2.20m 及以上的，应计算全面积；结构层高在 2.20m 以下的，应计算 1/2 面积。如图 6-7、图 6-8 所示。

深基础架空层建筑面积 $S=(4.2+0.24)\times(6+0.24)=27.71(\mathrm{m}^2)$

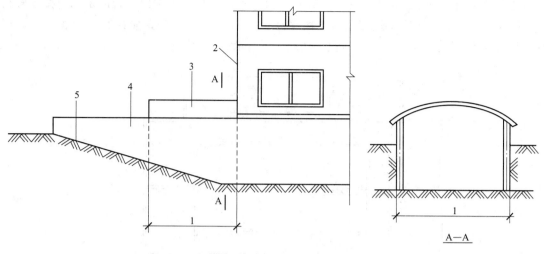

图 6-6 地下室出入口
1—计算 1/2 投影面积部位；2—主体建筑；3—出入口顶盖；4—封闭出入口侧墙；5—出入口坡道

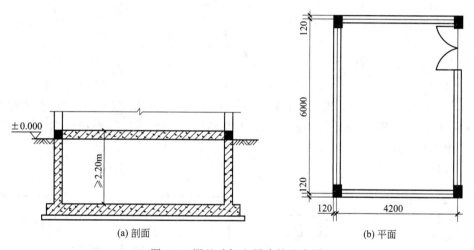

(a) 剖面　　　　　　　　　　　　　(b) 平面

图 6-7 深基础架空层建筑示意图

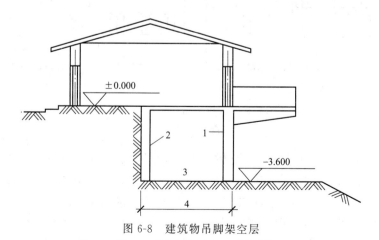

图 6-8 建筑物吊脚架空层
1—柱；2—墙；3—吊脚架空层；4—计算建筑面积部位

（8）建筑物的门厅、大厅应按一层计算建筑面积，门厅、大厅内设置的走廊应按走廊结构底板水平投影面积计算建筑面积。结构层高在 2.20m 及以上的，应计算全面积；结构层高在 2.20m 以下的，应计算 1/2 面积。如图 6-9 所示。

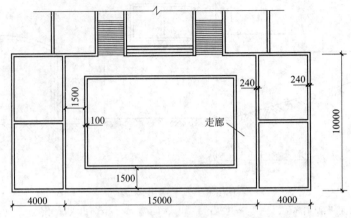

图 6-9　带走廊的二层平面示意图

若层高不小于 2.20m，则回廊面积为：

$$S=(15-0.24)\times1.6\times2+(10-0.24-1.6\times2)\times1.6\times2=68.22(\text{m}^2)$$

若层高小于 2.20，则回廊面积为：

$$S=[(15-0.24)\times1.6\times2+(10-0.24-1.6\times2)\times1.6\times2]\times0.5=34.11(\text{m}^2)$$

（9）对于建筑物间的架空走廊，有顶盖和围护设施的，应按其围护结构外围水平面积计算全面积；无围护结构、有围护设施的，应按其结构底板水平投影面积计算 1/2 面积。如图 6-10、图 6-11 所示。

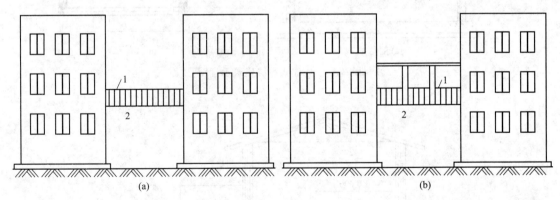

(a)　　　　　　　　　　　　　　　　(b)

图 6-10　无围护结构的架空走廊
1—栏杆；2—架空走廊

（10）对于立体书库、立体仓库、立体车库，有围护结构的，应按其围护结构外围水平面积计算建筑面积；无围护结构、有围护设施的，应按其结构底板水平投影面积计算建筑面积。无结构层的应按一层计算，有结构层的应按其结构层面积分别计算。结构层高在 2.20m 及以上的，应计算全面积；结构层高在 2.20m 以下的，应计算 1/2 面积。

这里是对图书馆中的立体书库、仓储中心的立体仓库、大型停车场的立体车库等的建筑

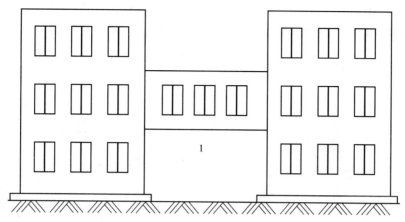

图 6-11　有围护结构的架空走廊
1—架空走廊

面积计算规定。起局部分隔、存储等作用的书架层、货架层或可升降的立体钢结构停车层均不属于结构层，故该部分分层不计算建筑面积。

（11）有围护结构的舞台灯光控制室，应按其围护结构外围水平面积计算。结构层高在 2.20m 及以上者应计算全面积；结构层高在 2.20m 以下的，应计算 1/2 面积。

（12）附属在建筑物外墙的落地橱窗，应按其围护结构外围水平面积计算。结构层高在 2.20m 及以上的，应计算全面积；结构层高在 2.20m 以下的，应计算 1/2 面积。

（13）窗台与室内楼地面高差在 0.45m 以下且结构净高在 2.10m 及以上的凸（飘）窗，应按其围护结构外围水平面积计算 1/2 面积。

（14）有围护设施的室外走廊（挑廊），应按其结构底板水平投影面积计算 1/2 面积；有围护设施（或柱）的檐廊，应按其围护设施（或柱）外围水平面积计算 1/2 面积。如图 6-12 所示。

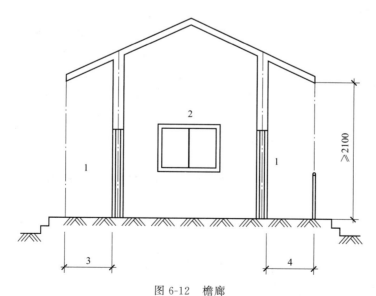

图 6-12　檐廊
1—檐廊；2—室内；3—不计算建筑面积部位；4—计算 1/2 建筑面积部位

(15) 门斗应按其围护结构外围水平面积计算建筑面积，且结构层高在 2.20m 及以上的，应计算全面积；结构层高在 2.20m 以下的，应计算 1/2 面积。如图 6-13 所示。

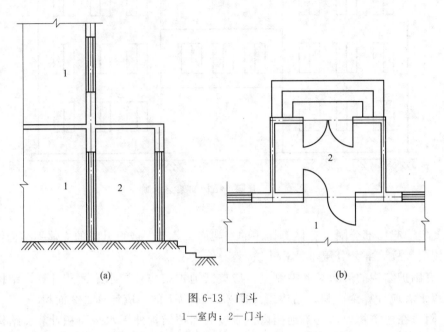

(a)　　　　　　　　　　　　(b)

图 6-13　门斗
1—室内；2—门斗

(16) 门廊应按其顶板的水平投影面积的 1/2 计算建筑面积；有柱雨篷应按其结构板水平投影面积的 1/2 计算建筑面积；无柱雨篷的结构外边线至外墙结构外边线的宽度在 2.10m 及以上的，应按雨篷结构板的水平投影面积的 1/2 计算建筑面积。

(17) 设在建筑物顶部的、有围护结构的楼梯间、水箱间、电梯机房等，结构层高在 2.20m 及以上的应计算全面积；结构层高在 2.20m 以下的，应计算 1/2 面积。如图 6-14 所示。

水箱的建筑面积　　　$S=2.5\times2.5\times0.5=3.13(m^2)$

(18) 围护结构不垂直于水平面的楼层，应按其底板面的外墙外围水平面积计算。结构净高在 2.10m 及以上的部位，应计算全面积；结构净高在 1.20m 及以上至 2.10m 以下的部位，应计算 1/2 面积；结构净高在 1.20m 以下的部位，不应计算建筑面积。如图 6-15 所示。

(19) 建筑物的室内楼梯、电梯井、提物井、管道井、通风排气竖井、烟道，应并入建筑物的自然层计算建筑面积。有顶盖的采光井应按一层计算面积，且结构净高在 2.10m 及以上的，应计算全面积；结构净高在 2.10m 以下的，应计算 1/2 面积。如图 6-16、图 6-17 所示。

(20) 室外楼梯应并入所依附建筑物自然层，并应按其水平投影面积的 1/2 计算建筑面积。

(21) 在主体结构内的阳台，应按其结构外围水平面积计算全面积；在主体结构外的阳台，应按其结构底板水平投影面积计算 1/2 面积。

(22) 有顶盖无围护结构的车棚、货棚、站台、加油站、收费站等，应按其顶盖水平投影面积的 1/2 计算建筑面积。如图 6-18 所示。

货棚的建筑面积　　　$S=(8+0.3+0.5\times2)\times(24+0.3+0.5\times2)\times0.5=117.65(m^2)$

(23) 以幕墙作为围护结构的建筑物，应按幕墙外边线计算建筑面积。

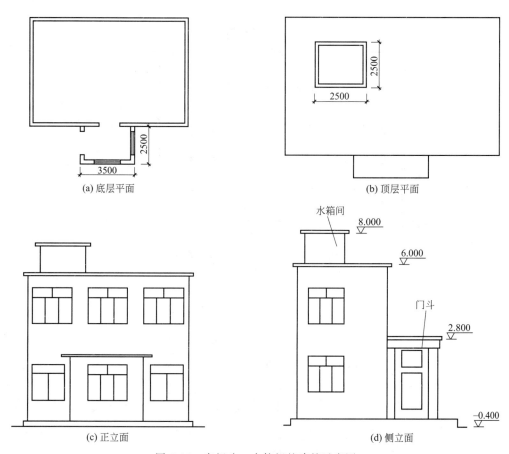

(a) 底层平面　　　　　　　　　　　　(b) 顶层平面

(c) 正立面　　　　　　　　　　　　(d) 侧立面

图 6-14　有门斗、水箱间的建筑示意图

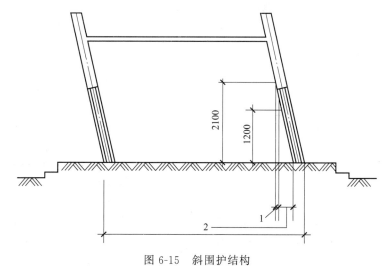

图 6-15　斜围护结构

1—计算 1/2 建筑面积部位；2—不计算建筑面积部位

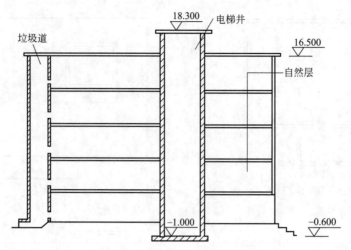

图 6-16 电梯井、垃圾道示意图

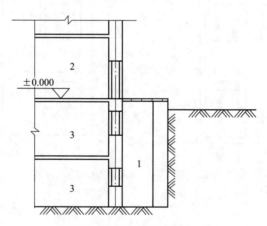

图 6-17 地下室采光井

1—采光井；2—室内；3—地下室

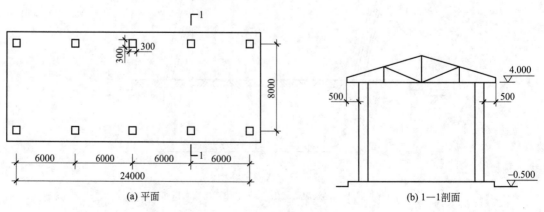

(a) 平面 (b) 1—1剖面

图 6-18 货棚建筑示意图

（24）建筑物的外墙外保温层，应按其保温材料的水平截面积计算，并计入自然层建筑面积。如图 6-19 所示。

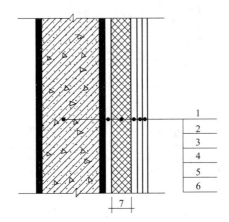

图 6-19 建筑物外墙外保温

1—墙体；2—黏结胶浆；3—保温材料；4—标准网；5—加强网；

6—抹面胶浆；7—计算建筑面积部位

（25）与室内相通的变形缝，应按其自然层合并在建筑物建筑面积内计算。对于高低联跨的建筑物，当高低跨内部连通时，其变形缝应计算在低跨面积内。如图 6-20 所示。

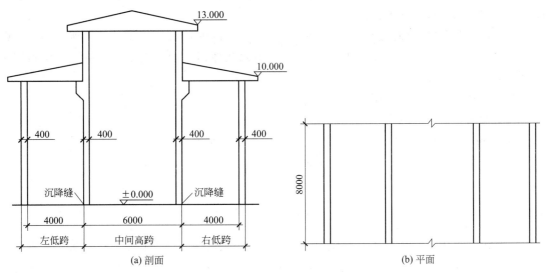

图 6-20 中跨单层厂房示意图

（26）对于建筑物内的设备层、管道层、避难层等有结构层的楼层，结构层高在 2.20m 及以上的，应计算全面积；结构层高在 2.20m 以下的，应计算 1/2 面积。如图 6-20。

建筑面积 $S=(6+0.4)\times 8+4\times 2\times 8=115.2(\text{m}^2)$

6.2 不计算建筑面积的范围

（1）与建筑物内不相连通的建筑部件。

（2）骑楼、过街楼底层的开放公共空间和建筑物通道。建筑物通道（骑楼、过街楼的底层）如图 6-21 所示。

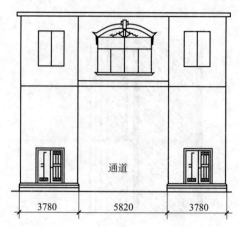

图 6-21　建筑物通道示意图

（3）舞台及后台悬挂幕布和布景的天桥、挑台等。

（4）露台、露天游泳池、花架、屋顶的水箱及装饰性结构构件。

（5）建筑物内的操作平台、上料平台、安装箱和罐体的平台。

（6）勒脚、附墙柱、垛、台阶、墙面抹灰、装饰面、镶贴块料面层、装饰性幕墙，主体结构外的空调室外机搁板（箱）、构件、配件，挑出宽度在 2.10m 以下的无柱雨篷和顶盖高度达到或超过两个楼层的无柱雨篷。

（7）窗台与室内地面高差在 0.45m 以下且结构净高在 2.10m 以下的凸（飘）窗，窗台与室内地面高差在 0.45m 及以上的凸（飘）窗无永久性顶盖的架空走廊、室外楼梯和用于检修、消防等的室外钢楼梯、爬梯。

（8）室外爬梯、室外专用消防钢楼梯。

（9）无围护结构的观光电梯。

（10）建筑物以外的地下人防通道，独立的烟囱、烟道、地沟、油（水）罐、气柜、水塔、贮油（水）池、贮仓、栈桥等构筑物。

小　结

　　建筑面积是以平方米为计量单位反映房屋建筑规模的实物量指标，广泛应用于基本建设计划、统计、设计、施工和工程概预算等各个方面，在建筑工程造价管理方面起着非常重要的作用，是房屋建筑计价的主要指标之一。本章以国家标准《建筑工程建筑面积计算规范》（GB/T 50353—2013）为蓝本，介绍了建筑面积的计算方法。

思　考　题

　　（1）某新建项目，地面以上共 12 层，有 1 层地下室，层高 4.5m，并把深基础加以利用做地下架空层，架空层层高 2.8m。有关建筑面积的计算资料如下：

　　① 第 3 层为设备管道层，层高为 2.2m；

　　② 底层勒脚以上结构外围水平投影面积为 600m²，2～12 层结构外围水平投影面积均

为 600m²；

③ 屋面上部设有楼梯间及电梯机房（层高 2.4m），其外围结构面积为 40m²；

④ 大楼入口处有一台阶，水平投影面积为 20m²，上面设有矩形雨篷（结构外边线至外墙结构外边线的宽度为 2.2m），两个圆形柱支撑，其顶盖悬挑出外墙面以外的水平投影面积为 24m²，柱外围水平投影面积为 16m²；

⑤ 底层设有中央大厅，跨 2 层楼高，大厅面积为 200m²；

⑥ 地下室结构外围水平面积为 600m²，采光井有顶盖，层高 2.1m，采光井外围水平面积为 50m²，地下架空层外围水平面积为 600m²；

⑦ 室外设有两座自行车棚，一座为单排柱，其顶盖水平投影面积为 100m²，另一座为双排柱，其顶盖水平投影面积为 160m²，柱外围水平面积为 100m²。

求该建筑物的建筑面积。

(2) 计算图 6-22 所示地下建筑物的建筑面积，已知：地下商店层高 4.2m，出入口外墙外侧坡道有顶盖。

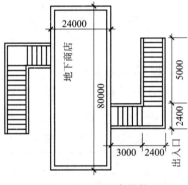

图 6-22　地下建筑物

7

房屋建筑与装饰工程
预算工程量计算规则

7.1 土（石）方工程

7.1.1 计算土（石）方工程量前应确定的资料

① 土壤及岩石类别的确定：土石方工程土壤及岩石类别的划分，依据工程勘察资料与表 7-1 土壤分类表及表 7-2 岩石分类表对照后确定。

表 7-1 土壤分类表

土壤分类	土壤名称	开挖方法
一、二类土	粉土、砂土（粉砂、细砂、中砂、粗砂、砾砂）、粉质黏土、弱中盐渍土、软土（淤泥质土、泥炭、泥炭土）、软塑红黏土、冲填土	主要用锹，少许用镐和条锄开挖，机械能全部直接铲挖满载者
三类土	黏土、碎石（圆砾、角砾）混合土、可塑红黏土、硬塑红黏土、强盐渍土、素填土、压实填土	主要用镐和条锄，少许用锹开挖。机械需部分刨松方能铲挖满载者或可直接铲挖但不能满载者
四类土	碎石土（卵石、碎石、漂石、块石）、坚硬红黏土、超盐渍土、杂填土	全部用镐、条锄挖掘，少许用撬棍挖掘，机械须普遍刨松方能铲挖满载者

表 7-2 岩石分类表

岩石分类		代表性岩石	开挖方法
极软岩		1. 全风化的各种岩石 2. 各种半成岩	部分用手凿工具、部分用爆破法开挖
软质岩	软岩	1. 强风化的坚硬岩或较硬岩 2. 中等风化—强风化的较软岩 3. 未风化—微风化的页岩、泥岩、泥质砂岩等	用风镐和爆破法开挖
	较软岩	1. 中等风化—强风化的坚硬岩或较硬岩 2. 未风化—微风化的凝灰岩、千枚岩、泥灰岩、砂质泥岩等	用爆破法开挖
硬质岩	较硬岩	1. 微风化的坚硬岩等 2. 未风化—微风化的大理岩、板岩、石灰岩、白云岩、钙质砂岩等	用爆破法开挖

岩石分类		代表性岩石	开挖方法
硬质岩	坚硬岩	未风化—微风化的花岗岩、闪长岩、辉绿岩、玄武岩、安山岩、片麻岩、石英岩、石英砂岩、硅质砾岩、硅质石灰岩等	用爆破法开挖

② 地下水位标高及降（排）水方法：地下水位以上的土壤称为干土，以下的土壤称为湿土。

③ 土方、沟槽、基坑挖（填）起始标高、施工方法及运距：挖土深度以设计室外地坪标高为计算起点；施工方法是指人工挖土方或机械挖土方。

④ 岩石开凿、爆破方法、石渣清运方法及运距。

⑤ 其他有关资料。

7.1.2　一般规则

① 土方体积，均以挖掘前的天然密实体积为准计算。如需折算时，可按表 7-3 所列系数换算。

表 7-3　土方体积折算表　　　　　　　　单位：m³

天然密实体积	虚方体积	夯实后体积	松填体积
0.77	1.00	0.67	0.83
1.00	1.30	0.87	1.08
1.15	1.50	1.00	1.25
0.92	1.20	0.80	1.00

② 石方体积，均以挖掘前的天然密实体积为准计算。如需折算时，可按表 7-4 所列系数换算。

表 7-4　石方体积折算表　　　　　　　　单位：m³

石方类别	天然密实体积	虚方体积	松填体积	码　方
石方	1.00	1.54	1.31	1.67
块石	1.00	1.75	1.43	
砂夹石	1.00	1.07	0.94	

③ 挖土方平均厚度应按自然地面测量标高至设计地坪标高间的平均厚度确定。基础土方、石方开挖深度应按基础垫层底表面至交付使用施工场地标高确定，无交付使用施工场地标高时，应按自然地面标高确定。

7.1.3　土方工程工程量计算规则

7.1.3.1　平整场地

① 平整场地是指建筑场地厚度在 ±300mm 以内的挖、填、运、找平，如图 7-1 所示。如 ±300mm 以内全部是挖方或填方，应套相应挖填及运土子目；挖、填土方厚度超过 ±300mm 时，按场地土方平衡竖向布置另行计算，套相应挖填土方子目。

② 平整场地工程量按设计图示尺寸以建筑物首层建筑面积计算。按竖向布置进行大型挖土或回填土时，不得再计算平整场地的工程量。

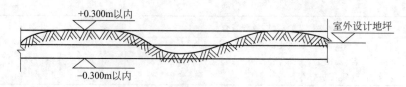

I—I剖面

图 7-1　平整场地

7.1.3.2　挖沟槽、基坑、土方

① 挖沟槽、基坑、土方划分。

凡图示沟槽底宽在 7m 以内，且沟槽长大于槽宽 3 倍以上的，为沟槽。

凡图示基坑面积在 150m² 以内的为基坑。

凡图示沟槽底宽 7m 以上，坑底面积在 150m² 以上的，均按挖土方计算。

② 挖沟槽、基坑需支挡土板时，其宽度按图示沟槽、基坑底宽，单面加 100mm，双面加 200mm 计算。

③ 计算挖沟槽、基坑、土方工程量需放坡时，按施工组织设计规定计算；如无施工组织设计规定时，可按表 7-5 中的放坡系数计算。

表 7-5　放坡系数表

土壤类别	深度超过/m	人工挖土	机械挖土		
			在坑内作业	在坑上作业	顺沟槽在坑上作业
一、二类土	1.20	1:0.50	1:0.33	1:0.75	1:0.50
三类土	1.50	1:0.33	1:0.25	1:0.67	1:0.33
四类土	2.00	1:0.25	1:0.10	1:0.33	1:0.25

注：1. 沟槽、基坑中土壤类别不同时，分别按其放坡起点、放坡系数，依不同土壤厚度加权平均计算。

2. 计算放坡时，在交接处的重复工程量不予扣除，原槽、坑做基础垫层时，放坡自垫层上表面开始计算。垫层需留工作面时，放坡自垫层下表面开始计算。

④ 基础施工所需工作面，按施工组织设计规定计算（实际施工不留工作面者，不得计算）；如无施工组织设计规定时，按表 7-6 规定计算。

表 7-6　基础施工所需工作面宽度计算表

基础材料	每边各增加工作面宽度/mm
砖基础	200
浆砌毛石、条石基础	150
混凝土基础垫层支模板	300
混凝土基础支模板	300
基础垂直面做防水层	1000（防水层面）

⑤ 挖沟槽长度，外墙按图示中心线长度计算；内墙按沟槽槽底净长度计算，内外凸出部分（垛、附墙烟囱等）体积并入沟槽土方工程量内计算。

⑥ 挖沟槽有以下几种情况。

a. 不放坡也不支挡土板，如图 7-2，$V=(B+2C) \times H \times L$　　　　　　(7-1)

b. 由垫层下表面起放坡，如图 7-3，$V=(B+2C+KH) \times H \times L$　　　　　(7-2)

c. 由垫层上表面起放坡，如图 7-4，$V = B_1 H_1 \times L_1 + (B_2 + 2C + KH_2) \times H_2 \times L_2$

(7-3)

d. 双支挡土板，所图 7-5，$V = (B + 2C + 0.2) \times H \times L$ (7-4)

e. 一面支挡土板一面放坡，$V = (B + 2C + 0.1 + 1/2KH) \times H \times L$ (7-5)

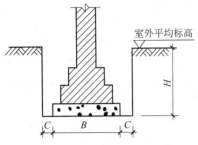

图 7-2 不放坡也不支挡土板

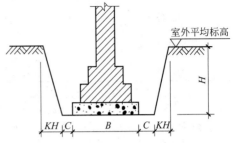

图 7-3 沟槽由垫层下表面起放坡

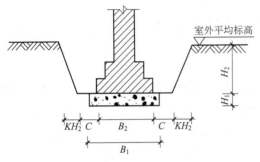

图 7-4 沟槽由垫层上表面起放坡

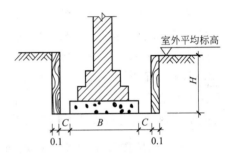

图 7-5 沟槽双支挡土板

⑦ 挖基坑。独立基础、设备基础等挖地坑或挖土方工程，一般为方形、矩形或圆形，其体积（V）的计算，有以下几种情况。

a. 不放坡也不支挡土板

矩（方）形：$V = (a + 2C) \times (b + 2C) \times H$ (7-6)

圆形：$V = \pi \times (R_1 + C)^2 \times H$ (7-7)

b. 放坡

矩（方）形：如图 7-6，$V = (a + 2C + KH) \times (b + 2C + KH) \times H + 1/3K^2 H^3$ (7-8)

圆形：$V = 1/3 \times \pi \times H \times [(R_1 + C)^2 + (R_2 + C)^2 + (R_1 + C) \times (R_2 + C)]$ (7-9)

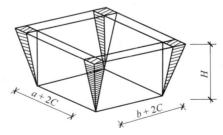

图 7-6 矩（方）形地坑放坡透视图

c. 支挡土板

矩（方）形：$V = (a + 2C + 0.2) \times (b + 2C + 0.2) \times H$ (7-10)

圆形：$V = \pi \times (R_1 + 0.1)^2 \times H$　　　　　　　　　　　　　　　　（7-11）

⑧ 挖管道沟槽按图示中心线长度计算。沟底宽度，设计有规定的，按设计规定尺寸计算；设计无规定的，可按表 7-7 规定宽度计算。

表 7-7　管沟施工每侧所需工作面宽度计算表　　　　单位：mm

管沟材料	管道结构宽			
	≤500	≤1000	≤2500	>2500
混凝土及钢筋混凝土管道	400	500	600	700
其他材质管道	300	400	500	600

注：1. 按本表计算管道沟土方工程量时，各种井类及管道接口等处需加宽增加的土方量不另行计算，底面积大于 20m² 的井类，其增加工程量并入管沟土方内计算。

2. 管道结构宽：有管座的按基础外缘，无管座的按管道外径。

⑨ 基础土方大开挖后再挖地槽、地坑，其深度应以大开挖后土面至槽、坑底标高计算。

7.1.4　石方工程工程量计算规则

① 石方工程的沟槽、基坑与平基的划分按土方工程的划分规定执行。

② 岩石开凿及爆破工程量，区别石质按下列规定计算。

a. 人工凿岩石，按图示尺寸以 m³ 计算。

b. 爆破岩石按图示尺寸以 m³ 计算，其中人工打眼爆破和机械打眼爆破的沟槽、基坑深度、宽度超挖量为：较软岩、较硬岩各 200mm；坚硬岩为 150mm。超挖部分岩石并入岩石挖方量之内计算。石方超挖量与工作面宽度不得重复计算。

7.1.5　土方回填工程工程量计算规则

回填土区分夯填、松填按图示回填体积并依据下列规定，以 m³ 计算。

① 场地回填土：回填面积乘以平均回填厚度计算。

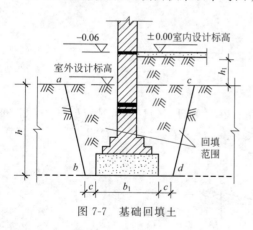

图 7-7　基础回填土

② 室内回填：按主墙（厚度在 120mm 以上的墙）之间的净面积乘以回填土厚度计算，不扣除间隔墙。

③ 基础回填：按挖方工程量减去自然地坪以下埋设基础体积（包括基础垫层及其他构筑物）。如图 7-7 所示。

④ 余土或取土工程量可按下式计算。

余土外运体积＝挖土总体积－回填土总体积

式中计算结果为正值时为余土外运体积，负值时为需取土体积。

⑤ 沟槽、基坑回填砂、石、天然三合土工程量按图示尺寸以 m³ 计算，扣除管道、基础、垫层等所占体积。

⑥ 建筑场地原土碾压以 m² 计算，填土碾压按图示填土厚度以 m³ 计算。

7.1.6　土（石）方运输工程工程量计算规则

① 土石方运输工程量按不同的运输方法和距离分别以天然密实体积计算。如实际运输

疏松的土石方时，应按本章表7-3、表7-4的规定换算成天然密实体积计算。

② 土（石）方运距。

a. 推土机推土运距：按挖方区重心至回填区重心之间的直线距离计算。

b. 自卸汽车运土运距：按挖方区重心至填方区（或堆放地点）重心的最短距离计算。

"挖方区重心"是指单位工程中总挖方量的重心点，或单位工程分区挖方量的重心点；"回填区重心"是指土方回填区总量的重心点，或多处土方回填区的重心点。

例如某单位工程采用挖掘机挖土，自卸汽车运土，部分运至回填区作为场地、填土方，部分运至卸土区，暂存将作为单位工程往回运作为回填。如图7-8所示。

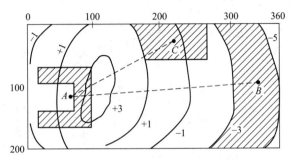

图 7-8　某单位工程图

A—挖方区重心点（按总挖方量求出重心点）；

B—填土区重心点（按总填土方量求出重心点）；

C—卸土区重心点（按总卸土方量求出重心点）；

A—B 最短距离 270m；A—C 最短距离 170m

7.1.7　其他

（1）挡土板面积，按槽、坑垂直支撑面积计算，支挡土板后，不得再计算放坡。

（2）基础钎插按不同深度以钎插孔数计算（有的省规定按槽底或坑底面积计算）。

【例7-1】某人工平整场如图7-9所示，试求该建筑物的人工平整场地工程量，根据各省消耗量定额，确定套用定额子目。

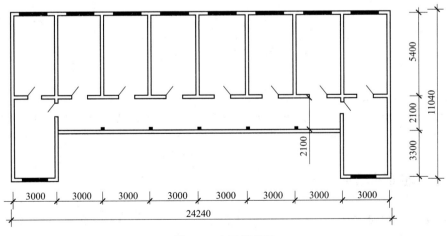

图 7-9　人工平整场

解 人工平整场地工程量计算为：

工程量 $=24.24\times11.04-(3\times6-0.24)\times3.3=209.0(\text{m}^2)$

套用广西 2013 年消耗量定额 A1-1。

【例 7-2】 某工程基础平面图及详图如图 7-10 所示，设计室外地坪 -0.450m。土类为三类土，求人工开挖土方的工程量，并确定套用定额子目。

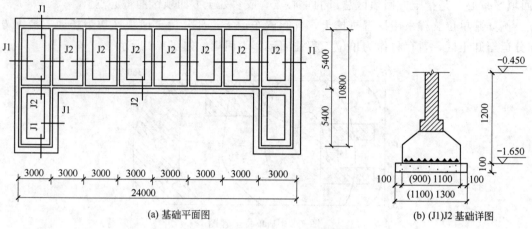

(a) 基础平面图　　(b) (J1)J2 基础详图

图 7-10　某工程基础平面图及详图

解 假设从垫层上表面开始放坡，则挖沟槽土方工程量为：

J1：

$L_{外中}=24+[10.8+3.0+5.4-(1.1+0.3\times2)/2]\times2=60.7(\text{m})$

$L_{垫1}=24+(10.8+3.0+5.4-1.3/2)\times2=61.1(\text{m})$

$V_{挖1}=L_{外中}\times(B+2C)+V_{垫1}$

$=60.7\times(0.9+2\times0.3)\times1.2+61.1\times1.1\times0.1$

$=109.26+6.72$

$=115.98(\text{m}^3)$

J2：

$L_{内挖土}=[5.4-(0.9+1.1)/2-0.3\times2]\times7+(24-0.9-0.3\times2)=49.1(\text{m})$

$L_{内垫层}=[5.4-(1.1+1.3)/2]\times7+(24-1.1)=52.3(\text{m})$

$V_{挖2}=L_{内挖土}\times(B+2C)+V_{垫2}$

$=49.1\times(1.1+2\times0.3)\times1.2+52.3\times1.3\times0.1$

$=100.16+6.80$

$=106.96(\text{m}^3)$

人工挖沟槽土方工程量合计为 $V_{挖}=V_{挖1}+V_{挖2}=115.98+106.96=222.94(\text{m}^3)$。

套用广西 2013 年消耗量定额 A1-9。

7.2　桩与地基基础工程

7.2.1　桩基础及桩的分类

7.2.1.1　桩基础

当建筑物荷载较大，地基的弱土层厚度在 5m 以上，将基础埋在弱土层内不满足强度和变形的限制，对弱土层进行人工处理困难或不经济时，常采用桩基础。

采用桩基础能节省基础材料，减少挖填土方工程量，改善工人的劳动条件，缩短工期。在北方地区冬季进行基础施工时，要开挖冻土，不仅耗费人工，而且进度迟缓。采用桩基础能避开挖掘冻土这一繁重劳动，故桩基础受到重视，采用量逐年增加。

桩基础的作用是把建筑物的荷载通过桩传给深部坚硬的土层，或通过桩身侧面将荷载传递到桩周土层。

7.2.1.2　桩的分类

桩按支承方式分为端承桩和摩擦桩两类。桩基础示意图如 7-11 所示。

端承桩适用于表层软弱土层不太厚，而下部为坚硬土层的地基情况。端承桩的上部荷载主要由桩端阻力来平衡，桩侧摩擦力较小。

摩擦桩适用于软弱土层较厚，而坚硬土层距地表很深的地基情况。摩擦桩的上部荷载由桩侧摩擦力和桩端阻力共同平衡。

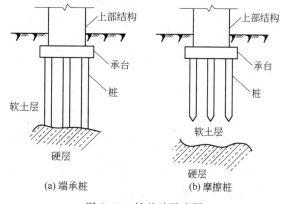

图 7-11　桩基础示意图

目前，桩多为混凝土或钢筋混凝土材料制作，按制作方法不同分为预制桩和灌注桩两大类。预制桩根据沉入土中的方法，可分为打入桩、水冲沉桩、振动沉桩和静力压桩等；灌注桩按成孔方法不同有钻孔灌注桩、挖孔灌注桩、冲孔灌注桩、打管成孔灌注桩及爆扩成孔灌注桩等。

（1）预制钢筋混凝土桩

预制钢筋混凝土桩根据断面形状可分为实心方桩和预应力空心管桩；按沉桩方式不同分为锤击桩和静压桩。

预应力管桩在我国多数采用室内离心成型，高压蒸汽养护生产。

预制钢筋混凝土桩施工过程包括预制、起吊、运输、堆放和沉桩等。

（2）灌注混凝土桩

灌注混凝土桩的生产工艺是首先成孔，然后吊安钢筋笼、浇灌混凝土。灌注混凝土桩按成孔工艺的不同，可分成打孔灌注混凝土桩、钻（冲）孔灌注混凝土桩、振动沉管灌注混凝土桩等多种类型。

（3）人工挖孔桩

是指采用人工挖掘方法进行成孔，然后安放钢筋笼，浇筑混凝土而成的桩。它具有设备简单，无泥浆、噪声和振动，土层地质情况清楚，施工质量直观可靠，单桩承载力大等优点。但人工在井下作业劳动强度大，有一定危险性。

（4）其他类型桩

① 打孔灌注砂、石桩。

② 灰土挤密桩。

③ 粉喷桩（深层搅拌桩）。

④ 高压旋喷水泥桩。

⑤ 水泥粉煤灰碎石桩（CFG 桩）。

7.2.2 计算打桩（灌注桩）工程量前应确定的事项

① 确定土质级别：根据工程地质资料中的土层构造、土壤物理力学性能及每米沉桩时间鉴别适用定额土质级别。土质鉴别见表 7-8。

表 7-8 土质鉴别

内 容		土壤级别	
		一级土	二级土
说 明		桩经外力作用较易沉入的土,土壤中夹有较薄的砂层	桩经外力作用较难沉入的土,土壤中夹有不超过3m的连续厚度砂层
砂夹层	砂层连续厚度	<1m	>1m
	砂层中卵石含量	—	<15%
物理性能	压缩系数	>0.02	<0.02
	孔隙比	>0.7	<0.7
力学性能	静力触探值	<50	>50
	动力触探击数	<12	>12
每米纯沉桩时间平均值		<2min	>2min

② 确定施工方法、工艺流程，采用机型，桩、土壤泥浆运距。

7.2.3 桩基础工程量计算规则

① 打预制钢筋混凝土桩（含管桩），按设计桩长（包括桩尖，即不扣除桩尖虚体积）乘以桩截面面积以立方米计算。管桩的空心体积应扣除。

② 静力压桩机压桩。

a. 静压方桩工程量按设计桩长（包括桩尖，即不扣除桩尖虚体积）乘以桩截面面积以立方米计算。

b. 静压管桩工程量按设计长度以米计算；管桩的空心部分灌注混凝土，工程量按设计灌注长度乘以桩芯截面面积以立方米计算；预制钢筋混凝土管桩如需设置钢桩尖时，钢桩尖制作、安装按实际重量套用一般铁件定额计算。

③ 螺旋钻机钻孔取土按钻孔入土深度以米计算。

④ 接桩。电焊接桩按设计接头，以个计算；硫黄胶泥按桩断面以平方米计算。硫黄胶泥接桩见图 7-12。

⑤ 送桩。按桩截面面积乘以送桩长度（即打桩架底至桩顶高度或自桩顶面至自然地坪面另加 0.5m）以立方米计算。如图 7-13 所示。

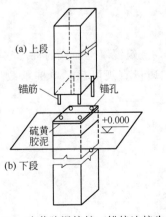

图 7-12 硫黄胶泥接桩（锚接法接头）

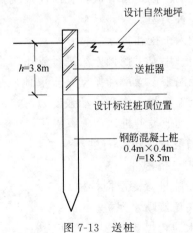

图 7-13 送桩

【例 7-3】 某单位工程采用桩基,要求打预制钢筋混凝土方桩 260 根,施工组织设计规定采用柴油打桩机进行施工。桩基如图 7-14 所示。已知场地土壤内有 1.3m 厚砂夹层,单桩设计全长(包括桩尖)为 9.5m,混凝土强度等级 C30。试根据图示和题给条件:(1)计算打桩工程量;(2)将桩送至地下 0.6m,求送桩工程量;(3)确定套用定额子目。

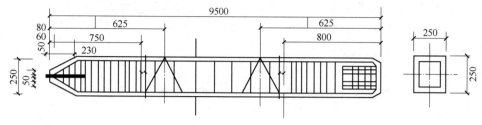

图 7-14 钢筋混凝土预制方桩

解 (1)打桩工程量

$V = 9.5 \times 0.25 \times 0.25 \times 260 = 154.38 (\text{m}^3)$

(2)送桩工程量

送桩长度 $= 0.6 + 0.5 = 1.1 (\text{m})$

送桩工程量 $= 0.25 \times 0.25 \times 1.1 \times 260 = 17.88 (\text{m}^3)$

(3)套用广西 2013 消耗量定额

根据表 7-8,本工程场地土壤内砂夹层厚 1.3m(>1.0m),则场地划分为二级土,套用定额应为 A2-2;送桩套用定额 A2-2,扣除子目中桩的用量,综合工日、机械台班乘以系数 1.25,其余不变。

⑥ 打孔灌注桩。

a. 混凝土桩、砂桩、碎石桩的体积,按 [设计桩长(包括桩尖,即不扣除桩尖虚体积)+设计超灌长度]×设计桩截面面积计算。

b. 扩大(复打)桩的体积按单桩体积乘以次数计算。

c. 打孔时,先埋入预制混凝土桩尖,再灌注混凝土者,桩尖的制作和运输按"混凝土及钢筋混凝土工程"相应子目以立方米计算,灌注桩体积按 [设计长度(自桩尖顶面至桩顶面高度)+设计超灌长度]×设计桩截面面积计算。

⑦ 钻(冲)孔灌注桩和旋挖桩分成孔、灌芯、入岩工程量计算。

a. 钻(冲)孔灌注桩、旋挖桩成孔工程量按成孔长度乘以设计桩截面面积以立方米计算。成孔长度为打桩前的自然地坪标高至设计桩底的长度。

b. 灌注混凝土工程量按桩长乘以设计桩截面面积计算,桩长=设计桩长+设计超灌长度,如设计图纸未注明超灌长度,则超灌长度按 500mm 计算。

c. 钻(冲)孔灌注桩、旋挖桩入岩工程量按入岩部分的体积计算。

d. 泥浆运输工程量按钻孔实体积以立方米计算。

⑧ 长螺旋钻孔压灌桩和水泥粉煤灰碎石桩(CFG 桩)。

长螺旋钻孔压灌桩和水泥粉煤灰碎石桩(CFG 桩)按桩长乘以设计桩截面面积以立方米计算,桩长=设计桩长+设计超灌长,如设计图纸未注明超灌长度,则超灌长度按 500mm 计算。

⑨ 人工挖孔桩。

a. 人工挖孔桩成孔按设计桩截面面积(桩径=桩芯+护壁)乘以挖孔深度加上桩的扩

大头体积以立方米计算。

b. 灌注桩芯混凝土按设计桩芯的截面面积乘以桩芯的深度（设计桩长＋设计超灌长度）加上桩的扩大头增加的体积以立方米计算。

c. 人工挖孔桩入岩工程量按入岩部分的体积计算。

⑩ 灰土挤密桩、深层搅拌桩按设计截面面积乘以设计长度按立方米计算。

⑪ 高压旋喷水泥桩按水泥桩体长度以米计算。

⑫ 打拔钢板桩按钢板桩重量以吨计算。

⑬ 打圆木桩的材积按设计桩长和梢径根据材积表计算。

⑭ 压力灌浆微型桩按设计区分不同直径按主杆桩体长度以米计算。

⑮ 地下连续墙。

a. 地下连续墙按设计图示墙中心线长度乘以厚度乘以槽深以立方米计算。

b. 锁口管接头工程量，按设计图示以段计算；工字形钢板接头工程量，按设计图示尺寸乘以理论质量以质量计算。

⑯ 地基强夯按设计图强夯面积区分夯击能量、夯击遍数，以平方米计算。

⑰ 锚杆钻孔灌浆、砂浆土钉按入土（岩）深度以米计算。锚筋按"混凝土及钢筋混凝土工程"相应子目计算。

⑱ 喷射混凝土护坡按护坡面积以平方米计算。

⑲ 高压定喷防渗墙按设计图示尺寸以平方米计算。

⑳ 凿（截）桩头的工程量的计算。

a. 桩头钢筋截断按钢筋根数计算。

b. 凿桩头按设计图示尺寸或施工规范规定应凿除的部分，以立方米计算。

c. 凿除人工挖孔桩护壁、水泥粉煤灰桩（CFG）工程量按需凿除的实体体积计算。

d. 机械切割预制管桩，按桩头个数计算。

7.3　砌筑工程

7.3.1　砌筑工程量一般规则

① 墙体按设计图示尺寸以体积计算。扣除门窗、洞口（包括过人洞、空圈）、嵌入墙内的钢筋混凝土柱、梁、圈梁、挑梁、过梁及凹进墙内的壁龛、管槽、暖气槽、消火栓箱所占体积。不扣除梁头、板头、檩头、垫木、木楞头、沿椽木、木砖、门窗走头、砖墙内加固钢筋、木筋、铁件、钢管及单个面积 $0.3m^2$ 以下的孔洞所占的体积。凸出墙面的腰线、挑檐、压顶、窗台线、虎头砖、门窗套、山墙泛水、烟囱根的体积亦不增加。凸出墙面的砖垛并入墙体体积内计算。

② 附墙烟囱、通风道、垃圾道按其外形体积（扣除孔洞所占的体积），并入所依附的墙体体积内计算。

③ 砖柱（砌块柱、石柱）（包括柱基、柱身）分方、圆柱按图示尺寸以立方米计算，扣除混凝土及钢筋混凝土梁垫、梁头、板头所占体积。

④ 女儿墙、栏板砌体按图示尺寸以立方米计算。

⑤ 围墙砌体按图示尺寸以立方米计算，围墙砖垛及砖压顶并入墙体体积内计算。

7.3.2 砌体厚度

① 标准砖规格为 240mm×115mm×53mm，多孔砖规格为 240mm×115mm×90mm、240mm×180mm×90mm，其砌体计算厚度，均按表 7-9 计算。

表 7-9　标准砖、多孔砖砌体计算厚度表　　　　　单位：mm

砖数（厚度）	1/4	1/2	3/4	1	1.5	2	2.5	3
标准砖厚度	53	115	180	240	365	490	615	740
多孔砖厚度	90	115	215	240	365	490	615	740

② 使用其他砌块时，其砌体厚度应按砌块实际规格尺寸计算。

7.3.3 砖石基础

（1）基础与墙（柱）身的划分

① 基础与墙（柱）身使用同一种材料时，以设计室内地面为界（有下室者，以地下室室内设计地面为界），以下为基础，以上为墙（柱）身。

② 基础与墙（柱）身使用不同材料时，位于设计室内地面±300mm 以内时，以不同材料为分界线；超过±300mm 时，以设计室内地面为分界线。如图 7-15 所示。

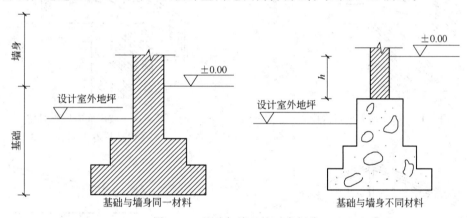

图 7-15　基础与墙（柱）身划分

③ 砖石围墙，以设计室外地坪为界线，以下为基础，以上为墙身。

④ 独立砖柱大放脚体积应并入砖柱工程量内计算。

（2）基础长度

如图 7-16 所示。

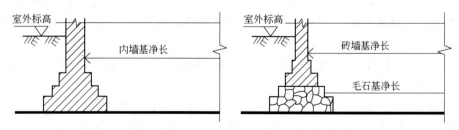

图 7-16　基础长度示意图

① 外墙墙基按外墙中心线长度计算。

② 内墙墙基按内墙基净长计算。如图 7-16 所示。

（3）砖石基础按设计图示尺寸以体积计算

扣除地梁（圈梁）、构造柱所占体积，不扣除基础大放脚T形接头处的重叠部分及嵌入基础内的钢筋、铁件、管道、基础砂浆防潮层和单个面积 $0.3m^2$ 以内的孔洞所占体积。附墙垛基础宽出部分体积，并入其所依附的基础工程量内。

7.3.4　砌体墙

① 墙身长度。外墙按外墙中心线长度，内墙按内墙净长线长度计算。

② 墙身高度按图示尺寸计算。如设计图纸无规定时，可按下列规定计算。

a. 外墙。斜（坡）屋面无檐口天棚者算至屋面板底，如图 7-17 所示；有屋架且室内外均有天棚者算至屋架下弦底另加 200mm，如图 7-18 所示；有屋架无天棚者算至屋架下弦另加 300mm，如图 7-19 所示；出檐宽度超过 600mm 时按实砌高度计算；有钢筋混凝土楼板隔层者算至楼板顶；平屋面算至钢筋混凝土板底，如图 7-20 所示。

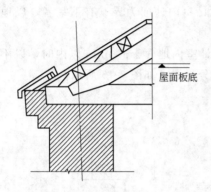

图 7-17　坡屋面无檐口天棚者

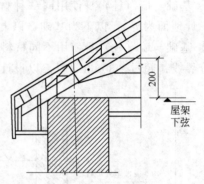

图 7-18　坡屋面有屋架且室内外均有天棚者

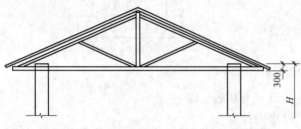

图 7-19　坡屋面有屋架且室内外无天棚者

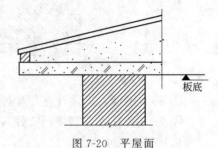

图 7-20　平屋面

b. 内墙。位于屋架下弦者，算至屋架下弦底；无屋架者算至天棚底另加 100mm，如图 7-21 所示；有钢筋混凝土楼板隔层者算至楼板顶，如图 7-22 所示；有框架梁时算至梁底。

c. 女儿墙。从屋面板上表面算至女儿墙顶面（如有混凝土压顶时算至压顶下表面），如图 7-23 所示。

d. 内外山墙。按其平均高度计算，如图 7-24 所示。

e. 围墙。高度算至压顶上表面（如有混凝土压顶时算至压顶下表面）。

③ 钢筋混凝土框架间墙，按框架间的净空面积乘以墙厚计算；框架外表镶贴砖部分，按零星砌体列项计算。

④ 多孔砖墙按图示尺寸以立方米计算，不扣除砖孔的体积。

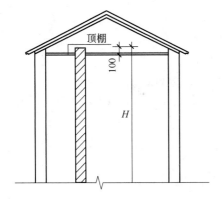

图 7-21 无屋架有天棚的内墙

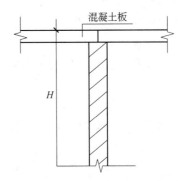

图 7-22 钢筋混凝土楼板隔层下的内墙

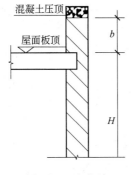

图 7-23 女儿墙

图 7-24 内外山墙

⑤ 砌体内填充料按填充空隙体积以立方米计算。

【例 7-4】 如图 7-25 所示，三层建筑物，多孔砖基础采用 M5 水泥砂浆砌筑，基础垫层采用 C20 混凝土，多孔砖墙体采用 M5 混合砂浆砌筑，多孔砖规格为 240mm×115mm×90mm。各层均设有圈梁，梁高为 180mm，梁宽同墙厚；采用钢筋砖过梁，高 120mm，宽同墙厚；C-1：1500×1600；M-1：1200×2500，M-2：900×2000；板厚 130mm；女儿墙设置钢筋混凝土压顶，高 200mm，宽同墙厚。求：（1）根据图纸计算砖基础和墙体工程量。（2）根据各省定额确定套用定额子目。（3）求墙体工程量。

解 （1）外墙中心线＝(3.6×3＋5.8)×2＝33.2(m)

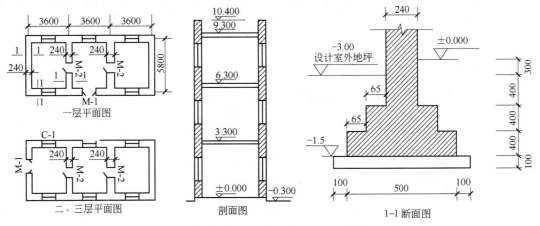

图 7-25 某建筑物平面图、剖面图、基础断面图

内墙基净长线＝(5.8－0.12×2)×2＝11.12(m)

内墙净长线＝(5.8－0.12×2)×2＝11.12(m)

内墙垫层净长线＝(5.8－0.35×2)×2＝10.2(m)

垫层混凝土工程量＝(33.2＋10.2)×0.7×0.1＝3.04(m³)

(2) 砖基础工程量＝(33.2＋11.12)×[0.5×0.4＋(0.5－0.065×2)×0.4＋0.24×0.7]＝22.87(m³)

套用广西2013年消耗量定额A3-2。

(3) 墙体工程量：

① 外墙高度＝10.4－0.18×3－0.2＝9.66(m)(计算至圈梁底)

外墙门窗洞口面积＝1.5×1.6×17(C-1 窗)＋1.2×2.5×3(M-1 门)＝49.8(m²)

钢筋砖过梁砌体并入墙体工程量计算：

$V_{外墙}$＝(33.2×9.66－49.8)×0.24＝65.02(m³)

② 内墙工程量

$V_{内墙}$＝(11.12×8.76－10.8)×0.24＝20.79(m³)

合计：$V_{墙}＝V_{外墙}＋V_{内墙}$＝65.02＋20.79＝85.81(m³)

套用广西2013年消耗量定额A3-11。

7.3.5　砖烟囱

① 砖砌烟囱应按设计室外地坪为界，以下为基础，以上为筒身。

② 筒身，圆形、方形均按设计图示筒壁平均中心线周长乘以壁厚乘以高度以体积计算。扣除筒身各种孔洞、钢筋混凝土圈梁、过梁等体积。其筒壁周长不同时可按式(7-12)分段计算。

$$V=\sum H \times C \times \pi D \tag{7-12}$$

式中，V 为筒身体积；H 为每段筒身垂直高度；C 为每段筒壁厚度；D 为每段筒壁中心线的平均直径。

③ 烟道砌砖：烟道与炉体的划分以第一道闸门为界，炉体内的烟道部分列入炉体工程量计算。

④ 烟道、烟囱内衬按不同内衬材料并扣除孔洞后，以图示实体积计算。

⑤ 烟囱内壁表面隔热层，按筒身内壁并扣除各种孔洞后的面积以平方米计算；填料按烟囱内衬与筒身之间的中心线平均周长乘以图示宽度和筒高，并扣除各种孔洞所占体积(但不扣除连接横砖及防沉带的体积)后以立方米计算。

7.3.6　砖砌水塔

① 水塔基础与塔身划分：以砖砌体的扩大部分顶面为界，以上为塔身，以下为基础。

② 塔身以图示实砌体积计算，并扣除门窗洞口和混凝土构件所占的体积，砖平拱及砖出檐等并入塔身体积内计算。

③ 砖水池内外壁，不分壁厚，均以图示实砌体积计算。

7.3.7　其他砖砌体

① 零星砌体：台阶挡墙、梯带、厕所蹲台、池槽、池槽腿、砖胎模、花台、花池、楼梯栏板、阳台栏板、地垄墙及支承地楞的砖墩，0.3m² 以内的空洞填塞、小便槽、灯箱、

垃圾箱、房上烟囱及毛石墙的门窗立边、窗台虎头砖等按实砌体积，以立方米计算。

② 砖砌台阶（不包括梯带）按水平投影面积以平方米计算。

③ 砖散水、地坪按设计图示尺寸以面积计算。

④ 砖砌明沟按其中心线长度以延长米计算。

⑤ 砖砌、石砌地沟不分墙基、墙身合并以立方米计算。

⑥ 砖砌非标准检查井和化粪池不分壁厚均以立方米计算，洞口上的砖平拱等并入砌体体积内计算。

⑦ 砖砌标准化粪池按设计数量以座计算。

7.4 混凝土和钢筋混凝土工程

7.4.1 现浇混凝土工程

现浇混凝土浇捣工程量除另有规定外，均按设计图示尺寸实体体积以立方米计算，不扣除构件内钢筋、预埋铁件及墙、板中单个面积 $0.3m^2$ 以内的孔洞所占体积。

7.4.1.1 基础

① 基础垫层及各类基础按图示尺寸计算，不扣除嵌入承台基础的桩头所占体积。

② 地下室底板中的桩承台、电梯井坑、明沟等与底板一起浇捣者，其工程量应合并到地下室底板工程量中。

③ 箱式基础应分别按满堂基础、柱、墙及板的有关规定计算。墙与顶板、底板的划分以顶板底、底板面为界。边缘实体积部分按底板计算。

④ 设备基础除块体基础以外，其他类型设备基础分别按基础、梁、柱、板、墙等有关规定计算。

7.4.1.2 柱

柱是房屋建筑的主要承重构件之一。在预算定额中，按照现浇柱断面的形状，可分为矩形柱、圆形柱、多边形柱等。

其工程量按设计图示断面面积乘以柱高以立方米计算，柱高按下列规定确定。

① 有梁板的柱高，应按柱基或楼板上表面至上一层楼板上表面之间的高度计算。如图 7-26。

② 无梁板的柱高，应按柱基或楼板上表面至柱帽下表面之间的高度计算。如图 7-27。

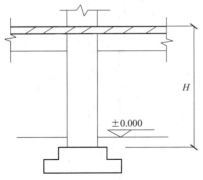

图 7-26 有梁板的柱高示意图

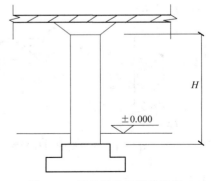

图 7-27 无梁板的柱高示意图

③ 框架柱的柱高应自柱基上表面至柱顶高度计算。如图 7-28。

④ 构造柱按全高计算，与砖墙嵌接部分的体积并入柱身体积内计算。如图 7-29。

⑤ 依附柱上的牛腿和升板的柱帽，并入柱身体积内计算。如图 7-30。

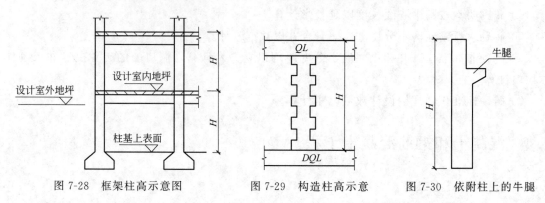

图 7-28　框架柱高示意图　　　　图 7-29　构造柱高示意　　　　图 7-30　依附柱上的牛腿

　　构造柱一般设置在混合结构的墙体转角处或内外墙交接处，并和墙构成一个整体，用以加强墙体的抗震能力。常用构造柱的断面形式一般有四种，即 L 形拐角、T 形接头、十字形交叉和长墙中的"一字形"，如图 7-31 所示。

　　构造柱的马牙槎咬接高度为 300mm，纵向间距 300mm，马牙宽度 30mm，如图 7-32 所示。为便于计算，马牙咬接宽按全高的平均宽度 60mm×1/2＝30mm 计算。若构造柱两个方向的尺寸记为 a 及 b，则构造柱计算断面面积可记为：

$$F=ab+0.03an_1+0.03bn_2=ab+0.03(an_1+bn_2) \tag{7-13}$$

　　式中，F 为构造柱计算断面面积；n_1、n_2 为构造柱上下、左右的咬接边数。

　　按上式计算后，由四种形式的构造柱计算断面面积可得表 7-10 的计算值，供计算时查用。则构造柱工程量计算公式为：

$$V＝计算断面面积×柱全高 \tag{7-14}$$

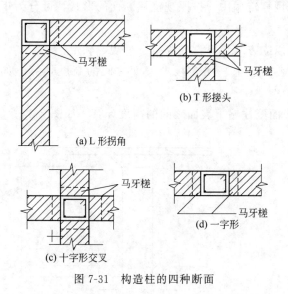

图 7-31　构造柱的四种断面

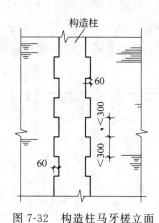

图 7-32　构造柱马牙槎立面

7.4.1.3　梁

按设计图示断面面积乘以梁长以立方米计算。

表 7-10　构造柱计算断面面积

构造柱形式	咬接边数		柱断面面积/m²	计算断面面积/m²
	n_1	n_2		
一字形	0	2		0.072
T 形	1	2	0.24×0.24	0.0792
L 形	1	1		0.072
十字形	2	2		0.0864

①　梁长按下列规定确定：梁与柱连接时，梁长算至柱侧面；主梁与次梁连接时，次梁长算至主梁侧面。

②　伸入砌体内的梁头、梁垫并入梁体积内计算；伸入混凝土墙内的梁部分体积并入墙体计算。

③　挑檐、天沟与梁连接时，以梁外边线为分界线。

④　悬臂梁、挑梁嵌入墙内部分按圈梁计算。

⑤　圈梁通过门窗洞口时，门窗洞口宽加 500mm 的长度作过梁计算，其余作圈梁计算。

⑥　卫生间四周坑壁采用素混凝土时，套圈梁定额。

7.4.1.4　墙

外墙按图示中心线长度，内墙按图示净长乘以墙高及墙厚以立方米计算，应扣除门窗洞口及单个面积 0.3m² 以上孔洞的体积，附墙柱、暗柱、暗梁及墙面凸出部分并入墙体积内计算。

①　墙高按基础顶面（或楼板上表面）算至上一层楼板上表面。

②　混凝土墙与钢筋混凝土矩形柱、T 形柱、L 形柱按照以下规则划分：以矩形柱、T 形柱、L 形柱长边（h）与短边（b）之比 r（$r=h/b$）为基准进行划分，当 $r \leqslant 4$ 时按柱计算，当 $r > 4$ 时按墙计算。如图 7-33 所示。

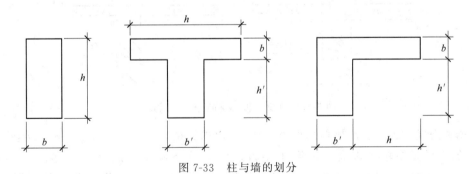

图 7-33　柱与墙的划分

7.4.1.5　板

按图示面积乘以板厚以立方米计算，包括以下内容。

①　有梁板包括主、次梁与板，按梁、板体积之和计算。如图 7-34。

②　无梁板按板和柱帽体积之和计算。

③　平板是指无柱、无梁，四周直接搁置在墙（或圈梁、过梁）上的板，按板实体体积计算。如图 7-35。

④　不同形式的楼板相连时，以墙中心线或梁边为分界，分别计算工程量。

⑤　板伸入砖墙内的板头并入板体积内计算，板与混凝土墙、柱相接部分，按柱或墙计算。

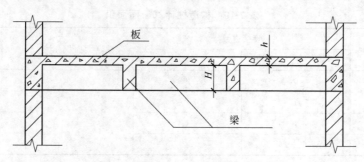

图 7-34　有梁板

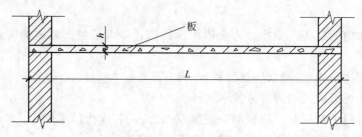

图 7-35　平板

⑥ 薄壳板由平层和拱层两部分组成，平层、拱层合并套薄壳板定额项目计算。

⑦ 栏板按图示面积乘以板厚以立方米计算。高度小于 1200mm 时，按栏板计算；高度大于 1200mm 时，按墙计算。

⑧ 现浇挑檐天沟，按图示尺寸以立方米计算。与板（包括屋面板、楼板）连接时，以外墙外边线为分界线；与梁连接时，以梁外边线为分界线。如图 7-36 所示。

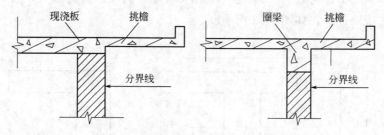

图 7-36　挑檐与板、梁的分界线示意图

挑檐和雨篷的区分：悬挑伸出墙外 500mm 以内为挑檐，伸出墙外 500mm 以上为雨篷。

⑨ 悬挑板是指单独现浇的混凝土阳台、雨篷及类似相同的板。悬挑板包括伸出墙外的牛腿、挑梁，按图示尺寸以立方米计算，其嵌入墙内的梁，分别按过梁或圈梁计算。

如遇下列情况，另按相应子目执行。

现浇混凝土阳台、雨篷与屋面板或楼板相连时，应并入屋面板或楼板计算。

有主次梁结构的大雨篷，应按有梁板计算。

⑩ 板边反檐：高度超出板面 600mm 以内的反檐并入板内计算，高度在 600～1200mm 的按栏板计算，高度超过 1200mm 的按墙计算。

⑪ 凸出墙面的钢筋混凝土窗套，窗上下挑出的板按悬挑板计算，窗左右侧挑出的板按栏板计算。

7.4.1.6 空心楼盖 BDF 管（盒）

① BDF 管空心楼盖的混凝土浇捣按设计图示面积乘以板厚以立方米计算，扣除内模所占体积。

② BDF 管空心楼盖的内模安装工程量按设计图示内模长度以米计算。

③ BDF 薄壁盒安装工程量按安装后 BDF 薄壁盒水平投影面积以平方米计算。

7.4.1.7 整体楼梯

包括休息平台、梁、斜梁及楼梯与楼板的连接梁，按设计图示尺寸以水平投影面积计算，不扣除宽度小于 500mm 的楼梯井，当整体楼梯与现浇楼板无梯梁连接时，以楼梯的最后一个踏步边缘加 300mm 为界，伸入墙内的体积已考虑在定额内，不得重复计算。楼梯基础、用以支撑楼梯的柱、墙及楼梯与地面相连的踏步，应另按相应项目计算。如图 7-37。

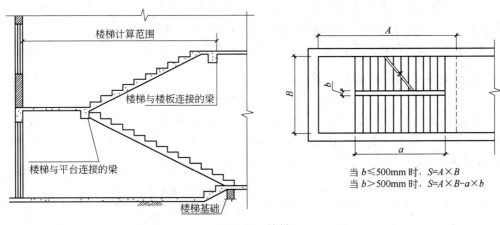

当 $b \leqslant 500mm$ 时，$S=A \times B$
当 $b > 500mm$ 时，$S=A \times B-a \times b$

图 7-37 楼梯

7.4.1.8 架空式混凝土台阶

包括休息平台、梁、斜梁及板的连接梁，按设计图示尺寸以水平投影面积计算，当台阶与现浇楼板无梁连接时，以台阶的最后一个踏步边缘加下一级踏步的宽度为界，伸入墙内的体积已考虑在定额内，不得重复计算。

7.4.1.9 其他构件

① 扶手和压顶按设计图示尺寸实体体积以立方米计算。

② 小型构件按设计图示实体体积以立方米计算。

③ 屋顶水池中钢筋混凝土构件（如柱、圈梁等）应并入屋顶水池工程量中计算，屋顶水池脚（墩）的钢筋混凝土构件另按相应的构件规定计算。

④ 散水按设计图示尺寸以平方米计算，不扣除单个 $0.3m^2$ 以内的孔洞所占面积。

⑤ 混凝土明沟按设计图示中心线长度以米计算。混凝土明沟与散水的分界：明沟净空加两边壁厚的部分为明沟，以外部分为散水。

7.4.1.10 后浇带

地下室、梁、板、墙工程量均应扣除后浇带体积，后浇带工程量按设计图示尺寸以立方米计算。

7.4.1.11 钢管顶升混凝土

钢管顶升混凝土工程量按设计图示实体体积以立方米计算。

7.4.1.12　混凝土地面

① 混凝土地面工程量按设计图示尺寸以平方米计算，应扣除凸出地面的构筑物、设备基础、室内管道、地沟等所占面积，不扣除间壁墙以及单个 $0.3m^2$ 以内的柱、垛、附墙烟囱及孔洞所占面积，门洞、空圈、暖气包槽、壁龛的开口部分不增加面积。

② 混凝土地面切缝按设计图示尺寸以米计算。刻纹机刻水泥混凝土地面按设计图示尺寸以平方米计算。

7.4.2　构筑物工程

构筑物混凝土除另有规定者外，均按图示尺寸扣除门窗洞口及单个面积 $0.3m^2$ 以上孔洞所占体积后的实体体积以立方米计算。

7.4.3　预制混凝土构件制作

① 预制混凝土构件制作工程量均按构件图示尺寸实体体积以立方米计算，不扣除构件内钢筋、铁件及单个面积小于 $300mm \times 300mm$ 的孔洞所占体积。

② 预制混凝土构件的制作废品率按表 7-11(a) 的损耗率计算。

7.4.4　预制混凝土构件安装及运输

① 预制混凝土构件安装均按构件图示尺寸以实体体积按立方米计算。

② 预制混凝土构件运输及安装损耗：以图示尺寸的安装工程量为基准，损耗率如表 7-11(a) 所示。预制混凝土构件制作、运输及安装工程量可按表 7-11(b) 中的系数计算。其中预制混凝土屋架、桁架、托架及长度在 9m 以上的梁、板、柱不计算损耗率。

表 7-11(a)　预制混凝土构件损耗率表

名　　称	制作废品率	运输堆放损耗	安装(打桩)损耗
预制混凝土屋架、桁架、托架及长度在 9m 以上的梁、板、柱	无	无	无
预制钢筋混凝土桩	0.1%	0.4%	已包含在定额内
其他各类预制构件	0.2%	0.8%	1%

表 7-11(b)　预制混凝土构件制作、运输、安装工程量系数表

名　　称	安装(打桩)工程量	运输工程量	预制混凝土构件制作工程量
预制混凝土屋架、桁架、托架及长度在 9m 以上的梁、板、柱	1	1	1
预制钢筋混凝土桩	1	1+0.4%＝1.004	1+0.4%+0.1%＝1.005
各类预制构件	1	1+1%+0.8%＝1.018	1+1%+0.8%+0.2%＝1.02

③ 预制混凝土构件的水平运输，可按加工厂或现场预制的成品堆置场中心至安装建筑物的中心点的距离计算。最大运输距离取 20km 以内；超过时另行计算。

【例 7-5】　现浇钢筋混凝土单层厂房如图 7-38 所示，屋面板顶面标高 5.0m；柱基础顶面标高 -0.5m；柱截面尺寸为：$Z3 = 300mm \times 400mm$，$Z4 = 400mm \times 500mm$，$Z5 = 300mm \times 400mm$；混凝土强度等级梁、板、柱均为 C20 商品混凝土。求现浇混凝土工程量并套消耗量定额。

解　(1) 现浇混凝土柱工程量

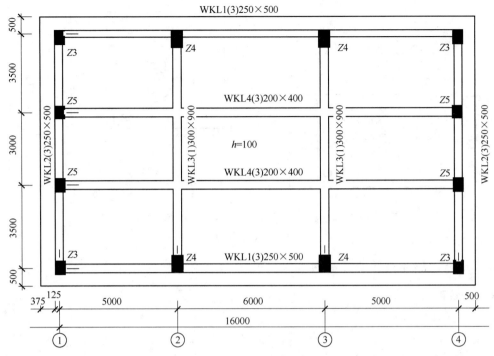

图 7-38 【例 7-5】图

$Z3$：$0.3 \times 0.4 \times (5.0+0.5) \times 4 = 2.64(\text{m}^3)$

$Z4$：$0.4 \times 0.5 \times (5.0+0.5) \times 4 = 4.4(\text{m}^3)$

$Z5$：$0.3 \times 0.4 \times (5.0+0.5) \times 4 = 2.64(\text{m}^3)$

合计：$2.64+4.4+2.64 = 9.68$（m^3）

套用广西 2013 消耗量定额 A4-18。

（2）有梁板工程量

$WKL1$：$(16-0.175 \times 2-0.4 \times 2) \times 0.25 \times (0.5-0.1) \times 2 = 2.97(\text{m}^3)$

$WKL2$：$(10-0.275 \times 2-0.4 \times 2) \times 0.25 \times (0.5-0.1) \times 2 = 1.73(\text{m}^3)$

$WKL3$：$(10-0.375 \times 2) \times 0.3 \times (0.9-0.1) \times 2 = 4.44(\text{m}^3)$

$WKL4$：$(16-0.175 \times 2-0.3 \times 2) \times 0.2 \times (0.4-0.1) \times 2 = 1.81(\text{m}^3)$

板：$(16+0.125 \times 2) \times (10+0.125 \times 2) \times 0.1 = 16.66(\text{m}^3)$

扣减柱：$0.3 \times 0.4 \times 8 \times 0.1+0.4 \times 0.5 \times 4 \times 0.1 = 0.18(\text{m}^3)$

合计：$2.97+1.73+4.44+1.81+16.66-0.18 = 27.43(\text{m}^3)$

套用广西 2013 消耗量定额 A4-31。

（3）现浇混凝土挑檐天沟工程量

$[(16+0.125 \times 2)+(10+0.125 \times 2)] \times 2 \times (0.5-0.125) \times 0.1+(0.5-0.125) \times (0.5-0.125) \times 0.1 \times 4 = 2.04(\text{m}^3)$

套广西 2013 建筑装饰工程消耗量定额 A4-37。

【例 7-6】 如图 7-39 所示，求现浇钢筋混凝土板式楼梯（C25 商品混凝土）的工程量。已知墙厚 240mm，TL 截面尺寸 250mm×400mm，楼层梁 LL1 截面尺寸 250mm×400mm。

解 楼梯工程量＝$(3.6-0.12 \times 2) \times (3.36+1.9-0.12-0.25) = 18.11(\text{m}^2)$

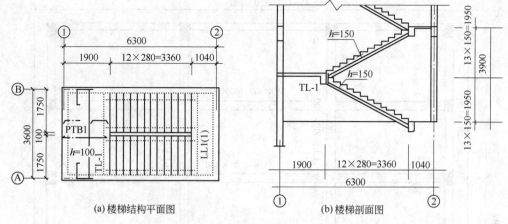

(a) 楼梯结构平面图　　　　　　　　(b) 楼梯剖面图

图 7-39　【例 7-6】图

套用广西 2013 消耗量定额 A4-49、A4-50。

7.4.5　钢筋工程

7.4.5.1　钢筋的分类

混凝土结构和预应力混凝土结构应用的钢筋有普通钢筋、预应力钢绞线、钢丝和热处理四种，其中后三种用作预应力钢筋。在预算工作中，一般从两个方面对钢筋分类。

（1）按钢筋在构件中的作用分类

① 受力钢筋（主筋）：这类钢筋配置在受弯、拉、偏心受压的构件中，承担拉、压力。如简支梁的受力筋在下部，悬挑梁和雨篷的受力筋在上部，屋架的受力筋在下弦和受拉的腹杆中。

② 架立钢筋：这类钢筋保证箍筋间距不变及固定受力钢筋，如梁上部的钢筋。

③ 分布钢筋：这类钢筋一般配置于板中，与受力钢筋垂直，保证受力钢筋位置正确，如钢筋混凝土楼板的横向钢筋。

④ 箍筋：这类钢筋主要承受剪切力，起架立构造的作用。

（2）按钢筋的定额计价分类

凡直径在 6～40mm 者，称为钢筋，根据抗震等级要求，选用的钢筋不同，常用的有圆钢 HPB300（ϕ10 以内和 ϕ10 以上）、螺纹钢筋 HRB335（Φ10 以内和 Φ10 以上）、螺纹钢筋 HRB400（Φ10 以内和 Φ10 以上）、冷轧带肋钢筋 CRB400（10 以内和 10 以上）、冷拔低碳钢丝 ϕ^b5 以下等。

钢筋符号表示如下。

H：热轧钢筋；P：光圆钢筋；B：钢筋；R：带肋钢筋；F：细晶粒热轧带肋钢筋。

HPB300 热轧光圆钢筋，强度等级是 300MPa。

HRB335 热轧带肋钢筋，强度等级是 335MPa。

HRB400 热轧带肋钢筋，强度等级是 400MPa。

RRB400 级钢筋系指余热处理钢筋，强度等级是 400MPa。

HPB 是 Ⅰ 级钢筋；HRB 是 Ⅱ 级钢筋或 Ⅲ 级钢筋，HRB335 是 Ⅱ 级钢筋，HRB400 是 Ⅲ 级钢筋；RRB400 是 Ⅳ 级钢筋。

7.4.5.2　钢筋的连接

钢筋的连接方法有焊接连接、绑扎连接和机械连接。

（1）焊接连接

钢筋采用焊接连接可节约钢材，改善结构受力性能，提高工效，降低成本。常用的焊接方式有闪光对焊、电弧焊、电阻点焊、电渣压力焊、埋弧压力焊、气压焊等。

（2）绑扎连接

绑扎连接操作方便，但不太结实，且要考虑搭接长度，多消耗钢筋。由于钢筋通过连接接头传力的性能总不如整根钢筋，因此设置钢筋连接的原则为：钢筋接头宜设置在受力较小处，同一根钢筋上宜少设接头，同一构件中的纵向受力钢筋接头宜相互错开。

（3）机械连接

包括套筒挤压连接和螺纹套管连接。

钢筋搭接按设计图纸和施工规范规定计算；施工损耗、设计图纸和施工规范未注明的钢筋接头、因钢筋加工综合开料和钢筋出厂长度定尺所引起的钢筋非设计接驳，定额已作考虑，不另计算。

7.4.5.3　钢筋保护层厚度

为使混凝土中的钢筋不致锈蚀，在受力钢筋的外边缘至构件的表面间，需有一定厚度的混凝土保护。纵向受力钢筋的混凝土保护层最小厚度（钢筋外边缘至混凝土表面的距离）不应小于钢筋的公称直径，且应符合表 7-12 的规定。混凝土结构的环境类别见表 7-13。

表 7-12　混凝土保护层的最小厚度　　　　　单位：mm

环境类别	板、墙	梁、柱
一	15	20
二 a	20	25
二 b	25	35
三 a	30	40
三 b	40	50

注：1. 表中混凝土保护层厚度指最外层钢筋外边缘至混凝土表面的距离，适用于设计使用年限为 50 年的混凝土结构。

2. 构件中受力钢筋的保护层厚度不应小于钢筋的公称直径。

3. 混凝土强度等级不大于 C25 时，表中的保护层厚度数值应增加 5。

4. 基础底面钢筋的保护层厚度，有混凝土垫层时应从垫层顶面算起，且不应小于 40mm。

表 7-13　混凝土结构的环境类别

环境类别	条件
一	室内干燥环境；无侵蚀性静水浸没环境
二 a	室内潮湿环境；非严寒和非寒冷地区的露天环境；非严寒和非寒冷地区与无侵蚀性的水或土壤直接接触的环境；严寒和寒冷地区的冰冻以下与无侵蚀性的水或土壤直接接触的环境
二 b	干湿交替环境；水位频繁变动环境；严寒和寒冷地区的露天环境；严寒和寒冷地区冰冻线以上与无侵蚀性的水或土壤直接接触的环境
三 a	严寒和寒冷地区冬季水位变动环境；受除冰盐影响环境；海风环境
三 b	盐渍土环境；受除冰盐作用环境；海岸环境
四	海水环境
五	受人为或自然的侵蚀性物质影响的环境

7.4.5.4 钢筋的锚固长度

钢筋锚固长度指不同构件交接处彼此的钢筋应相互锚入。如柱与梁、梁与梁等交接处，钢筋均应互相锚入。受拉钢筋基本锚固长度见表 7-14，受拉钢筋锚固长度 l_a、抗震锚固长度 l_{aE} 见表 7-15，受拉钢筋锚固长度修正系数 ζ_a 见表 7-16。

表 7-14　受拉钢筋基本锚固长度

钢筋种类	抗震等级	混凝土强度等级								
		C20	C25	C30	C35	C40	C45	C50	C55	≥C60
HPB300	一、二级(l_{abE})	$45d$	$39d$	$35d$	$32d$	$29d$	$28d$	$26d$	$25d$	$24d$
	三级(l_{abE})	$41d$	$36d$	$32d$	$29d$	$26d$	$25d$	$24d$	$23d$	$22d$
	四级(l_{abE}) 非抗震(l_{ab})	$39d$	$34d$	$30d$	$28d$	$25d$	$24d$	$23d$	$22d$	$21d$
HRB335 HRBF335	一、二级(l_{abE})	$44d$	$38d$	$33d$	$31d$	$29d$	$26d$	$25d$	$24d$	$24d$
	三级(l_{abE})	$40d$	$35d$	$31d$	$28d$	$26d$	$24d$	$23d$	$22d$	$22d$
	四级(l_{abE}) 非抗震(l_{ab})	$38d$	$33d$	$29d$	$27d$	$25d$	$23d$	$22d$	$21d$	$21d$
HRB400 HRBF400 RRB400	一、二级(l_{abE})	—	$46d$	$40d$	$37d$	$33d$	$32d$	$31d$	$30d$	$29d$
	三级(l_{abE})	—	$42d$	$37d$	$34d$	$30d$	$29d$	$28d$	$27d$	$26d$
	四级(l_{abE}) 非抗震(l_{ab})	—	$40d$	$35d$	$32d$	$29d$	$28d$	$27d$	$26d$	$25d$
HRB500 HRBF500	一、二级(l_{abE})	—	$55d$	$49d$	$45d$	$41d$	$39d$	$37d$	$36d$	$35d$
	三级(l_{abE})	—	$50d$	$45d$	$41d$	$38d$	$36d$	$34d$	$33d$	$32d$
	四级(l_{abE}) 非抗震(l_{ab})	—	$48d$	$43d$	$39d$	$36d$	$34d$	$32d$	$31d$	$30d$

注：HPB300 级钢筋末端应做 180°弯钩，弯后平直长度不应小于 $3d$，但作受压钢筋时可不做弯钩。

表 7-15　受拉钢筋锚固长度 l_a、抗震锚固长度 l_{aE}

非抗震	抗震	说明
$l_a = l_{ab}$	$l_{aE} = \zeta_{aE} l_a$	1. 不应小于 200 2. 锚固长度修正系数按表 7-16 取用，当多于一项时，可按乘积算，但不应小于 0.6 3. ζ_{aE} 为抗震锚固长度修正系数，对一、二级抗震等级取 1.15，对三级抗震等级取 1.05，对四级抗震等级取 1.00

表 7-16　受拉钢筋锚固长度修正系数 ζ_a

锚固条件		ζ_a	说明
带肋钢筋的公称直径大于 25		1.10	
环氧树脂涂层带肋钢筋		1.25	—
施工过程中易受扰动的钢筋		1.10	
锚固保护层厚度	$3d$	0.8	注：中间时按内插值，d 为锚固钢筋直径
	$5d$	0.7	

7.4.5.5　钢筋工程量的一般计算方法

$$钢筋工程量＝钢筋计算长度×钢筋单位重量 \tag{7-15}$$

（1）一般直筋长度的计算

直钢筋计算长度＝构件长度－保护层厚度＋弯钩增加长度　　　　(7-16)

规范规定：板中受力钢筋一般距墙边或梁边 50mm 开始配置。因此，

板筋根数＝$(L_净-100)/@+1$　　　　(7-17)

其中 $L_净$ 为板的净跨长，板筋根数计算结果有小数时，四舍五入取整；@为板筋间距。

钢筋弯钩形式可分为三种：半圆弯钩（180°），如图 7-40（a）所示；90°直弯钩，如图 7-40（b）所示；135°斜弯钩，如图 7-40（c）所示。

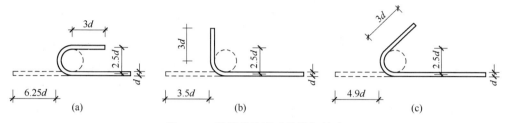

图 7-40　钢筋弯钩形式及增加长度

（2）弯起钢筋长度计算

弯起钢筋长度是将弯起钢筋投影成为水平直筋，再增加弯起部分斜长以水平相比的增加值计算而得。

弯起钢筋的计算长度＝构件长度－保护层厚度＋斜段增加长度＋弯钩增加长度　　(7-18)

常用弯起钢筋的弯起角度有 30°、45°、60°三种，可按弯起角度、弯起钢筋净高 h（h＝构件断面高－两端保护层厚度）计算，其计算方法见表 7-17。

表 7-17　弯起钢筋斜长及增加长度计算表

形状		30°	45°	60°
计算方法	斜边长 S	$2h$	$1.414h$	$1.155h$
	增加长度 $S-L=\Delta L$	$0.268h$	$0.414h$	$0.575h$

（3）箍筋计算

设计无规定时，箍筋的末端一般应做 135°弯钩。弯钩平直部分的长度 e，对一般结构，不宜小于箍筋直径的 5 倍；对有抗震要求的结构，不应小于箍筋直径的 10 倍。

① 箍筋长度计算。

一般结构箍筋长度 $L=(a+b-4c)\times2+2\times1.9d+5d$　　　　(7-19)

抗震结构箍筋长度 $L=(a+b-4c)\times2+2\times1.9d+2\times\max\{10d,75\}$

(7-20)

式中，a 为截面长；b 为截面宽；c 为钢筋保护层厚度。

② 箍筋的个数。

一般简支梁，箍筋可布至梁端，但应扣减梁端保护层，其计算方法为：

$$根数=(L-2a)/@+1 \tag{7-21}$$

式中，L 为梁的构件长，m；$2a$ 为保护层厚度，m；$@$ 为箍筋间距，m。

柱、与柱整浇的梁，箍筋可布至支座边 50mm 处。计算方法为：

$$根数=(L_净-2×0.05)/@+1 \tag{7-22}$$

式中，$L_净$ 为柱、梁的净跨长，即支座间净长度。柱梁净长规定同混凝土部分规定。根数计算结果有小数时，四舍五入取整。

7.4.5.6　平法钢筋工程量计算

（1）平法概述

混凝土结构施工图平面整体表示方法（简称平法）是把结构构件的尺寸和配筋等，按照平面整体表示方法制图规则，整体直接表达在各类构件的结构平面布置图上，再与标准构造详图配合，即构成一套完整的结构设计。平法改变了传统的那种将构件从结构平面布置图中索引出来，再逐个绘制配筋详图的繁琐方法。

平法系列图集包括：①11G101-1（现浇混凝土框架、剪力墙、梁、板）；②11G101-2（现浇混凝土板式楼梯）；③11G101-3（独立基础、条形基础、筏形基础及桩基承台）。现在施工图一般均采用平法表示，要对平法施工图中的钢筋进行准确计算，首先应掌握钢筋的平法表示方法和标准构造。本书仅以框架梁为例说明平法钢筋的计算方法，其他混凝土构件钢筋工程量的计算原理与之类似。

（2）梁平法施工图的表示方法

梁平法施工图是在梁平面布置图上采用平面注写方式或截面注写方式表达。平面注写方式是在梁平面布置图上，分别在不同编号的梁中各选一根梁，在其上注写截面尺寸和配筋具体数值的方式。

平面注写包括集中标注与原位标注，集中标注表达梁的通用数值，原位标注表达梁的特殊数值。当集中标注中的某项数值不适用于梁的某部位时，则将该项数值原位标注，施工时，原位标注取值优先（如图 7-41 所示）。

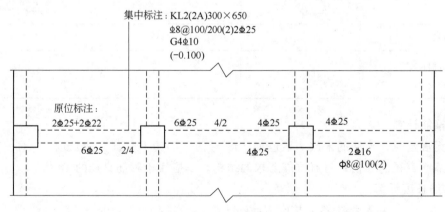

图 7-41　平面注写方式示例

（3）梁编号

由梁类型代号、序号、跨数及有无悬挑代号几项组成，应符合表 7-18 的规定。例：

KL7（5A）表示第 7 号框架梁，5 跨，一端有悬挑；

L9（7B）表示第 9 号非框架梁，7 跨，两端有悬挑。

表7-18　梁编号

梁类型	代号	序号	跨数及是否带有悬挑
楼层框架梁	KL	XX	(XX)、(XXA)或(XXB)
屋面框架梁	WKL	XX	(XX)、(XXA)或(XXB)
框支梁	KZL	XX	(XX)、(XXA)或(XXB)
非框架梁	L	XX	(XX)、(XXA)或(XXB)
悬挑梁	XL	XX	
井字梁	JZL	XX	(XX)、(XXA)或(XXB)

注：(XXA)为一端有悬挑，(XXB)为两端有悬挑，悬挑不计入跨数。

（4）梁集中标注的内容

有五种必注值及一项选注值（集中标注可以从梁的任意一跨引出），规定如下。

① 梁编号，见表7-18，该项为必注值。

② 梁截面尺寸，该项为必注值。当为等截面梁时，用$b×h$表示；当有悬挑梁且根部和端部的高度不高时，用斜线分隔根部与端部的高度值，即为$b×h_1/h_2$。

③ 梁箍筋，包括钢筋级别、直径、加密区与非加密区间距及肢数，该项为必注值。箍筋加密区与非加密区的不同间距及肢数需用斜线"/"分隔；当梁箍筋为同一种间距及肢数时，则不需用斜线；当加密区与非加密区的箍筋肢数相同时，则将肢数注写一次；箍筋肢数应写在括号内。加密区范围见相应抗震级别的标准构造详图。

例：Φ10@100/200（4），表示箍筋为HPB300钢筋，直径Φ10，加密区间距为100，非加密区间距为200，均为四肢箍。

Φ8@100（4）/150（2），表示箍筋为HPB300钢筋，直径Φ8，加密区间距为100，四肢箍；非加密区间距为150，两肢箍。

当抗震结构中的非框架梁、悬挑梁、井字梁，以及非抗震设计中的各类梁采用不同的箍筋间距及肢数时，也用斜线"/"将其分隔开来。注写时，先注写梁支座端部的箍筋（包括箍筋的箍数、钢筋级别、直径、间距及肢数），在斜线后注写梁跨中部分的箍筋间距及肢数。

例：13Φ10@150/200（4），表示箍筋为HPB300钢筋，直径Φ10；梁的两端各有13个四肢箍，间距为150；梁跨中部分间距为200，四肢箍。

18Φ12@150（4）/200（2），表示箍筋为HPB300钢筋，直径Φ12；梁的两端各有18个四肢箍，间距为150；梁跨中部分间距为200，双肢箍。

框架梁箍筋构造如图7-42所示。

由图可知，梁箍筋的构造特点如下。

a. 箍筋自支座边50mm开始布置。

b. 靠近支座一侧有加密区，加密区长度：抗震等级为一级则大于等于2倍梁高且不小于500mm；抗震等级为二～四级则大于等于1.5倍梁高且不小于500mm。

c. 中间部分按正常间距布筋。

④ 梁上部通长筋或架立筋配置（通长筋可为相同或不同直径采用搭接连接、机械连接或焊接的钢筋），该项为必注值。所注规格与根数应根据结构受力要求及箍筋肢数等构造要求而定。当同排纵筋中既有通长筋又有架立筋时，应用加号"+"将通长筋和架立筋相联。注写时须将角部纵筋写在加号的前面，架立筋写在加号后面的括号内，以表示不同直径及与通长筋的区别。当全部采用架立筋时，则将其写入括号内。

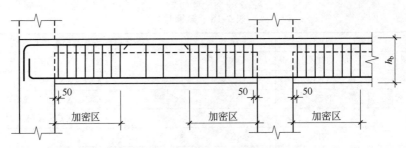

加密区：抗震等级为一级：≥2.0h_b 且≥500
抗震等级为二～四级：≥1.5h_b且≥500

图 7-42　框架梁箍筋构造示意图

例：2Φ22 用于双肢箍；2Φ22＋(4Φ12) 用于六肢箍，其中 2Φ22 为通长筋，4Φ12 为架立筋。

当梁的上部纵筋和下部纵筋为全跨相同，且多数跨配筋相同时，此项可加注下部纵筋的配筋值，用分号"；"将上部与下部纵筋的配筋值分隔开来，少数跨不同者原位标注。

例："3Φ22；3Φ20"表示梁的上部配置 3Φ22 的通长筋，梁的下部配置 3Φ20 的通长筋。

⑤ 配置梁侧面纵向构造钢筋或受扭钢筋，该项为必注值。

当梁腹板高度 h_w≥450mm 时，须配置纵向构造钢筋，所注规格与根数应符合规范规定。此项注写值以大写字母 G 打头，接续注写设置在梁两个侧面的总配筋值，且对称配置。

例：G4Φ12，表示梁的两个侧面共配置 4Φ12 的纵向构造钢筋，每侧各配置 2Φ12。

当梁侧面需配置受扭纵向钢筋时，此项注写值以大写字母 N 打头，接续注写配置在梁的两个侧面的总配筋值，且对称配置，受扭纵向钢筋应满足梁侧面纵向构造钢筋的间距要求，且不再重复配置纵向构造钢筋。

例：N6Φ22，表示梁的两个侧面共配置 6Φ22 的受扭纵向钢筋，每侧各配置 3Φ22。

注：1. 当为梁侧面构造钢筋时，其搭接与锚固长度可取为 15d。

2. 当为梁侧面受扭纵向钢筋时，其搭接长度为 l_1 或 l_{le}（抗震）；其锚固长度为 l_a、l_{aE}，其锚固方式同框架梁下部纵筋。

⑥ 梁顶面标高高差。该项为选注值。

梁顶层标高高差，系指相对于结构层楼面标高的高差值，对于位于结构夹层的梁，则指相对于结构夹层楼面标高的高层。有高差时，需将其写入括号内，无高差时不注。

当某梁的顶面高于所在的结构层的楼面标高时，其标高高差为正值，反之为负值。

例：某结构标准层的楼面标高为 44.95m 和 48.25m，当某梁的梁顶面标高高差注写为（-0.050）时，即表明该梁顶面标高分别相对于 44.95m 和 48.25m 低 0.05m。

（5）梁原位标注的内容规定

① 梁支座上部纵筋，该部位含通长筋在内的所有纵筋。

当上部纵筋多于一排时，用斜线"/"将各排纵筋自上而下分开。

例：梁支座上部纵筋注写为 6Φ25 4/2。则表示上一排纵筋为 4Φ25，下一排纵筋为 2Φ25。

当同排纵筋有两种直径时，用加号"＋"将两种直径的纵筋相联，注写时将角部纵筋写在前面。

例：梁支座上部有四根纵筋，2Φ25 放在角部，2Φ22 放在中部，在梁支座上部应注写

为 $2\oplus25+2\oplus22$。

当梁中间支座两边的上部纵筋不同时，须在支座两边分别标注；当梁中间支座两边的上部纵筋相同时，可仅在支座的一边标注配筋值，另一边省去不注。

② 梁下部纵筋，当下部纵筋多于一排时，用斜线"/"将各排纵筋自上而下分开。

例：梁下部纵筋注写为 $6\oplus25$　2/4，表示上一排纵筋为 $2\oplus25$，下一排纵筋为 $4\oplus25$，全部伸入支座。

当同排纵筋有两种直径时，用加号"+"将两种直径的纵筋相联，注写时角筋写在前面。

当梁下部纵筋不全部伸入支座时，将梁支座下部纵筋减少的数量写在括号内。

例：梁下部纵筋注写为 $6\oplus25$　2(-2)/4，则表示上排纵筋为 $2\oplus25$，且不伸入支座；下一排纵筋为 $4\oplus25$，全部伸入支座。

梁下部纵筋注写为 $2\oplus25+3\oplus22$ (-3)/$5\oplus25$，则表示上排纵筋为 $2\oplus25$ 和 $3\oplus22$，其中 $3\oplus22$ 不伸入支座；下一排纵筋为 $5\oplus25$，全部伸入支座。

当梁的集中标注中已分别注写了梁上部和下部均为通长的纵筋值时，则不需在梁下部重复做原位标注。

（6）梁支座上部纵筋的长度规定

① 为方便施工，凡框架梁的所有支座和非框架梁（不包括井字梁）的中间支座上部纵筋的伸出长度 a_0 值在标准构造详图中统一取值为：第一排非通长筋及与跨中直径不同的通长筋从柱（梁）边起延伸至 $l_n/3$ 位置；第二排非通长筋伸出至 $l_n/4$ 位置。l_n 的取值规定为：对于端支座，l_n 为本跨的净跨值；对于中间支座，l_n 为支座两边较大一跨的净跨值。

② 悬挑梁（包括其他类型梁的悬挑部分）上部第一排纵筋伸出至梁端头并下弯，第二排伸出至 $3l/4$ 位置，l 为自柱（梁）边算起的悬挑净长。

（7）不伸入支座梁下部纵筋长度规定

当梁（不包括框支梁）下部纵筋不全部伸入支座时，不伸入支座的梁下部纵筋截断点距支座边的距离，在标准构造详图中统一取为 $0.1l_{ni}$（l_{ni} 为本跨梁的净跨值）。

（8）框架梁钢筋计算

① 梁上部通长钢筋计算。梁上部通长钢筋如图 7-43 所示。

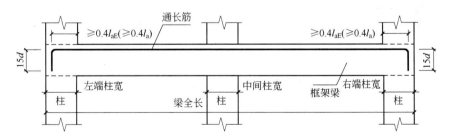

图 7-43　框架梁上部通长筋示意图

计算公式为：

$$钢筋长度=净跨长+左支座锚固长度+右支座锚固长度 \tag{7-23}$$

左、右支座锚固长度的取值判断：

当 h_c（柱宽）-保护层厚度$\geq l_{aE}$ 时，直锚，锚固长度$=\max\{l_{aE},\ 0.5hc+5d\}$；

当 h_c（柱宽）－保护层厚度 $< l_{aE}$ 时，必须弯锚，锚固长度 $= h_c -$ 保护层 $+ 15d$。

② 端支座上方转角筋计算。

端支座上方的转角筋如图 7-44 所示。

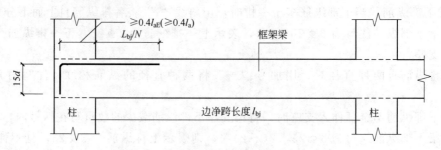

图 7-44 框架梁端支座上方转角筋示意图

计算公式为：

$$钢筋长度 = \frac{梁净跨长度}{N} + 左或右支座锚固长度 \qquad (7\text{-}24)$$

其中：第一排 N 取 3；第 2 排 N 取 4。

左或右支座锚固长度的取值判断同上部通长筋。

③ 中间支座上方直筋计算。中间支座上方直筋如图 7-45 所示。

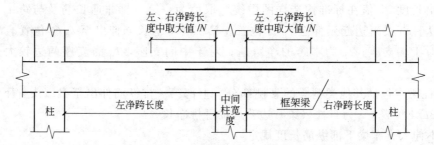

图 7-45 框架梁中间支座上方直筋示意图

计算公式为：

$$钢筋长度 = 2 \times \frac{\max(左净跨长度,右净跨长度)}{N} + 支座宽 \qquad (7\text{-}25)$$

④ 梁下纵筋计算。

a. 边跨梁下纵筋如图 7-46 所示。

$$钢筋长度 = 梁净跨长 + (h_c - 保护层厚度 + 15d) + \max\{l_{aE}, 0.5h_c + 5d\} \qquad (7\text{-}26)$$

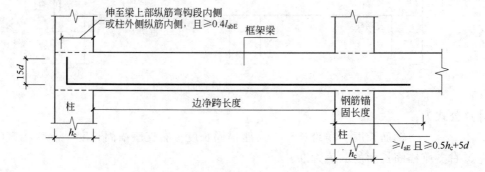

图 7-46 框架梁边跨梁下纵筋示意图

b. 中跨梁下纵筋如图 7-47 所示。

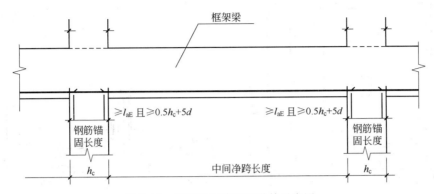

图 7-47 框架梁中跨梁下纵筋示意图

$$钢筋长度 = 梁净跨长 + 2 \times \max\{l_{aE}, 0.5h_c + 5d\} \tag{7-27}$$

⑤ 梁箍筋计算。

$$箍筋支数 = \left(\frac{箍筋加密区宽度 - 0.05}{加密区箍筋间距} + 1\right) \times 2 + \frac{非加密区宽度}{非加密区箍筋间距} - 1 \tag{7-28}$$

箍筋单支长度计算见式 (7-19)、式 (7-20)。

⑥ 梁构造钢筋（G）计算。

梁中构造筋锚固长度取 $15d$，计算公式为：

$$构造钢筋长度 = 净跨长 + 2 \times 15d \tag{7-29}$$

⑦ 抗扭钢筋（N）计算。

$$抗扭钢筋长度 = 净跨长 + 左支座锚固长度 + 右支座锚固长度 \tag{7-30}$$

左或右支座锚固长度的取值判断同上部通长筋。

⑧ 吊筋计算。

$$吊筋长度 = 次梁宽(b) + 2 \times 50 + 2 \times (梁高 - 2 \times 保护层厚度)/\sin 45°(60°) + 2 \times 20d \tag{7-31}$$

其中，梁高 $>800\text{mm}$ 取夹角 $=60°$，梁高 $\leqslant 800\text{mm}$ 取夹角 $=45°$。

⑨ 拉筋计算。

$$拉筋长度 = (梁宽 - 2 \times 保护层厚度) + 2 \times 11.9d(抗震弯钩值) + 2d \tag{7-32}$$

【例 7-7】 如图 7-48 所示，计算独立基础底板配筋工程量（共 6 个）。已知：基础底板混凝土保护层厚度为 40mm（规范规定：当独立基础底板长度 $\geqslant 2500\text{mm}$ 时，除外侧钢筋外，底板长度可取相应方向底板长度的 0.9 倍，并且交错布置）。

解 首先简单介绍普通独立基础钢筋计算公式：

(1) 底筋长度 = 基础长度 − 2 × 保护层

(2) 根数 = [边长 − min(75, $s/2$) × 2]/s + 1   （s 为钢筋间距）

(3) 当基础边长 $\geqslant 2500\text{mm}$ 时，基础边缘第一根长度不变，其余钢筋长度 = 边长 × 0.9

则：(1) ①号筋 Φ12 每根长 = 3300 × 0.9 = 2970(mm)，外侧共 2 根长度 = 3300 − 40 × 2 = 3220(mm)

①号钢筋总数量 = [2800 − min(75, 120/2) × 2]/120 + 1 = (2800 − 60 × 2)/120 + 1 = 23(根)

(2) ②号筋 Φ12 每根长 = 2800 × 0.9 = 2520(mm)，外侧共 2 根长度 = 2800 − 2 × 40 = 2720(mm)

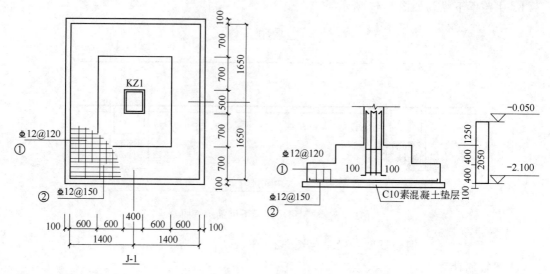

图 7-48 【例 7-7】图

②号钢筋数量＝[3300－min(75,150/2)×2]/150＋1＝(3300－75×2)/150＋1＝22(根)

基础底板钢筋重量(⊉12)＝(2.97×21＋3.22×2＋2.52×20＋2.72×2)×0.888×6＝664.14(kg)

【例 7-8】 计算图 7-49 中板的配筋，已知板厚 100mm，板的保护层厚度 15mm，负弯矩筋的分布筋为⊉6.5@200。

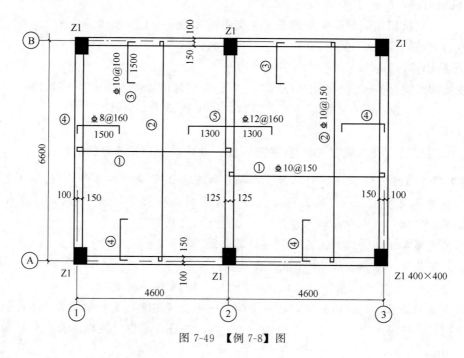

图 7-49 【例 7-8】图

首先简单介绍板钢筋计算：

(1) 底筋

① 底筋长度＝净跨＋左伸进长度＋右伸进长度＋(一级钢) 弯钩 6.25d×2

伸进长度判断：

当端支座为剪力墙、梁时，伸进长度＝max{支座宽/2，5d}

当端支座为砌体墙时，伸进长度＝max{板厚，120，墙厚/2}

② 根数＝［支座净距－100mm（或板筋间距）］/间距＋1

第一根钢筋距梁或墙边50mm或第一根钢筋距梁边1/2板筋间距。

（2）端支座负筋

① 长度＝锚入长度＋板内净尺寸＋弯折长度

锚入长度＝梁宽－保护层厚度＋板厚－保护层厚度

弯折长度＝板厚－保护层厚度

② 根数＝［支座间净距－100mm（或板筋间距）］/间距＋1

（3）中间支座负筋

① 长度＝水平长度＋弯折长度×2

水平长度＝标注长度（当标注长度为自支座边缘向内伸入长度时，水平长度还要加上支座宽度）

弯折长度＝板厚－保护层厚度

② 根数＝［支座间净距－100mm（或板筋间距）］/间距＋1

（4）分布筋

① 长度＝两端支座负筋净距＋150×2

② 根数＝（负筋板内净长－50）/分布筋间距＋1

解 （1）受力筋

①号筋⏀10 每根长＝4600－150－125＋max{支座宽/2，5d}×2＝4325＋250/2×2＝4575（mm）

钢筋数量：［(6600－150×2－50×2)/150＋1］×2＝42×2＝84（根）

②号筋⏀10 每根长＝6600－150－150＋max{支座宽/2，5d}×2＝6600－150－150＋250/2×2＝6550（mm）

钢筋数量：［(4600－150－125－50×2)/150＋1］×2＝29×2＝58（根）

（2）端支座负筋

③号筋⏀10 每根长＝(250－15)＋(100－15×2)＋(1500－150)＋(100－15×2)＝1725（mm）

钢筋数量：［(4600－150－125－50×2)/100＋1］×2＝43×2＝86（根）

④号筋⏀8 每根长＝(250－15)＋(100－15×2)＋(1500－150)＋(100－15×2)＝1725（mm）

钢筋数量：［(6600－150×2－50×2)/160＋1］×2＋［(4600－150－125－50×2)/160＋1］×2＝40×2＋27×2＝80＋54＝134（根）

（3）中间支座负筋

⑤号筋⏀12 每根长＝2600＋(100－15×2)×2＝2740（mm）

钢筋数量：［(6600－150×2－50×2)/160＋1］＝40（根）

（4）分布筋⏀6.5

A～B方向的长度：6600－1500－1500＋150×2＝3900（mm）

钢筋数量：［(1500－150－50)/200＋1］×2＋(2600－250－50×2)/200＋1＝7.5×2＋

12.5＝28(根)

  ①～②方向的长度：4600－1500－1300＋150×2＝2100(mm)

  钢筋数量：[(1500－150－50)/200＋1]×4＝7.5×4＝30(根)

  钢筋重量如下：

  ⏀10：(4.575×84＋6.55×58＋1.725×86)×0.617kg/m＝912.55×0.617＝563.04(kg)

  ⏀8：1.725×134×0.395kg/m＝231.15×0.395＝91.30(kg)

  ⏀12：2.74×40×0.888kg/m＝109.60×0.888＝97.32(kg)

  ⏀6.5：(3.9×28＋2.1×30)×0.26kg/m＝172.2×0.26＝44.77(kg)

  合计：

  ⏀10 以内钢筋重量＝563.04＋91.30＝654.34(kg)

  ⏀10 以上钢筋重量＝97.32kg

  ⏀10 以内钢筋重量＝44.77kg

【例 7-9】 已知框架梁 KL3（2）如图 7-50 所示，混凝土强度 C30，纵向钢筋 HRB400，抗震等级三级，受力筋混凝土保护层厚度为 25mm。计算框架梁的钢筋工程量。

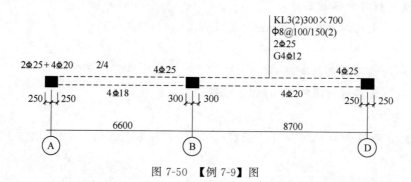

图 7-50 【例 7-9】图

  解 根据已给条件查表 7-14 以及表 7-15，受拉钢筋基本锚固长度 l_{ab} 取 $35d$，则

$$l_{aE}＝\zeta_{aE}l_a＝\zeta_{aE}l_{ab}＝1.05×35d＝37d$$

（1）上部通长筋（2⏀25）

  由于 h_c（柱宽）－保护层＝500－0.025＜l_{aE}（37×25），必须弯锚，锚固长度＝h_c－保护层厚度＋15d

  单支钢筋长度＝6.6＋8.7－0.25×2＋[(0.5－0.025)＋15×0.025]×2＝16.50(m)

  重量＝16.50×2×3.85＝127.05(kg)

（2）端支座角筋

① A 支座（4⏀20）

  单支钢筋长度＝$\dfrac{6.6－0.25－0.3}{4}$＋0.5－0.025＋15×0.020＝2.2875(m)

  重量＝2.2875×4×2.47＝22.60(kg)

② D 支座（2⏀25）

  单支钢筋长度＝$\dfrac{8.7－0.25－0.3}{3}$＋0.5－0.025＋15×0.025＝3.5667(m)

  重量＝3.5667×2×3.85＝27.46(kg)

（3）中支座直筋（2 Φ 25）

$$单支钢筋长度＝2\times\frac{8.7-0.25-0.3}{3}+0.6=6.0333(\text{m})$$

重量＝6.0333×2×3.85＝46.46（kg）

（4）下部纵筋

① AB 跨（4 Φ 18）

单支钢筋长度＝6.6－0.25－0.3＋0.5－0.025＋15×0.018＋37×0.018＝7.461（m）

重量＝7.461×4×2.0＝59.69（kg）

② BD 跨（4 Φ 20）

单支钢筋长度＝8.7－0.25－0.3＋0.5－0.025＋15×0.020＋37×0.020＝9.665（m）

重量＝9.665×4×2.47＝95.49（kg）

（5）梁中构造筋

① AB 跨（4 Φ 12）

单支钢筋长度＝6.6－0.25－0.3＋2×15×0.012＝6.41（m）

重量＝6.41×4×0.888＝22.77（kg）

② BD 跨（4 Φ 12）

单支钢筋长度＝8.7－0.25－0.3＋2×15×0.012＝8.51（m）

重量＝8.51×4×0.888＝30.23（kg）

（6）箍筋（Φ 8）

$$单支箍筋长度＝(0.3+0.7-4\times0.025)\times2+2\times1.9\times0.008+2\times\max\{10\times0.008,$$
$$75\}=1.99(\text{m})$$

$$AB跨支数＝\frac{6.6-0.25-0.3-2\times1.5\times0.7}{0.15}+\frac{1.5\times0.7-0.05}{0.1}\times2+1=47(支)$$

$$BD跨支数＝\frac{8.7-0.25-0.3-2\times1.5\times0.7}{0.15}+\frac{1.5\times0.7-0.05}{0.1}\times2+1=61(支)$$

重量＝1.99×(47＋61)×0.395＝84.89（kg）

7.5 木结构工程

7.5.1 木结构基础知识

7.5.1.1 木屋架

屋面系统木结构由木屋架（或钢木屋架）和屋面木基层两个部分组成。屋架的主要作用是承受屋面、屋面木基层、屋架本身的自重及全部屋面荷载，并将荷载传递给承重的墙和柱。屋面木基层则支承屋面荷载并将荷载传递给屋架等主体结构。

屋架是由一组杆件在同一平面内相互结合成整体的承重构件，屋架有多种形式，以三角形屋架的应用最广泛。屋架各杆件名称如图 7-51 所示。

7.5.1.2 木构件

木构件包括木柱、木梁、木楼梯、其他木构件等。

（1）木楼梯

梯级木楼梯由踏脚板、踢脚板、平台、斜梁、楼梯柱、栏杆及扶手等部分组成。踏脚板

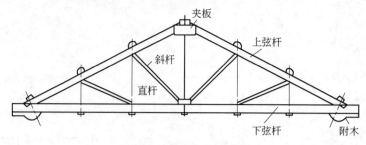

图 7-51　屋架构造示意图

是楼梯级上的踏脚平板，踢脚板是楼梯梯级的垂直板。平台（即休息平台）是楼梯段中间平坦无踏步的地方。楼梯斜梁是支撑楼梯踏步的大梁。楼梯柱是装置扶手的立柱。栏杆及扶手装置在楼梯和平台临空一边，高度一般为 900～1100mm，起围护和上下依扶的作用。

（2）其他木结构

其他木结构包括封檐板、博风板、披风条、盖口条等。

封檐板是坡屋顶侧墙檐口排水部位的一种构造做法，它是在椽子顶头断面约为 200mm×200mm 的木板，如图 7-52 所示。封檐板既用于防雨，又可使屋檐整齐美观。

博风板又称风板、顺风板，它是山墙的封檐板，钉在挑出山墙的檩条端部，将檩条封住，檩条下面再做檐口顶棚，如图 7-53 所示。

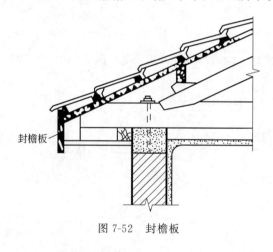

图 7-52　封檐板

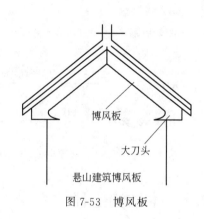

图 7-53　博风板

7.5.2　工程量计算规则

① 木屋架的制作安装工程量，按以下规定计算。

a. 木屋架制作、安装均按设计断面竣工木料以立方米计算，其后备长度及配制损耗均不另计算。

b. 圆木屋架连接的挑檐木、支撑等如为方木时，其方木部分应乘以系数 1.786 折合成圆木并入屋架竣工木料内；单独的方木挑檐，按矩形檩木计算。

c. 方木屋架：附属于屋架的夹板、垫木等已并入相应的屋架制作项目中，不得另行计算；与屋架连接的挑檐木、支撑等，其工程量并入屋架竣工木料体积内计算。

d. 屋架的制作、安装应区别不同跨度，跨度应以屋架上下弦杆的中心线交点之间的长度为准。带气楼的屋架并入依附屋架的体积内计算。

e. 屋架的马尾、折角和正交部分半屋架，应并入相连接屋架的体积内计算。

f. 钢木屋架区分圆、方木，按竣工木料以立方米计算。

② 木檩按竣工木料以立方米计算，简支檩长度按设计规定计算，如设计无规定者，按屋架或山墙中距共增加 200mm 计算，如两端出墙，檩条长度算至博风板。连续檩条的长度按设计长度计算，其接头长度的体积按全部连续木檩总体积的 5% 计算，檩条托木已考虑在相应的木檩制作、安装子目中，不另计算。

③ 屋面木基层（除木檩、封檐板、博风板）：按设计图示的斜面积以平方米计算，不扣除房上烟囱、风帽底座、烟道、小气窗、斜沟等所占面积。小气窗的出檐部分不增加面积。

④ 封檐板按图示檐口外围长度以延长米计算，博风板按斜长度计算，每个大刀头增加长度 500mm。

⑤ 木柱、木梁、木楼梯。

a. 木柱、木梁应分方、圆按竣工木料以立方米计算，定额内已含刨光损耗。

b. 木柱定额内不包括柱与梁、柱与柱基、柱、梁、屋架等连接的安装铁件，如设计需要时可按设计规定计算，人工不变。

c. 木楼梯按水平投影面积计算，不扣除宽度小于 300mm 的楼梯井，其踢脚板、平台和伸入墙内部分均已包括在定额内，不另计算。

⑥ 其他。

a. 披水条、盖口板、压缝条按实际长度以延长米计算。

b. 玻璃黑板分活动式与固定式两种，按框外围面积计算，其粉笔槽及活式黑板的滑轮、溜槽及钢丝绳等均包括在定额内，不另计算。

c. 木格栅（板）分条形格及方形格，按外围面积计算。

d. 检修孔木盖板以洞口面积计算。

e. 其他项目，按所示计量单位计算。

7.6　金属结构工程

7.6.1　金属结构基础知识

7.6.1.1　钢结构特点

钢结构是土木工程的主要结构形式之一。钢结构与钢筋混凝土结构、砌体结构等都属于按材料划分的工程结构的不同分支。钢结构是由梁、板、柱、桁架等钢构件通过焊缝、螺栓等连接制成的工程结构。

钢结构与钢筋混凝土结构、砌体结构相比，具有强度高、材质均匀、塑性和韧性好、抗震性能好、制造简便、施工周期短等优点，但耐腐蚀性和耐火性较差。在我国工业与民用建筑中，金属结构一般用于重型厂房、受动力荷载作用的厂房，大跨度建筑结构，多层、高层和超高层建筑结构，高耸构筑物、容器、管道，可拆卸、装配房屋和其他构筑物。

7.6.1.2　钢材的分类及表示方法

（1）圆钢

圆钢断面呈圆形，一般用直径"φ"表示，其符号为"φ"，如"φ12"表示钢筋直径为 12mm。"Φ22"表示二级螺纹钢筋，直径为 22mm。

（2）方钢

方钢断面呈正方形，一般用边长"a"表示，其符号为"□a"，例如"□16"表示边长为 16mm 的方钢。

（3）角钢

① 等肢角钢。等肢角钢的断面形状呈"L"形，角钢的两肢相等，一般用 Lb×d 表示。如 L50×4，则表示等肢角钢的肢宽为 b＝50mm，肢板厚 d＝4mm。

② 不等肢角钢。不等肢角钢的断面形状亦呈"L"形，但角钢的两肢宽度不相等，一般用 LB×b×d 表示。如 L56×36×4，则表示不等肢角钢长肢 B＝56mm，短肢 b＝36mm，厚度 d＝4mm。

（4）槽钢

槽钢的断面形状呈"["形，一般用型号来表示，如"[25c"表示 25 号槽钢，槽钢的号数为槽钢高度的 1/10，25 号槽钢的高度是 250mm。同一型号的槽钢其宽和厚均有差别，如：[25a 表示肢宽为 78mm，高为 250mm，腹厚为 7mm；[25c 表示肢宽为 82mm，高为 250mm，腹厚为 11mm。

（5）工字钢

工字钢的断面形状呈工字形，一般用型号来表示。如 I32a 表示 32 号工字钢，工字钢的号数常为高度的 1/10，I32 表示其高度为 32mm，由于工字钢的宽度和厚度均有差别，分别用 a、b、c 来表示。a 表示 32 号工字钢宽为 130mm，厚度为 9.5mm；b 表示工字钢宽为 132mm，厚度为 11.5mm；c 表示工字钢宽 134mm，厚度为 13.5mm。

（6）钢板

钢板一般用厚度来表示，如符号"—d"，其中"—"为钢板代号，d 为板厚，例如"—6"的钢板厚度为 6mm。

（7）扁钢

扁钢为长条形式的钢板，一般宽度均有统一标准，它的表示方法为"—a×d"，其中"—"表示钢板，a、d 分别表示钢板的宽度和厚度。例如"—60×5"表示宽为 60mm，厚为 5mm。

（8）钢管

钢管一般用"ϕD×t×L"来表示，例如 ϕ102×4×700 表示外径为 102mm，厚度为 4mm，长度为 700mm。

（9）钢轨

钢轨是建筑上结构钢的一种较特殊材料形式，多用于厂房中吊车梁上行车轨道、施工机械中塔式起重机轨道和生产车间的铁路轨，常用的有 18kg/m 轨、24kg/m 轨、38kg/m 轨和 43kg/m 轨等。钢轨与工字钢截面形状相像，主要区别在两翼缘（上下两翼缘），钢轨上下翼既不等宽又不等厚。

7.6.1.3　钢材的理论重量计算

各种规格钢材每米重量均可从型钢表中查得，或由下列公式计算。

扁钢、钢板、钢带：$G＝0.00785×宽×高$　　　　　　　　　　　　　　　　　　　（7-33）

方钢：$G＝0.00785×边长的平方$　　　　　　　　　　　　　　　　　　　　　　（7-34）

圆钢、线材、钢丝：$G＝0.00617×直径的平方$　　　　　　　　　　　　　　　　（7-35）

钢管：$G＝0.02466×壁厚×（外径－壁厚）$　　　　　　　　　　　　　　　　　（7-36）

以上公式 G 为每米长度重量，其他计算单位均为 mm。

7.6.2　金属结构工程的工程量计算规则

① 金属结构制作、安装、运输工程量，按设计图示尺寸以质量计算。不扣除孔眼的质量，焊条、铆钉、螺栓等不另增加质量。

② 焊接球节点钢网架工程量按设计图示尺寸的钢管、钢球以质量计算。支撑点钢板及屋面找坡顶管等，并入网架工程量内。

③ 墙架制作工程量包括墙架柱、墙架梁及连接杆件质量。

④ 依附在钢柱上的牛腿及悬臂梁等并入钢柱工程量内。

⑤ 钢管柱上的节点板、加强环、内衬管、牛腿等并入钢管柱工程量内。

⑥ 钢制动梁的制作工程量包括制动梁、制动桁架、制动板、车挡质量。

⑦ 压型钢板墙板按设计图示尺寸以铺挂展开面积计算。不扣除单个 $0.3m^2$ 以内的梁、孔洞所占面积，包角、包边、窗台泛水等不另增加面积。

⑧ 压型钢板楼板按设计图示尺寸以铺设水平投影面积计算。不扣除单个 $0.3m^2$ 以内的柱、垛及孔洞所占面积。

⑨ 依附钢漏斗的型钢并入钢漏斗工程量内。

⑩ 金属围护网子目按设计图示框外围展开面积以平方米计算。

⑪ 紧固高强螺栓及剪力栓钉焊接按设计图示及施工组织设计规定以套计算。

⑫ 钢屋架、钢桁架、钢托梁制作平台摊销工程量按相应制作工程量计算。

⑬ 金属结构运输及安装工程量按金属结构制作工程量计算。

⑭ 锚栓套架按设计图示尺寸以质量计算，设计无规定时按地脚锚栓质量 2 倍计算。

【例 7-10】　某工程钢屋架如图 7-54 所示，计算钢屋架工程量，确定套用定额子目。已知：安装高度为 6m。

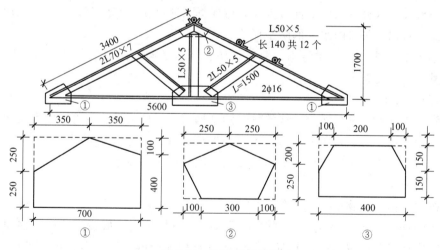

图 7-54　某工程钢屋架

解　(1) L70×7 等边角钢的理论重量为 7.398kg/m，L50×5 等边角钢的理论重量为 3.77kg/m，φ16 钢筋理论重量为 1.58kg/m。

上弦重量=3.40×2×2×7.398=100.61(kg)

下弦重量=5.60×2×1.58=17.70(kg)

立杆重量=1.70×3.77=6.41(kg)

斜撑重量＝1.50×2×2×3.77＝22.62（kg）

檩托重量＝0.14×12×3.77＝6.33（kg）

（2）8mm 厚钢板的理论重量为 62.80kg/m^2。

多边形钢板按矩形计算面积：

① 号连接板重量＝2×（0.7×0.5－0.35×0.1/2－0.35×0.25/2）×62.80＝36.27（kg）

② 号连接板重量＝（0.5×0.45－2×0.25×0.2/2－2×0.1×0.25/2）×62.80＝9.42（kg）

③ 号连接板重量＝（0.4×0.3－2×0.15×0.1/2）×62.80＝6.59（kg）

合计：钢屋架工程量＝100.61＋17.70＋6.41＋22.62＋6.33＋36.27＋9.42＋6.59＝205.95（kg）

根据广西消耗量定额，制作、安装分别套用 A6-1、A6-55。

7.7 屋面及防水工程

7.7.1 屋面及防水工程基础知识

7.7.1.1 屋面工程

屋面的类型如下。

由于地域不同、自然环境不同、屋面材料不同、承重结构不同，屋顶的类型也很多。归纳起来大致可分为三大类：平屋顶、坡屋顶和其他形式的屋顶。

① 平屋顶。平屋顶是指屋面坡度在 10% 以下的屋顶。这种屋顶具有屋面面积小、构造简便的特点，但需要专门设置屋面防水层。这种屋顶是多层房屋常采用的一种形式。

② 坡屋顶。坡屋顶是指屋面坡度在 10% 以上的屋顶。它包括单坡、双坡、歇山式、折板式等多种形式。这种屋顶的屋面坡度大，屋面排水速度快。其屋顶防水可以采用构件自防水（如平瓦、石棉瓦等自防水）的防水形式。

③ 其他形式的屋顶。如拱结构、薄壳结构、悬索结构和网架结构等。这类屋顶一般用于较大体量的公共建筑。

7.7.1.2 防水工程

建筑防水工程是保证建筑物（构筑物）的结构不受水的侵袭、内部空间不受水的危害的一项分部工程，在整个建筑工程中占有重要的地位。建筑防水工程的质量优劣与防水材料、防水设计、防水施工以及维修管理等密切相关，因此必须高度重视。

防水工程分类如下。

（1）按建（构）筑物结构做法分类

① 结构自防水又称躯体防水，是依靠建（构）筑物结构（底板、墙体、楼顶板等）材料自身的密实性以及采取坡度、伸缩缝等构造措施和辅以嵌缝膏，埋设止水带或止水环等，起到结构构件自身防水的作用。

② 采用不同材料的防水层防水，即在建（构）筑物结构的迎水面以及接缝处，使用不同防水材料做成防水层，以达到防水的目的。其中按所用的防水材料又可分为刚性防水材料（如涂抹防水砂浆、浇筑掺有外加剂的细石混凝土或预应力混凝土等）和柔性防水材料（如铺设不同档次的防水卷材、涂刷各种防水涂料等）。

结构自防水和刚性材料防水均属于刚性防水；用各种卷材、涂料所做的防水层均属于柔性防水。

（2）按建（构）筑物工程部位分类

可划分为：地下防水、屋面防水、室内厕浴间防水、外墙板缝防水以及特殊建（构）筑物和部位（如水池、水塔、室内游泳池、喷水池、四季厅、室内花园等）防水。

（3）按材料品种分类

① 卷材防水。包括沥青防水卷材、高聚物改性沥青防水卷材、合成高分子防水卷材等。

② 涂膜防水。包括沥青基防水涂料、高聚物改性沥青防水涂料、合成高分子防水涂料等。

③ 密封材料防水。包括改性沥青密封材料、合成高分子密封材料等。

④ 混凝土防水。包括普通防水混凝土、补偿收缩防水混凝土、预应力防水混凝土、掺外加剂防水混凝土以及钢纤维或塑料纤维防水混凝土等。

⑤ 砂浆防水。包括水泥砂浆（刚性多层抹面）、掺外加剂水泥砂浆以及聚合物水泥砂浆等。

⑥ 其他。包括各类粉状憎水材料，如建筑拒水粉、复合建筑防水粉等；还有各类渗透剂的防水材料。

刚性防水屋面（细石混凝土＋防水砂浆）和柔性防水屋面（卷材屋面防水）见图 7-55 和图 7-56。

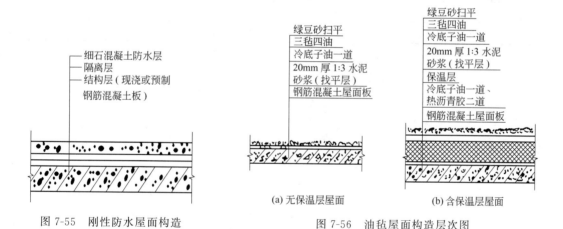

图 7-55　刚性防水屋面构造

图 7-56　油毡屋面构造层次图

（a）无保温层屋面　（b）含保温层屋面

7.7.2　屋面及防水工程的工程量计算规则

7.7.2.1　屋面工程

① 瓦屋面、型材屋面（彩钢板、波纹瓦）按图 7-57 所示的尺寸的水平投影面积乘以屋面坡度系数（见表 7-19）的斜面积计算，曲屋面按设计图示尺寸的展开面积计算。不扣除房上烟囱、风帽底座、风道、屋面小气窗、斜沟等所占面积，屋面小气窗的出檐部分亦不增加。

表 7-19　屋面坡度系数表

坡度 $B(A=1)$	坡度 $B/2A$	坡度角度(α)	延尺系数 $C(A=1)$	隔延尺系数 $D(A=1)$
1.000	1/2	45°	1.4142	1.7321
0.750		36°52′	1.2500	1.6008
0.700		35°	1.2207	1.5779

坡度 $B(A=1)$	坡度 $B/2A$	坡度角度(α)	延尺系数 $C(A=1)$	隅延尺系数 $D(A=1)$
0.666	1/3	33°40′	1.2015	1.5620
0.650		33°01′	1.1926	1.5564
0.600		30°58′	1.1662	1.5362
0.577		30°	1.1547	1.5270
0.550		28°49′	1.1413	1.5170
0.500	1/4	26°34′	1.1180	1.5000
0.450		24°14′	1.0966	1.4839
0.400	1/5	21°48′	1.0770	1.4697
0.350		19°17′	1.0594	1.4569
0.300		16°42′	1.0440	1.4457
0.250		14°02′	1.0308	1.4362
0.200	1/10	11°19′	1.0198	1.4283
0.150		8°32′	1.0112	1.4221
0.125		7°8′	1.0078	1.4191
0.100	1/20	5°42′	1.0050	1.4177
0.083		4°45′	1.0030	1.4166
0.066	1/30	3°49′	1.0022	1.4157

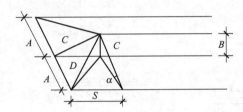

图 7-57　相关尺寸

A—屋面半跨长；C—隅延尺系数

两坡排水屋面面积为屋面水平投影面积乘以延尺系数 C；

四坡排水屋面斜脊长度=$A\times D$（当 $S=A$ 时）；沿山墙泛水长度=$A\times C$

② 瓦脊按设计图示尺寸以延长米计算。

③ 屋面种植土按设计图示尺寸以立方米计算。

④ 屋面塑料排（蓄）水板按设计图示尺寸以平方米计算。

⑤ 屋面铁皮天沟、泛水按设计图示尺寸以展开面积计算，如图纸没有注明尺寸时，可按表 7-20 计算。咬口和搭接等不另计算。

表 7-20　铁皮天沟、泛水单体零件折算表　　　　　　单位：m

名称	天沟	斜沟、天窗窗台泛水	天窗侧面泛水	烟囱泛水	通气管泛水	滴水檐头泛水	滴水
折算面积/m²	1.30	0.50	0.70	0.80	0.22	0.24	0.11

⑥ 屋面型钢天沟按设计图示尺寸以质量计算。

⑦ 屋面不锈钢天沟、单层彩钢天沟按设计图示尺寸以延长米计算。

7.7.2.2 屋面防水工程

① 卷材屋面按设计图示尺寸的面积计算。平屋顶按水平投影面积计算，斜屋顶（不包括平屋顶找坡）按斜面积计算，曲屋面按展开面积计算。不扣除房上烟囱、风帽底座、风道、屋面小气窗和斜沟所占的面积，屋面的女儿墙、伸缩缝和天窗等处的弯起部分，并入屋面工程量内。如图纸无规定时，伸缩缝、女儿墙的弯起部分可按 250mm 计算，天窗、房上烟囱、屋顶梯间弯起部分可按 300mm 计算。

② 涂膜屋面的工程量计算同卷材屋面。涂膜屋面的油膏嵌缝、玻璃布盖缝、屋面分格缝按图示尺寸以延长米计算。

③ 屋面刚性防水按设计图示尺寸以平方米计算，不扣除房上烟囱、风帽底座等所占面积。

7.7.2.3 墙和地面防水、防潮工程

① 墙和地面防水、防潮工程按设计图示尺寸以平方米计算。

② 建筑物地面防水、防潮层，按主墙间净空面积计算，扣除凸出地面的构筑物、设备基础等所占的面积，不扣除间壁墙及单个 $0.3m^2$ 以内柱、垛、烟囱和孔洞所占面积。与墙面连接处上卷高度在 300mm 以内者按展开面积计算，并入平面工程量内；超过 300mm 时，按立面防水层计算。

③ 建筑物墙基防水、防潮层：外墙长度按中心线，内墙按净长乘以宽度以平方米计算。

④ 构筑物及建筑物地下室防水层，按设计图示尺寸以平方米计算，但不扣除 $0.3m^2$ 以内的孔洞面积。平面与立面交接处的防水层，其上卷高度超过 300mm 时，按立面防水层计算。

⑤ 防水卷材的附加层、接缝、收头和油毡卷材防水的冷底子油等人工材料均已计入定额内，不另计算。

7.7.2.4 变形缝

各种变形缝按设计图示尺寸以延长米计算。

【例 7-11】 某四坡屋面平面如图 7-58 所示，设计屋面坡度 0.5，屋面铺红色西班牙瓦，计算瓦屋面斜面积、斜脊长、正脊长。

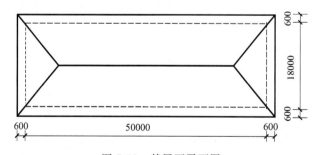

图 7-58 某屋面平面图

解 屋面坡度 $=B/A$，查表 7-19 屋面坡度系数表得 $C=1.118$

屋面斜面积 $=(50+0.6\times2)\times(18+0.6\times2)\times1.118=1099.04(m^2)$

查表 7-19 屋面坡度系数表得 $D=1.5$，单面斜脊长 $=A\times D=9.6\times1.5=14.4(m)$

斜脊总长＝4×14.4＝57.6(m)
正脊总长＝(50＋0.6×2)－9.6×2＝32(m)

7.8 保温、隔热、防腐工程

7.8.1 保温、隔热、防腐工程基础知识
7.8.1.1 保温、隔热工程

保温工程是指围护结构在冬季阻止由室内向室外传热，从而使室内保持适当温度的措施。隔热工程通常是指围护结构在夏季隔离太阳辐射热和室外高温的影响，从而使其内表面保持适当的温度的措施。两者的区别在于以下几点。①传热过程不同。保温是指冬季的传热过程；隔热是指夏季的传热过程。②评价指标不同。保温性能通常用传热系数值或传热热阻来评价。隔热性能通常用夏季室外计算温度条件下围护结构内表面最高温度来评价。如果在同一条件下，内表面最高温度低于或等于240mm厚砖墙的内表面最高温度，则认为符合隔热要求。③构造措施不同。④北方地区节能的重点是保温，而南方地区节能的重点是隔热。

保温、隔热工程选用的材料称为保温、隔热材料。常见的保温、隔热材料可按材料形状、材质和吸水率等分类，见表7-21。

表7-21 保温、隔热材料的分类

分类方法	类型	品种举例
按形状划分	松散材料	炉渣,膨胀珍珠岩,膨胀蛭石,岩棉
	板状材料	加气混凝土,泡沫混凝土,微孔硅酸钙,憎水珍珠岩,聚苯乙烯泡沫板,泡沫玻璃
	整体现浇材料	泡沫混凝土,水泥蛭石,水泥珍珠岩,硬泡聚氨酯
按材质划分	无机绝热材料	泡沫玻璃,加气混凝土,泡沫混凝土,蛭石,珍珠岩
	有机绝热材料	聚苯乙烯泡沫板,硬泡聚氨酯
	金属绝热材料	铝板,铝箔,铝箔复合板
按吸水率划分	高吸水率(>20%)	泡沫混凝土,加气混凝土,珍珠岩,憎水珍珠岩,微孔硅酸钙
	低吸水率(<6%)	泡沫玻璃,聚苯乙烯泡沫板,硬泡聚氨酯

7.8.1.2 防腐工程

由于酸、碱、盐及有机溶液等介质的作用，各类建筑材料产生不同程度的物理和化学破坏，常称为腐蚀。

在建筑工程中，常见的防腐工程种类包括水玻璃类防腐工程、硫黄类防腐工程、沥青类防腐蚀工程、树脂类防腐蚀工程、聚合物类防腐蚀工程、块料防腐蚀工程、聚氯乙烯塑料（PVC）防腐蚀工程、涂料防腐蚀工程等。

防腐工程一般适用于楼地面、平台、墙面、墙裙和地沟的防腐蚀隔离层和面层。

7.8.2 保温、隔热、防腐工程工程量计算规则
7.8.2.1 保温、隔热

① 屋面保温、隔热层，按设计图示尺寸以面积计算，扣除0.3m² 以上的孔洞所占面积。

② 天棚保温层,按设计图示尺寸以面积计算,扣除 0.3m² 以上的柱、垛、孔洞所占面积。与天棚相连的梁、柱帽按展开面积计算,并入天棚工程量内。

③ 墙体保温隔热层按设计图示尺寸以面积计算,扣除门窗洞口及 0.3m² 以上的孔洞所占面积;门窗洞口侧壁以及与墙相连的柱,并入保温墙体工程量内。

a. 墙体保温隔热层长度:外墙按保温隔热层中心线长度计算,内墙按保温隔热层净长计算。

b. 墙体保温隔热层高度:按设计图示尺寸计算。

④ 独立墙体和附墙铺贴的区分如图 7-59 所示。

⑤ 柱、梁保温层。

a. 柱按设计图示柱断面保温层中心线展开长度乘以保温层高度以面积计算,扣除 0.3m² 以上梁所占面积。

b. 梁按设计图示梁断面保温层中心线展开长度乘以保温层长度以面积计算。

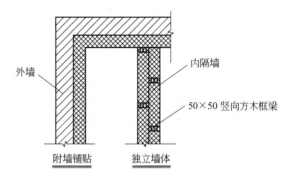

图 7-59　独立墙体和附墙铺贴的区分

⑥ 楼地面隔热层,按设计图示尺寸以面积计算,扣除 0.3m² 以上的柱、垛、孔洞等所占面积,门洞、空圈、暖气包槽、壁龛的开口部分不增加。

⑦ 池槽隔热层按设计图示池槽保温隔热层的长、宽及厚度以立方米计算。其中池壁按墙面计算,池底按地面计算。

7.8.2.2　防腐工程

① 防腐工程项目应区分不同防腐材料种类及厚度,按设计图示尺寸以面积计算。

a. 平面防腐面层、隔离层、防腐涂料:扣除凸出地面的构筑物、设备基础等以及 0.3m² 以上的柱、垛、孔洞等所占面积。门洞、空圈、暖气包槽、壁龛的开口部分不增加。

b. 立面防腐面层、隔离层、防腐涂料:扣除门、窗、洞口以及 0.3m² 以上的孔洞、梁所占面积,门、窗、洞口侧壁、垛凸出部分按展开面积并入墙面积内。

② 踢脚板按设计图示尺寸以面积计算,应扣除门洞所占面积并相应增加侧壁展开面积。

③ 池槽防腐:按设计图示尺寸以展开面积计算。

④ 平面砌筑双层耐酸块料时,按单层面积乘以系数 2 计算。

⑤ 砌筑沥青浸渍砖,按设计图示尺寸以体积计算。

⑥ 烟囱、烟道内涂刷隔绝层涂料,按内壁面积扣除 0.3m² 以上孔洞面积计算。

【例 7-12】　保温平屋面尺寸如图 7-60 所示,做法如下:钢筋混凝土板上 1:3 水泥砂浆找平 20 厚,沥青隔气层一道,1:10 现浇水泥珍珠岩最薄处 60 厚,1:3 水泥砂浆找平 20 厚,三元乙丙橡胶卷材防水。计算工程量。

解　(1) 高分子卷材防水工程量 = (48.0+0.24+0.65×2)×(15.0+0.24+0.65×2)
　　　　　　　　　　 = 819.39(m²)

套用广西 2013 消耗量定额 A7-61。

(2) 沥青隔气层工程量 = (48.0+0.24+0.65×2)×(15.0+0.24+0.65×2) = 819.39(m²)

套用广西 2013 消耗量定额 A7-82。

(3) 屋面保温层平均厚度 = (15.24+0.65×2)/2×0.015/2+0.06 = 0.122(m)

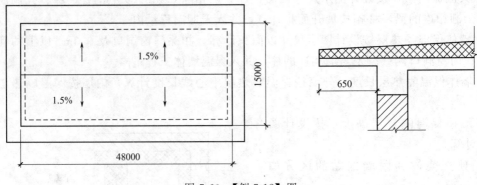

图 7-60 【例 7-12】图

水泥珍珠岩保温层工程量＝819.39（m²）

计算过程如下（应按斜面积计算）：

一面斜长＝{(7.5＋0.12＋0.65)²＋[(7.5＋0.12＋0.65)×1.5%]²}¹/²＝8.2709（m）

斜面积＝8.2709×(48＋0.24＋0.65×2)×2＝819.48（m²）

套用广西 2013 消耗量定额 A8-6、A8-7。

7.9 楼地面工程

7.9.1 楼地面工程的构成

楼地面工程分为地面工程和楼面工程。地面构造一般为面层、垫层和基层（素土夯实）；楼面构造一般为面层、填充层和楼板。当地面和楼面的基本构造不能满足使用或构造要求时，可增设结合层、隔离层、填充层、找平层等其他构造层次。见图 7-61。

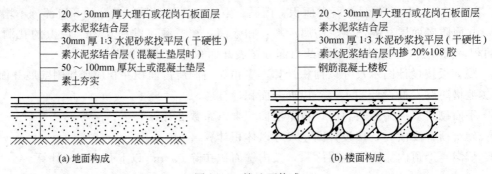

图 7-61 楼地面构成

（1）基层

地面基层一般指房心夯实的回填土层；对楼面而言，基层就是楼板结构本身。

（2）垫层

垫层的设置应考虑实际需求，各类垫层虽然所起的作用不同，但都必须承受并传递由面层传来的荷载。垫层要有较好的刚性、韧性和较大的蓄热系数，有防潮、防水的能力。根据垫层所选用的材料不同，可分为刚性垫层和非刚性垫层两类。刚性垫层一般采用 C10 混凝土，厚度为 80～100mm；非刚性垫层，常用的有 50mm 厚砂垫层、80～100mm 厚碎石灌浆、50～70mm 厚石灰炉渣、70～120mm 厚三合土（石灰、炉渣、碎石）。有特殊要求的垫层，应设置其他能有效满足特殊要求的材料，如沥青玛蹄脂、油毡或 PVC 等材料。

（3）填充层

在有隔声、保温等要求的楼面则设置轻质材料的填充层。常用水泥蛭石、水泥炉渣、水泥珍珠岩等。

（4）隔离层

防止建筑物地面上各种液体（含油渗）或地下水、潮气渗透地面的构造层，仅防止地下潮气透过地面时可称作防潮层。

（5）找平层

当面层为陶瓷地砖、水磨石及其他材料，要求面层很平整时，则先要做好找平层，即在垫层上、楼板上或填充层（轻质、松散材料）上起整平、找坡或加强作用的构造层。常用水泥砂浆和混凝土。

（6）结合层

面层与找平层（或基层）之间的材料，作用是使面层与找平层（或基层）可靠连（粘）接及结合，如贴地板砖，下面的干铺砂浆就是粘接两个不同的材料的结合层。常用的有水泥砂浆、干硬性水泥砂浆、黏结剂等。

（7）面层

面层（装饰层）是指楼地面的表面层，是人们直接接触的一层。对面层要求坚固、耐磨、平整、洁净、美观、易清扫、防滑、具有适当弹性和较小的导热性。面层按使用材料的不同可以分为：水泥砂浆地面、水磨石地面、马赛克地面、地砖地面、大理石地面、花岗石地面、木地板地面等。面层按构造方法和施工工艺的不同分为：整体面层、块料面层和木面层、竹面层。

7.9.2 楼地面工程的工程量计算规则

① 找平层、整体面层均按设计图示尺寸以平方米计算，扣除凸出地面的构筑物、设备基础、室内管道、地沟等所占面积，不扣除间壁墙以及单个 $0.3m^2$ 以内的柱、垛、附墙烟囱及孔洞所占面积，门洞、暖气包槽、壁龛的开口部分不增加面积。

② 块料面层按设计图示尺寸以平方米计算。门洞、空圈、暖气包槽、壁龛的开口部分并入相应的工程量内。

③ 楼梯面层。楼梯面层按楼梯（包括踏步、休息平台以及小于 500mm 宽的楼梯井）水平投影面积以平方米计算。楼梯与楼地面相连时，算至梯口梁外侧边沿；无梯口梁者，算至最上一层踏步边沿加 300mm。

④ 台阶面层（包括踏步及最上一层踏步边沿加 300mm）按水平投影面积以平方米计算。

⑤ 踢脚线按设计图示尺寸以平方米计算。

⑥ 橡胶、塑料、地毯、竹木地板、防静电活动地板、金属复合地板面层、地面（地台）龙骨按设计图示尺寸以平方米计算。门洞、暖气包槽、壁龛的开口部分并入相应的工程量内。

【例 7-13】 某二层楼房，双跑楼梯平面如图 7-62 所示，面铺花岗石板（未考虑防滑条），水泥砂浆粘贴，计算工程量，确定套用定额子目。

解 花岗石板楼梯工程量＝(0.3＋3.0＋1.5－0.12)×(3.6－0.24)＝15.72(m²)

套用广西 2013 消耗量定额 A9-53。

【例 7-14】 某工程花岗石台阶，尺寸如图 7-63 所示，台阶水泥砂浆粘贴花岗石板。计算工程量，确定套用定额子目。

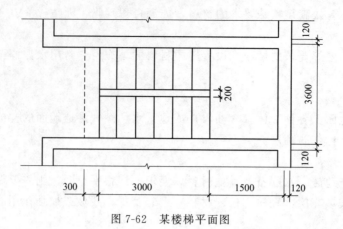

图 7-62 某楼梯平面图

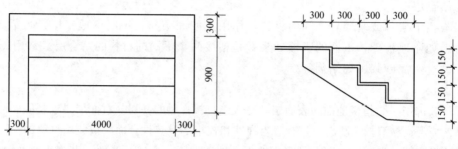

图 7-63 【例 7-14】图

解 台阶花岗石板贴面工程量＝4.0×0.3×4＝4.8(m²)

套用广西 2013 消耗量定额 A9-54。

【例 7-15】 某房屋平面如图 7-64 所示,室内水泥砂浆粘贴 200mm 高预制水磨石踢脚板。计算工程量,确定套用定额子目。

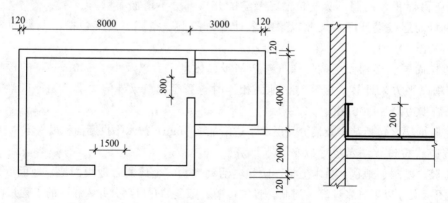

图 7-64 【例 7-15】图

解 踢脚板工程量＝[(8.0－0.24＋6.0－0.24)×2＋(4.0－0.24＋3.0－0.24)×2－1.5－0.8×2＋0.24×4]×0.20＝7.59(m²)

套用广西 2013 消耗量定额 A9-76。

【例 7-16】 如图 7-65 所示,地面做法为:(1)素土夯实;(2)地面现浇 60 厚 C10 混凝土垫层;(3)地面 1：3 水泥砂浆找平层 20 厚;(4)地面 1：2 水泥砂浆面层 20 厚。分别计算其工程量，确定套用定额子目（注：素土回填时已夯实）。

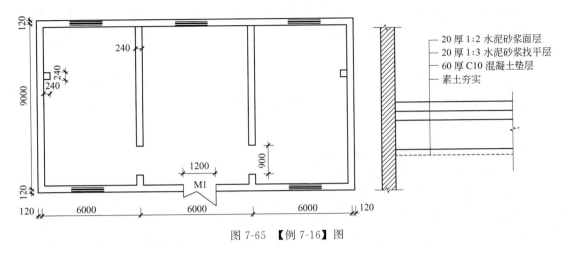

图 7-65 【例 7-16】图

解 $S=(6.0-0.24)\times(9.0-0.24)\times3=151.37(\text{m}^2)$

（1）素土夯实：素土层回填时已夯实，不再计算。

（2）现浇 C10 混凝土垫层：$151.37\times0.06=9.08$（m³），套用广西 2013 消耗量定额 A4-3。

（3）地面 1:3 水泥砂浆找平层：151.37m²，套用广西 2013 消耗量定额 A9-1。

（4）地面 1:2 水泥砂浆面层：151.37m²，套用广西 2013 消耗量定额 A9-10。

7.10 墙、柱面工程

7.10.1 抹灰工程

抹灰工程分一般抹灰和装饰抹灰两大类。

一般抹灰的石灰砂浆、水泥砂浆、混合砂浆、纸筋石灰浆、石灰草筋砂浆等。装饰抹灰有水刷石、水磨石、干粘石、剁假石等。

7.10.2 镶贴块料面层

镶贴块料面层包括大理石、花岗岩、预制水磨石、瓷砖瓷板、金属面砖的贴面。施工工艺可分为以下几种。

① 挂贴块料（如挂贴大理石板）是在墙的基层设置预埋件，再焊上钢筋，然后将块料板上下钻孔，用铜丝或不锈钢挂件将块料板固定在钢筋网架上，再将留缝灌注水泥砂浆。

② 粘贴块料（如粘贴大理石板）是用水泥砂浆或高强胶结剂把块料板粘贴于墙的基层上，该方法适用于危险性较小的内墙面和墙裙。

③ 干挂块料（如干挂大理石板）适用于大型的板材。在墙、柱基面上按设计要求设置膨胀螺栓，将不锈钢角钢或不锈钢连接件固定在基面上，再用不锈钢连接螺栓和不锈钢插棍将打好孔的板材固定在不锈钢角钢或不锈钢连接件上。

7.10.3 墙、柱面装饰

包括铺钉类墙、柱面装修、隔墙、隔断。

铺钉类装修指利用天然木板或各种人造薄板借助于钉、胶等固定方式对墙面进行的装修处理。由骨架和面板两部分组成。

非承重的内墙通常称为隔墙，常见的隔墙可分为板材式隔墙、骨架式隔墙。

隔断指分隔室内空间的装修构件，其作用在于变化空间或遮挡视线。常见的隔断形式有屏风式隔断、漏空式隔断、玻璃式隔断等。

7.10.4 玻璃幕墙

玻璃幕墙主要部分的构造分为饰面的玻璃和固定玻璃的骨架。骨架支撑玻璃并固定玻璃，然后通过连接件与主体结构相连，将玻璃的自重及墙体所受到的荷载及其他荷载传递给主体结构，使之与主体结构融为一体。

7.10.5 墙、柱面工程工程量计算规则

7.10.5.1 一般抹灰、装饰抹灰、勾缝

① 墙面抹灰、勾缝按设计图示尺寸以平方米计算。扣除墙裙、门窗洞口、单个 $0.3m^2$ 以上的孔洞及装饰线条、零星抹灰所占面积，不扣除踢脚线、挂镜线和墙与构件交接的面积，门窗洞口和孔洞的侧壁及顶面不增加面积。附墙柱、梁、垛、烟囱侧壁并入相应的墙面面积内。

a. 外墙抹灰、勾缝面积按外墙垂直投影面积计算。飘窗凸出外墙面增加的抹灰并入外墙工程量内。

b. 外墙裙抹灰面积按其长度乘以高度计算。

c. 内墙抹灰、勾缝面积按主墙间的净长乘以高度计算。其高度确定如下：无墙裙的，其高度按室内地面或楼面至天棚底面之间距离计算；有墙裙的，其高度按墙裙顶至天棚底面之间距离计算；有吊顶天棚的，其高度按室内地面、楼面或墙裙顶面至天棚底面计算。

d. 内墙裙抹灰面积按内墙净长乘以高度计算。

② 独立柱、梁面抹灰、勾缝按设计图示柱、梁的结构断面周长乘以高度（长度）以平方米计算。其高度确定同第①款 c 项。

③ 零星项目按设计图示结构尺寸以平方米计算。

7.10.5.2 镶贴块料

① 墙面按设计图示尺寸以平方米计算。

a. 镶贴块料面层高度在 1500mm 以下为墙裙。

b. 镶贴块料面层高度在 300mm 以下为踢脚线。

② 独立柱、梁面。

a. 柱、梁面粘贴、干挂、挂贴的，按设计图示结构尺寸以平方米计算。

b. 柱、梁面钢骨架干挂的，按设计图示外围饰面尺寸以平方米计算。

c. 花岗岩、大理石柱帽、柱墩按最大外径周长以延长米计算。

③ 零星项目按设计图示结构尺寸以平方米计算。

7.10.5.3 墙柱饰面

① 墙面装饰（包括龙骨、基层、面层）按设计图示饰面外围尺寸以平方米计算，扣除门窗洞口及单个 $0.3m^2$ 以上的孔洞所占面积。

② 柱、梁面装饰按设计图示饰面外围尺寸以平方米计算。柱帽、柱墩并入相应柱饰面工程量内。

7.10.5.4 隔断

隔断按设计图示尺寸以平方米计算，扣除单个 $0.3m^2$ 以上的孔洞所占面积。

7.10.5.5 幕墙

① 带骨架幕墙按设计图示框外围尺寸以平方米计算。

② 全玻璃幕墙按设计图示尺寸以平方米计算（不扣除胶缝，但要扣除吊夹以上钢结构部分的面积）。带肋全玻幕墙，肋玻璃面积并入幕墙工程量内。

【例7-17】 某工程如图7-66所示，内砖墙墙面抹1∶0.5∶3混合砂浆打底15mm厚，1∶1∶6混合砂浆面层5mm厚，双飞粉腻子两遍；内墙裙采用1∶3水泥砂浆打底15mm厚，1∶1水泥砂浆贴300mm×300mm陶瓷面砖，墙裙高900mm。计算内墙面、墙裙抹灰及刮腻子工程量，确定套用定额子目。木门M：1000mm×2700mm，共3个，门框厚100mm，按墙中心线安装；70系列铝合金推拉窗C：1500mm×1800mm，共4个，靠外墙安装。

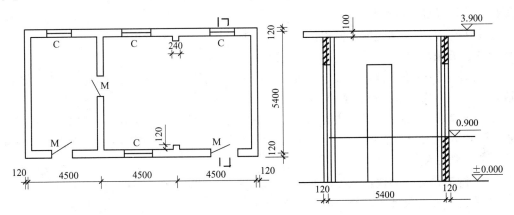

图7-66 【例7-17】图

解 (1) 内墙面抹灰工程量=[(4.5×3−0.24×2+0.12×2)×2+(5.4−0.24)×4]×(3.9−0.1−0.9)−1.0×(2.7−0.9)×4−1.5×1.8×4 =118.76(m²)

套用广西2013消耗量定额：A10-7。

(2) 内墙裙工程量=[(4.5×3−0.24×2+0.12×2)×2+(5.4−0.24)×4−1.0×4+(0.24−0.1)×2+(0.24−0.1)/2×4]×0.9=39.35(m²)

套用广西2013消耗量定额：A10-170。

(3) 刮双飞粉腻子工程量

其中：门窗洞口侧壁工程量=[(0.24−0.1)×2+(0.24−0.1)/2×4]×(2.7−0.9)+(0.24−0.1)×1.0+(0.24−0.1)/2×1.0×2+[(1.5+1.8)×2×(0.24−0.07)]×4=5.78(m²)

刮双飞粉腻子工程量=抹灰工程量+门窗洞口侧壁工程量=118.76+5.78=124.54(m²)

套用广西2013消耗量定额：A12-204。

7.11 天棚工程

7.11.1 天棚抹灰工程

天棚抹灰多为一般抹灰，材料及组成同墙、柱面的一般抹灰。

7.11.2 天棚吊顶装饰

天棚吊顶由天棚龙骨、天棚基层、天棚面层组成。

龙骨一般按材料划分为三种：木龙骨、轻钢龙骨和铝合金龙骨。

基层及面层装饰材料主要有：普通胶合板、装饰石膏板、石棉板、埃特板、铝塑板、铝合金罩面板等。

7.11.3 天棚工程工程量计算规则

7.11.3.1 天棚抹灰

① 各种天棚抹灰面积，按设计图示尺寸以水平投影面积计算。不扣除间壁墙、垛、柱、附墙烟囱、检查口和管道所占的面积，带梁天棚的梁两侧抹灰面积并入天棚面积内。圆弧形、拱形等天棚的抹灰面积按展开面积计算。板式楼梯底面抹灰按斜面积计算，锯齿形楼梯底板抹灰按展开面积计算。

② 檐口、天沟天棚的抹灰面积，并入相同的天棚抹灰工程量内计算。

7.11.3.2 天棚吊顶

① 各种天棚吊顶龙骨，按设计图示尺寸以水平投影面积计算。不扣除间壁墙、检查口、附墙烟囱、柱、垛和管道所占面积。

② 天棚基层及装饰面层按实钉（胶）面积以平方米计算，不扣除间壁墙、检查口、附墙烟囱、垛和管道所占面积，应扣除单个 $0.3m^2$ 以上的独立柱、灯槽与天棚相连的窗帘盒及孔洞所占的面积。

③ 不锈钢钢管网架按水平投影面积计算。

④ 采光天棚按设计图示尺寸以平方米计算。

7.11.3.3 其他

① 灯光槽按设计图示尺寸以框外围（展开）面积计算。

② 送（回）风口，按设计图示数量以个计算。

③ 天棚面层嵌缝按延长米计算。

【例 7-18】 某工程现浇井字梁顶棚如图 7-67 所示，混合砂浆面层，计算工程量，确定套用定额子目。

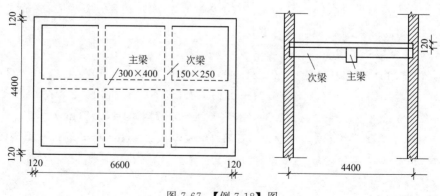

图 7-67 【例 7-18】图

解 顶棚抹灰工程量 $=(6.6-0.24)\times(4.4-0.24)+(0.4-0.12)\times(6.6-0.24)\times2+(0.25-0.12)\times(4.4-0.24-0.3)\times2\times2-0.15\times(0.25-0.12)\times4=32.03-0.08=31.95(m^2)$

套用广西 2013 消耗量定额 A11-5。

7.12　门窗工程

7.12.1　门窗简介

7.12.1.1　门

按制作材料不同，门可分为木门、钢门、不锈钢门、铝合金门、塑钢门等品种；按其开关方式可分为平开门、推拉门、弹簧门、转门等。各种门又分带亮和不带亮两种。

7.12.1.2　门窗

按照制作材料不同可分为木窗、钢窗、铝合金窗、塑钢窗等；按窗的开关方式可分为平开窗、推拉窗、中悬窗、固定窗、撑窗等。

7.12.2　门窗工程工程量计算规则

① 各类门、窗制作安装工程量，除注明者外，均按设计门、窗洞口面积以平方米计算。

② 各类木门框、门扇、窗扇、纱扇制作安装工程量，均按设计门、窗洞口面积以平方米计算。

③ 卷闸门安装按洞口高度增加 600mm 乘以门实际宽度以平方米计算，卷闸门安装在梁底时高度不增加 600mm；如卷闸门上有小门，应扣除小门面积，小门安装另以个计算；卷闸门电动装置安装以套计算。

④ 铝合金纱扇、塑钢纱扇按扇外围面积以平方米计算。

⑤ 金属防盗网制作安装工程按围护尺寸展开面积以平方米计算，刷油漆按定额"A.13 油漆、涂料、裱糊工程"相应子目计算。

⑥ 窗台板、门窗套按展开面积以平方米计算，门窗贴脸分规格按实际长度以延长米计算。

⑦ 窗帘盒、窗帘轨按设计图示尺寸以延长米计算，如设计图纸没有注明尺寸，按洞口宽度尺寸加 300mm。

⑧ 无框全玻门五金配件按扇计算；木门窗普通五金配件按樘计算。

⑨ 门窗运输按洞口面积以平方米计算。

【例 7-19】　某住宅单扇有亮无纱镶板门 45 樘，其洞口尺寸如图 7-68 所示，面刷底漆一遍调和漆两遍，木门加工厂距施工现场 10km，试列项计算其工程量，确定套用定额子目。

解　工程量计算，并套用广西 2013 消耗量定额：

单扇有亮无纱镶板门　工程量＝0.9×2.7×45＝109.35(m²)

定额 A12-1

不带纱木门五金配件　工程量＝45(樘)

定额 A12-170

木门运输　工程量＝0.9×2.7×45＝109.35(m²)

定额 A12-168、A12-169

木门油漆　工程量＝0.9×2.7×45＝109.35(m²)

定额 A13-1

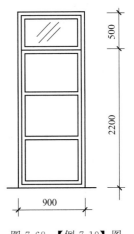

图 7-68　【例 7-19】图

7.13　油漆、涂料、裱糊工程

7.13.1　油漆

油漆分为天然漆和人造漆两大类。建筑工程一般用人造漆，如调和漆、清漆、瓷漆、防锈漆等，油漆的主要成分有黏结剂、颜料、催干剂、增韧剂等。

7.13.2　涂料

涂料是指涂覆于物体表面后，能与基层有很好的黏结，从而形成完整而牢固的保护膜的面层物质。这种物质对被涂物体有保护、装饰作用。

涂料按其主要成膜物的不同可分为有机涂料和无机涂料两大类。

7.13.3　裱糊

裱糊类装修是将各种装饰性的墙纸、墙布等卷材类的装饰材料裱糊在墙面上的一种装修饰面。

墙纸又称壁纸，按其构成材料和生产方式可分为 PVC 塑料墙纸、纺织物面墙纸、金属面墙纸、天然木纹面墙纸等。

墙面指以纤维织物直接作为墙面装饰材料的总称。包括印花玻璃纤维装饰墙布和锦缎墙面等。

7.13.4　油漆、涂料、裱糊工程工程量计算规则

木材面、金属面、抹灰面油漆、涂料、裱糊的工程量，分别按表 7-22～表 7-29 相应的工程量计算规则计算。

（1）木材面油漆

表 7-22　执行单层木门窗油漆定额工程量系数

项目名称	系数	工程量计算规则
单层木门	1.00	
双层（一板一纱）木门	1.36	
单层全玻门	0.83	
木百叶门	1.25	
厂库大门	1.10	单面洞口面积×系数
单层玻璃窗	1.00	
双层（一玻一纱）窗	1.36	
木百叶窗	1.50	

表 7-23　执行木扶手油漆定额工程量系数

项目名称	系数	工程量计算规则
木扶手（不带托板）	1.00	
木扶手（带托板）	2.60	
窗帘盒	2.04	
封檐板、顺水板	1.74	按延长米×系数
黑板框、单独木线条 100mm 以上	0.52	
单独木线条 100mm 以下	0.35	

表 7-24　执行其他木材面油漆定额工程量系数

项目名称	系数	工程量计算规则
木板、纤维板、胶合板天棚	1.00	相应装饰面积×系数
木护墙、木墙裙	1.00	
清水板条天棚、檐口	1.07	
木方格吊顶天棚	1.20	
吸声板墙面、天棚面	0.87	
窗台板、筒子板、盖板、门窗套	1.00	
屋面板(带檩条)	1.11	斜长×宽×系数
木间隔、木隔断	1.90	单面外围面积×系数
玻璃间壁露明墙筋	1.65	
木栅栏、木栏杆(带扶手)	1.82	
木屋架	1.79	[跨度(长)×中高×1/2]×系数
衣柜、壁柜	1.00	实刷展开面积
零星木装修	1.10	实刷展开面积×系数
梁、柱饰面	1.00	

表 7-25　执行木龙骨、基层板面防火涂料定额工程量系数

项目名称	系数	工程量计算规则
隔墙、隔断、护壁木龙骨	1.00	单面外围面积
柱木龙骨	1.00	面层外围面积
木地板中木龙骨及木龙骨带毛地板	1.00	地板面积
天棚木龙骨	1.00	水平投影面积
基层板面	1.00	单面外围面积

表 7-26　执行木地板油漆定额工程量系数

项目名称	系数	工程量计算规则
木地板、木踢脚线	1.00	相应装饰面积×系数
木楼梯(不包括底面)	2.30	水平投影面积×系数

(2) 金属面油漆

表 7-27　执行单层钢门窗定额工程量系数

项目名称	系数	工程量计算规则
单层钢门窗	1.00	单面洞口面积×系数
双层(一玻一纱)钢门窗	1.48	
钢百叶钢门	2.74	
半截百叶钢门	2.22	
满钢门或包铁皮门	1.63	
钢折叠门	2.30	

续表

项目名称	系数	工程量计算规则
射线防护门	2.96	框（扇）外围面积×系数
厂库房平开、推拉门	1.70	
铁丝网大门	0.81	
间壁	1.85	长×宽×系数
平板屋面	0.74	斜长×宽×系数
排水、伸缩缝盖板	0.78	展开面积×系数
吸气罩	1.63	水平投影面积×系数

表 7-28　金属结构面积折算

项目名称	折算系数/(m²/t)
钢屋架、钢桁架、钢托架、气楼、天窗架、挡风架、型钢梁、制动梁、支撑、型钢檩条	38
墙架（空腹式）	19
墙架（格板式）	32
钢柱、吊车梁、钢漏斗	24
钢平台、操作台、走台、钢梁车挡	27
钢栅栏门、栏杆、窗栅、拉杆螺栓	65
钢梯	35
轻钢屋架	54
C形、Z形檩条	133
零星构、铁件	50

注：本折算表不适用于箱型构件、单个（榀、根）重量7t以上的金属构件。

（3）抹灰面油漆、涂料、裱糊

表 7-29　执行木地板油漆定额工程量系数

项目名称	系数	工程量计算规则
楼地面、墙面、天棚面、柱、梁面	1.00	展开面积
混凝土栏杆、花饰、花格	1.82	单面外围面积×系数
线条	1.00	延长米
其他零星项目、小面积	1.00	展开面积

7.14　其他装饰工程

7.14.1　基础知识

（1）柜类、货架、台类、试衣间

柜类包括衣柜、书柜、酒柜、厨房壁柜及吊柜、货架、吧台背柜、鞋柜、电视柜、床头柜、行李柜、存包柜及资料柜等。

其中厨房壁柜及厨房吊柜以嵌入墙内为壁柜，以支架固定在墙上的为吊柜。

① 柜分类（按高度分）。

a. 高柜。高度在 1600mm 以上，通常包括衣柜、书柜和厨房壁柜、酒柜、存包柜。

b. 中柜。高度在 1600mm 以下，通常包括货架、吧台背柜、鞋柜。

c. 低柜。高度在 900mm 以内，通常包括厨房吊柜、资料柜、电视柜、床头柜、行李柜。

② 台类。主要包括梳妆台、服务台、收银台、柜台等。

③ 试衣间。即服装店的试衣室。

（2）浴厕配件

浴厕配件包括洗漱台和其他浴厕配件、镜面玻璃等。其他浴厕配件指毛巾环、卫生纸盒、肥皂盒、金属杆、塑料毛巾杆等。

（3）压条、装饰线

包括各种材料（如金属、木质、石材、石膏、镜面玻璃、铝塑、塑料等）制作的压条、装饰线。

（4）旗杆

主要指金属旗杆。

（5）栏杆、栏板、扶手、弯头

楼梯栏杆（板）（图 7-69）、通廊栏杆（板）、楼梯扶手、通廊扶手、楼梯靠墙扶手、通廊靠墙扶手。

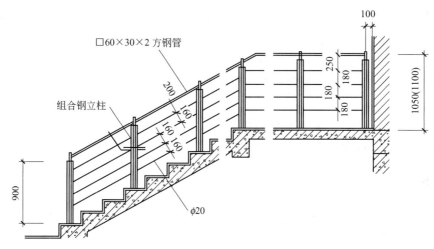

图 7-69　楼梯栏杆图

（6）招牌、灯箱、美术字

① 平面招牌是指安装在门前的墙面上的招牌；箱体招牌、竖式标箱则是六面体形，固定在墙上。

② 一般招牌和矩形招牌是指正立面平整无凹凸面的招牌；复杂招牌和异形招牌是指正立面有凹凸造型的招牌。

美术字指安装固定的成品美术字。

（7）车库配件

车库配件指橡胶减速带、橡胶车轮挡、橡胶防撞护角和车位锁等。

7.14.2　其他装饰工程工程量计算规则

① 柜类、货架。

a. 货架均按设计图示正立面面积（包括脚的高度在内）以平方米计算。

b. 收银台、试衣间按设计图示数量以个计算。

② 石板材洗漱台按设计图示台面水平投影面积以平方米计算（不扣除孔洞、挖弯、削角所占面积）。

③ 毛巾环、肥皂盒、金属帘子杆、浴缸拉手、毛巾杆安装按设计图示数量以只、个、副、套或以延长米计算。

④ 镜面玻璃安装按设计图示正立面面积以平方米计算。

⑤ 压条、装饰线条、挂镜线均按设计图示尺寸以延长米计算。

⑥ 不锈钢旗杆按设计图示尺寸以延长米计算。

⑦ 栏杆、栏板、扶手按设计图示中心线长度以延长米计算（不扣除弯头所占长度）。

⑧ 弯头按设计数量以个计算。

⑨ 铸铁栏杆按设计图示安装铸铁栏杆尺寸以延长米计算。

⑩ 招牌、灯箱。

a. 平面招牌基层按设计图示正立面面积以平方米计算，复杂形的凹凸造型部分亦不增减。

b. 沿雨篷、檐口或阳台走向的立式招牌基层，执行平面招牌复杂型项目，按展开面积以平方米计算。

c. 箱式招牌和竖式标箱的基层，按设计图示外围体积以立方米计算。凸出箱外的灯饰、店徽及其他艺术装潢等均另行计算。

d. 灯箱的面层按设计图示展开面积以平方米计算。

⑪ 美术字安装按字的最大外围矩形面积以个计算。

⑫ 车库配件。

a. 橡胶减速带按设计长度以延长米计算。

b. 橡胶车轮挡、橡胶防撞护角、车位锁按设计图示数量以个或把计算。

7.15 脚手架工程

7.15.1 脚手架的分类

脚手架是专为高空施工操作、堆放和运送材料、保证施工过程工人安全而设置的架设工具或操作平台。脚手架虽然不是工程实体，但是施工中不可缺少的设施之一。定额规定，不论何种砌体，凡砌筑高度超过 1.2m 以上者，均需计算脚手架。

脚手架的种类很多，常见的分类方法如下。

① 按结构形式分类：扣件式、碗扣式、门型脚手架等。

② 按与建筑物的位置关系分类：外脚手架和里脚手架。

③ 按用途分类：操作（作业）脚手架、防护脚手架、承重和支撑用脚手架。

④ 按脚手架的设置形式分类：单排脚手架、双排脚手架、多排脚手架、满堂脚手架。

7.15.2 脚手架工程工程量计算规则

7.15.2.1 砌筑脚手架

① 砌筑脚手架的计算按墙面（单面）垂直投影面积以平方米计算。

② 外墙脚手架按外墙外围长度（应计凸阳台两侧的长度，不计凹阳台两侧的长度）乘以外墙高度，再乘以 1.05 系数计算其工程量。门窗洞口及穿过建筑物的车辆通道空洞面积等，均不扣除。

外墙脚手架的计算高度按室外地坪至以下情形分别确定。

a. 有女儿墙者，高度算至女儿墙顶面（含压顶）。

b. 平屋面或屋面有栏杆者，高度算至楼板顶面。

c. 有山墙者，高度按山墙平均高度计。

③ 同一栋建筑物内：有不同高度时，应分别按不同高度计算外脚手架；不同高度间的分隔墙，按相应高度的建筑物计算外脚手架；如从楼面或天面搭起，应从楼面或天面起计算。

④ 天井四周墙砌筑，如需搭外架时，其工程量计算如下。

a. 天井短边净宽 $b \leqslant 2.5\text{m}$ 时按长边净宽乘以高度再乘以 1.2 系数计算外脚手架工程量。

b. 天井短边净长在 $2.5\text{m} < b \leqslant 3.5\text{m}$ 时，按长边净宽乘以高度再乘以 1.5 系数计算外脚手架工程量。

c. 天井短边净宽 $b > 3.5\text{m}$ 时，按一般外脚手架计算。

⑤ 独立砖柱、凸出屋面的烟囱脚手架按其外围周长加 3.6m 后乘以高度计算。

⑥ 下列情况者，按单排外脚手架计算。

a. 外墙檐高在 16m 以内，并无施工组织设计规定时。

b. 独立砖柱与凸出屋面的烟囱。

c. 砖砌围墙。

⑦ 下列情况者，按双排外脚手架计算。

a. 外墙檐高超过 16m 者。

b. 框架结构间砌外墙。

c. 外墙面带有复杂艺术形式者（艺术形式部分的面积占外墙总面积 30% 以上）或外墙勒脚以上抹灰面积（包括门窗洞口面积在内）占外墙总面积 25% 以上，或门窗洞口面积占外墙总面积 40% 以上者。

d. 片石墙（土墙、片石围墙）、大孔混凝土砌块墙，墙高超过 1.2m 者。

e. 施工组织设计有明确规定者。

⑧ 在两砖（490mm）以上的砖墙，均按双面搭设脚手架计算，如无施工组织设计规定时：高度在 3.6m 以内的外墙，一面按单排外脚手架计算，另一面按里脚手架计算；高度在 3.6m 以上的外墙，外面按双排外脚手架计算，内面按里脚手架计算；内墙按双面计算相应高度的里脚手架。

⑨ 内墙按内墙净长乘以实砌高度计算里脚手架工程量。下列情况者，也按相应高度计算里脚手架工程量。

a. 砖砌基础深度超过 3m 时（地坪以下），或四周无土砌筑基础，高度超过 1.2m 时。

b. 高度超过 1.2m 的凹阳台的两侧墙及正面墙、凸阳台的正面墙及双阳台的隔墙。

7.15.2.2　现浇混凝土脚手架

① 现浇混凝土需用脚手架时，应与砌筑脚手架综合考虑。如确实不能利用砌筑脚手架者，可按施工组织设计规定或按实际搭设的脚手架计算。

② 单层地下室的外墙脚手架按单排外脚手架计算，两层及两层以上地下室的外墙脚手架按双排外脚手架计算。

③ 现浇混凝土基础运输道。

a. 深度大于 3m（3m 以内不得计算）的带形基础按基槽底面积计算。

b. 满堂基础运输道适用于满堂式基础、箱形基础、基础底短边大于 3m 的柱基础、设备基础，其工程量按基础底面积计算。

④ 现浇混凝土框架运输道，适用于楼层为预制板的框架柱、梁，其工程量按框架部分的建筑面积计算。

⑤ 现浇混凝土楼板运输道，适用于框架柱、梁、墙、板整体浇捣工程，工程量按浇捣部分的建筑面积计算。

下列情况者，按相应规定计算。

a. 层高不到 2.2m 的，按外墙外围面积计算混凝土楼板运输道。

b. 底层架空层不计算建筑面积或计算一半面积时，按顶板水平投影面积计算混凝土楼板运输道。

c. 坡屋面不计算建筑面积时，按其水平投影面积计算混凝土楼板运输道。

d. 砖混结构工程的现浇楼板按相应定额子目乘以系数 0.5。

⑥ 计算现浇混凝土运输道，采用泵送混凝土时应按如下规定计算。

a. 基础混凝土不予计算。

b. 框架结构、框架-剪力墙结构、筒体结构的工程，定额乘以系数 0.5。

c. 砖混结构工程，定额乘以系数 0.25。

⑦ 装配式构件安装，两端搭在柱上，需搭设脚手架时，其工程量按柱周长加 3.6m 乘以柱高度，并按相应高度的单排外脚手架定额乘以系数 0.5 计算。

⑧ 现浇钢筋混凝土独立柱，如无脚手架利用时，按（柱外围周长＋3.6m）×柱高度按相应外脚手架计算。

⑨ 单独浇捣的梁，如无脚手架利用时，应按（梁宽＋2.4m）×梁的跨度套相应高度（梁底高度）的满堂脚手架计算。

⑩ 电梯井脚手架按井底板面至顶板面高度，套用相应定额子目以座计算。

⑪ 设备基础高度超过 1.2m 时，计算如下。

a. 实体式结构：按其外形周长乘以地坪至外形顶面高度以平方米计算单排脚手架。

b. 框架式结构：按其外形周长乘以地坪至外形顶面高度以平方米计算双排脚手架。

7.15.2.3　构筑物脚手架

① 烟囱、水塔、独立筒仓脚手架，分不同内径，按室外地坪至顶面高度，以座计算。

② 钢筋混凝土烟囱内衬的脚手架，按烟囱内衬砌体的面积，按单排脚手架计算。

③ 贮水（油）池外池壁高度在 3m 以内者，按单排外脚手架计算；超过 3m 时可按施工组织设计规定计算，如无施工组织设计时，可按双排外脚手架计算。

7.15.2.4　装饰脚手架

① 满堂脚手架按需要搭设的室内水平投影面积计算。

② 满堂脚手架基本层实高按 3.6m 计算，增加层实高按 1.2m 计算，基本层操作高度按 5.2m 计算（基本层操作高度为基本层高 3.6m 加上人的高度 1.6m）。室内天棚净高超过 5.2m 时，计算了基本层后，增加层的层数＝（天棚室内净高－5.2m)/1.2m，按四舍五入取整数。

如建筑物天棚室内净高为 9.2m，其增加层的层数为（9.2－5.2)/1.2≈3.3，则按 3 个增加层计算。

③ 高度超过 3.6m 以上者，有屋架的屋面板底喷浆、勾缝及屋架等油漆，按装饰部分的水平投影面积套悬空脚手架计算，无屋架或其他构件可利用搭设悬空脚手架者，按满堂脚手架计算。

④ 凡墙面高度超过 3.6m，而无搭设满堂脚手架条件者，则墙面装饰脚手架按 3.6m 以上的装饰脚手架计算。工程量按装饰面投影面积（不扣除门窗洞口面积）计算。

⑤ 外墙装饰脚手架工程量按砌筑脚手架等有关规定计算。

⑥ 铝合金门窗工程，如需搭设脚手架时，可按内墙装饰脚手架计算，其工程量按门窗洞口宽度每边加 500mm 乘以楼地面至门窗顶高度计算。

⑦ 外墙电动吊篮，按外墙装饰面尺寸以垂直投影面积计算，不扣除门窗洞口面积。

【例 7-20】 某建筑简图如图 7-70 所示，墙厚均为 240mm，墙顶圈梁 240mm×300mm，采用钢管外脚手架，双排，列项计算外脚手架工程量、②轴脚手架工程量。

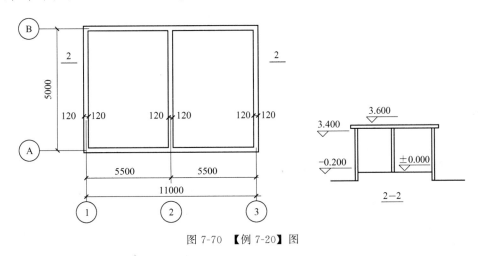

图 7-70 【例 7-20】图

解 （1）外脚手架工程量＝(11.24＋5.24)×(3.6＋0.2)×2×1.05＝131.51(m²)

套用广西 2013 消耗量定额 A15-5。

（2）里脚手架工程量＝(5－0.24)×(3.6－0.3)＝15.71(m²)

套用广西 2013 消耗量定额 A15-1。

【例 7-21】 某工程如图 7-71 所示，女儿墙高 1.2m。计算外脚手架工程量（应按不同高度分别计算）。

解 （1）高层（25 层）部分外脚手架工程量

脚手架高 95.4m：(29.24－10.24)×(94.20＋1.2)×1.05＝1903.23(m²)

脚手架高 97.4m：10.24×(94.2＋3.2)×1.05＝1047.24(m²)

合计：2950.47m²

套用广西 2013 消耗量定额 A15-14。

（2）主楼部分（8~25 层）脚手架工程量

脚手架高 59m：(29.24＋26.24×2)×(94.20－36.40＋1.2)×1.05＝5062.55(m²)

套用广西 2013 消耗量定额 A15-10。

（3）裙楼（8 层）部分脚手架工程量

脚手架高 37.6m：[(36.24＋56.24)×2－29.24]×(36.40＋1.2)×1.05＝6147.83(m²)

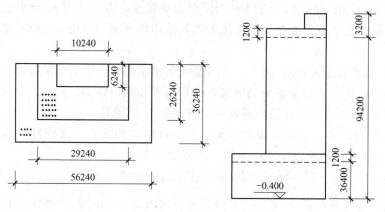

图 7-71　【例 7-21】图

套用广西 2013 消耗量定额 A15-8。

（4）电梯间、水箱间部分脚手架工程量

$(10.24+6.24×2)×3.20×1.05=76.34(m^2)$

套用广西 2013 消耗量定额 A15-5。

7.16　垂直运输工程

7.16.1　垂直运输工程基础知识

垂直运输设施为在建筑施工中担负垂直运（输）送材料设备和人员上下的机械设备和设施，它是施工技术措施中不可或缺的重要环节。随着高层建筑、超高层建筑、高耸工程以及超深地下工程的飞速发展，对垂直运输设施的要求也相应提高，垂直运输技术已成为建筑施工中的重要技术领域之一。

垂直运输设施的一般分类如下。

（1）塔式起重机

塔式起重机具有提升、回转、水平输送（通过滑轮车移动和臂杆仰俯）等功能，不仅是重要的吊装设备，而且也是重要的垂直运输设备，用其垂直和水平吊运长、大、重的物料仍为其他垂直运输设备（施）所不及。

（2）施工电梯

多数施工电梯为人货两用，少数为仅供货用。电梯按其驱动方式可分为齿条驱动和绳轮驱动两种：齿条驱动电梯又有单吊箱（笼）式和双吊箱（笼）式两种，并装有可靠的限速装置，适于 20 层以上建筑工程使用；绳轮驱动电梯为单吊箱（笼），无限速装置，轻巧便宜，适于 20 层以下建筑工程使用。

（3）物料提升架

物料提升架包括井式提升架（简称"井架"）、龙门式提升架（简称"龙门架"）、塔式提升架（简称"塔架"）和独杆升降台等。

7.16.2　垂直运输工程工程量计算规则

（1）建筑物、构筑物工程计算规则

① 建筑物垂直运输区分不同建筑物的结构类型和檐口高度，按建筑物设计室外地坪以

上的建筑面积以平方米计算。高度超过 120m 时，超过部分按每增加 10m 定额子目（高度不足 10m 时，按比例）计算。

②地下室的垂直运输按地下层的建筑面积以平方米计算。

③构筑物的垂直运输以座计算。超过规定高度时，超过部分按每增加 1m 定额子目计算，高度不足 1m 时，按 1m 计算。

（2）建筑物局部装饰装修工程计算规则

区别不同的垂直运输高度，按各楼层装饰装修部分的建筑面积分别计算。

7.17　模板工程

7.17.1　模板工程一般知识

模板工程是指支承新浇混凝土的整个系统，由模板、支撑及紧固件等组成。模板是使新浇筑混凝土成型并养护，达到一定强度以承受自重的临时性结构和能拆除的模型板，支撑是保证模板形状和位置并承受模板、钢筋、新浇筑混凝土的自重以及施工荷载的结构。

模板按材料分有钢模板、胶合板模板、木模板，其中钢模板配钢支撑，木模板配木支撑，胶合板模板配钢支撑或木支撑。

7.17.2　模板工程工程量计算规则

7.17.2.1　现浇混凝土模板

现浇混凝土模板工程量，除另有规定外，应区分不同材质，按混凝土与模板接触面积以平方米计算。

①基础模板。

a. 有肋式带形基础，肋高与肋宽之比在 4：1 以内的按有肋式带形基础计算；肋高与肋宽之比超过 4：1 的，其底板按板式带形基础计算，以上部分按墙计算。

b. 桩承台按独立式桩承台编制，带形桩承台按带形基础编制。

c. 箱式满堂基础应分别按满堂基础、柱、梁、墙、板有关规定计算。

②柱模板。

a. 柱高按下列规定确定：有梁板的柱高，应自柱基或楼板的上表面至上层楼板底面计算；无梁板的柱高，应自柱基或楼板的上表面至柱帽下表面计算。

b. 计算柱模板时，不扣除梁与柱交接处的模板面积。

c. 构造柱按外露部分计算模板面积，留马牙槎的按最宽面计算模板宽度。

③梁模板。

a. 梁长按下列规定确定：梁与柱连接时，梁长算至柱侧面；主梁与次梁连接时，次梁长算至主梁侧面。

b. 计算梁模板时，不扣除梁与梁交接处的模板面积。

c. 梁高大模板的钢支撑工程量按经评审的施工专项方案搭设面积乘以支模高度（楼地面至板底高度）以立方米计算，如无经评审的施工专项方案，搭设面积则按梁宽加 600mm 乘以梁长度计算。

④墙、板模板。

a. 墙高应自墙基或楼板的上表面至上层楼板底面计算。

b. 计算墙模板时，不扣除梁与墙交接处的模板面积。

c. 墙、板上单孔面积在 $0.3m^2$ 以内的孔洞不扣除，洞侧模板也不增加，单孔面积在 $0.3m^2$ 以上应扣除，洞侧模板并入墙、板模板工程量计算。

d. 计算板模板时，不扣除柱、墙所占的面积。

e. 梁、板、墙模板均不扣除后浇带所占的面积。

f. 薄壳板由平层和拱层两部分组成，按平层水平投影面积计算工程量。

g. 现浇悬挑板按外挑部分的水平投影面积计算，伸出墙外的牛腿、挑梁及板边的模板不另计算。

h. 有梁板高大模板的钢支撑工程量按搭设面积乘以支模高度（楼地面至板底高度）以立方米计算，不扣除梁柱所占的体积。

⑤ 楼梯包括休息平台、梁、斜梁及楼梯与楼板的连接梁，按设计图示尺寸以水平投影面积计算，不扣除宽度小于 500mm 的楼梯井所占面积，楼梯踏步、踏步板、平台梁等侧面模板不另计算，伸入墙内部分亦不增加。

⑥ 混凝土压顶、扶手按延长米计算。

⑦ 屋顶水池，分别按柱、梁、墙、板项目计算。

⑧ 小型池槽模板按构件外围体积计算，池槽内、外侧及底部的模板不另计算。

⑨ 台阶模板按水平投影面积计算，台阶两侧模板面积不另计算。架空式混凝土台阶，按现浇楼梯计算。

⑩ 现浇混凝土散水按水平投影面积以平方米计算，现浇混凝土明沟按延长米计算。

⑪ 小立柱、装饰线条、二次浇灌模板按小型构件子目，按接触面积以平方米计算。

⑫ 后浇带分结构后浇带、温度后浇带。结构后浇带分墙、板后浇带。后浇带模板工程量按后浇部分混凝土体积以立方米计算。

⑬ 弧形半径≤10m 的混凝土墙（梁）模板按弧形混凝土墙（梁）模板计算。

7.17.2.2　构筑物混凝土模板

① 构筑物的模板工程量，除另有规定者外，区别现浇、预制和构件类别，分别按现浇混凝土模板和预制混凝土模板工程的有关规定计算。

② 大型池槽等分别按基础、柱、梁、墙、板等有关规定计算。

③ 液压滑升钢模板施工的贮仓、筒仓、水塔塔身、烟囱等，均按混凝土体积，以立方米计算。

④ 倒锥壳水塔模板按混凝土体积以立方米计算。

7.17.2.3　预制混凝土构件模板

① 预制混凝土模板工程量，除另有规定外均按混凝土实体体积以立方米计算。

② 小型池槽按外形体积以立方米计算。

③ 预制混凝土桩尖按桩尖最大截面积乘以桩尖高度以立方米计算。

【例 7-22】 某单层建筑物如图 7-72 所示，模板制作安装采用木模板、木支撑，构造柱带马牙槎，马牙槎为 60mm。计算混凝土模板工程量，确定套用定额子目。

解　外墙中心线＝(7.8＋7.2)×2＝30(m)

(1) 垫层模板工程量＝30×2×0.1＝6.0(m²)

套用广西 2013 消耗量定额 A17-1。

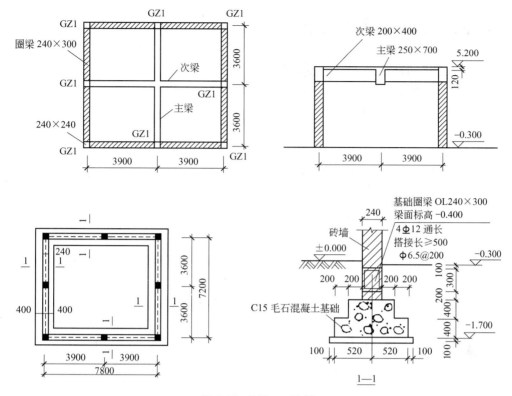

图 7-72　【例 7-22】图

(2) 毛石混凝土基础模板工程量 $=30\times(0.4+0.4)\times2=48(\mathrm{m}^2)$

套用广西 2013 消耗量定额 A17-5。

(3) 基础圈梁模板工程量 $=30\times0.3\times2=18(\mathrm{m}^2)$

5.2m 标高处圈梁模板工程量 $=[(3.9-0.24-0.06\times2)\times4+(3.6-0.24-0.06\times2)\times$
$$4]\times[(0.3-0.12)+0.3]=13.02(\mathrm{m}^2)$$

合计：$18+13.02=31.02$（m^2）

套用广西 2013 消耗量定额 A17-73。

(4) 有梁板模板工程量 $=(7.2-0.24)\times(7.8-0.24)+(7.2-0.24)\times2\times(0.7-$
$$0.12)+(7.8-0.24-0.25)\times2\times(0.4-0.12)=64.78(\mathrm{m}^2)$$

套用广西 2013 消耗量定额 A17-93、A17-106。

超高米数：$5.20-0.12-3.6=1.48(\mathrm{m})$

(5) 构造柱模板工程量

L 形拐角（4 根）$=[(0.24+0.06)\times2\times(5.2+0.4)+0.06\times2\times(5.2+0.4-0.12)]\times$
$$4=16.07(\mathrm{m}^2)$$

一字形接头(4 根)$=(0.24+0.06\times2)\times[(5.2+0.4-0.12)+(5.2+0.4)]\times4$
$$=15.96(\mathrm{m}^2)$$

合计：$16.07+15.96=32.03(\mathrm{m}^2)$

套用广西 2013 消耗量定额 A17-59、A17-61。

超高米数：$5.20-0.12-3.6=1.48(\mathrm{m})$

7.18　混凝土运输及泵送工程

7.18.1　混凝土运输及泵送工程一般知识

（1）混凝土运输

当工程使用现场搅拌站混凝土或商品混凝土时，均会产生混凝土运输。如果商品混凝土运输费已包含在参考价中，则不再计算运输费。

混凝土运输的要求：①不分层离析，若有离析，浇筑前需二次搅拌；②有足够的坍落度；③尽量缩短运输时间，减少转运次数；④保证连续浇筑的供应；⑤器具严密、光洁、不漏浆，不吸水，经常清理。

混凝土运输工具：①现场搅拌或近距离——皮带运输机、窄轨斗车；②短距离（<1km）——机动翻斗车、手推车；③较长距离（<10km）——自卸汽车；④长距离——混凝土搅拌运输车。

（2）混凝土泵送

泵送混凝土系指将运至浇灌地点的商品混凝土再用泵的压力输送至浇灌位置的施工作业。它与传统的混凝土的施工方法相比，具有作业简便、工效高、施工进度快的优点。混凝土泵送施工技术在我国发展很快，并已在高层建筑、桥梁、地铁等工程中广泛应用。

7.18.2　混凝土运输及泵送工程工程量计算规则

（1）混凝土运输

混凝土运输工程量，按混凝土浇捣相应子目的混凝土定额分析量（如需泵送，加上泵送损耗）计算。

（2）混凝土泵送

混凝土泵送工程量，按混凝土浇捣相应子目的混凝土定额分析量计算。

7.19　建筑物超高增加费

7.19.1　建筑物超高增加费基础知识

建筑物超高，操作工作的工效就降低，建筑装饰材料的垂直运输运距变长，从而引起随人工班组配置确定台班量的机械相应减少。为了弥补因建筑物高度超高造成的人工、机械降效，应计取相应的超高增加费。

7.19.2　建筑物超高增加费工程量计算规则

不同省份对建筑物超高增加费的计算略有不同。如广西规定如下。

（1）建筑、装饰装修工程

人工、机械降效费按建筑物±0.00以上（以下）全部工程项目（不包括脚手架工程、垂直运输工程、各章节中的水平运输子目、各定额子目中水平运输机械）中的全部人工费、机械费乘以相应子目人工、机械降效率以元计算。

（2）建筑物局部装饰装修工程

区别不同的垂直运输高度，将各自装饰装修楼层（包括楼层所有装饰装修工程量）的人工费之和、机械费之和（不包括脚手架工程、垂直运输工程、各章节中的水平运输子目、各定额子目中的水平运输机械）分别乘以相应子目人工、机械降效率以元计算。

7.20　大型机械设备基础、安拆及进退场费

7.20.1　大型机械设备基础、安拆及进退场费基础知识

大型机械设备基础、安拆及进退场费，由三大项费用组成。

① 大型机械设备（自升式塔式起重机、施工电梯）基础的人工费、材料费、机械费。

② 安拆费是指施工机械在施工现场进行安装、拆卸所需的人工费、材料费、机械费，试运转费，安装所需的辅助设施的费用。

③ 进退场费是指施工机械整体或分体自停放场地运至施工现场或由一个施工地点运至另一个施工地点所发生的施工机械进出场运输及转移费用。

7.20.2　大型机械设备基础、安拆及进退场费工程量计算规则

① 自升式塔式起重机、施工电梯基础。

a. 自升式塔式起重机基础以座计算。

b. 施工电梯基础以座计算。

② 大型机械安装、拆卸一次费用均以台次计算。

③ 大型机械场外运输费均以台次计算。

7.21　材料二次运输

7.21.1　材料二次运输概念

二次运输费，是指因施工场地条件限制而发生的材料、构配件、半成品等一次运输不能到达堆放地点，必须进行二次或多次搬运所发生的费用。

7.21.2　材料二次运输工程量计算规则

各种材料二次运输按本章定额表中的定额子目的计量单位计算。

小　　结

本章以《全国统一建筑工程基础定额》（GJD—101—95）、《全国统一建筑工程基础定额编制说明》（土建工程）、《广西壮族自治区建筑装饰装修工程消耗量定额》（2013 年）等为依据，介绍了建筑装饰装修工程预算中常见的分部分项工程量的计算规则。各省的规定略有不同。预算工程量的计算在工程估价中起着十分重要的作用，其准确性直接影响工程招投标的结果和工程结算、竣工结算的正确性。

思　考　题

（1）计算图 7-73 所示工程人工挖地槽土方、基础回填土、室内回填土、余土外运工程量，确定套用定额子目。已知：土壤类别为二类土，不支挡土板，设计室外地坪标高－0.450m，地面垫层150mm，找平层20mm，面层20mm，采用人工填土、装土，自卸汽车运土 5km。

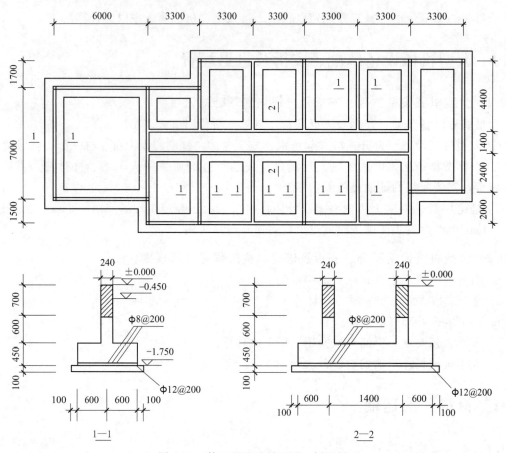

图 7-73　某工程基础平面图、剖面图

（2）如图 7-74 所示，计算钢筋混凝土预制桩的制作、运输、打桩、送桩工程量。已知根数 100 根，现场制作，自然地坪高 −0.15m，桩顶面设计标高 −1.35m。

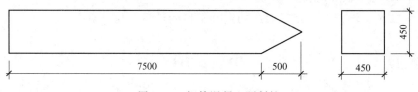

图 7-74　钢筋混凝土预制桩

（3）某工程采用履带式钻孔机打长螺旋钻孔，现场灌注 C30 混凝土桩 125 根，设计桩长 12.5m，桩径 500mm，设计超灌长度 500mm，土壤类别为二类土。求现场灌注桩工程量，确定套用定额子目。

（4）如图 7-75 所示为单层建筑，内外墙用 M5 砂浆砌筑。假设外墙中圈梁、过梁体积为 1.2m³，门窗面积为 16.98m²；内墙中圈梁、过梁体积为 0.2m³，门窗面积为 1.8m²。顶棚抹灰厚 10mm。试计算砖墙体工程量。

（5）某工程现浇钢筋混凝土无梁板尺寸如图 7-76 所示，板顶标高 5.4m，混凝土强度等级为 C25，计算现浇钢筋混凝土无梁板工程量，并确定套用定额子目。

（6）某 KL5 的梁配筋图如图 7-77 所示，已知：抗震等级三级，混凝土强度 C25，梁的保护层厚度为 25mm，Z1 为 400mm×500mm，Z2 为 400mm×500mm。计算钢筋工程量。

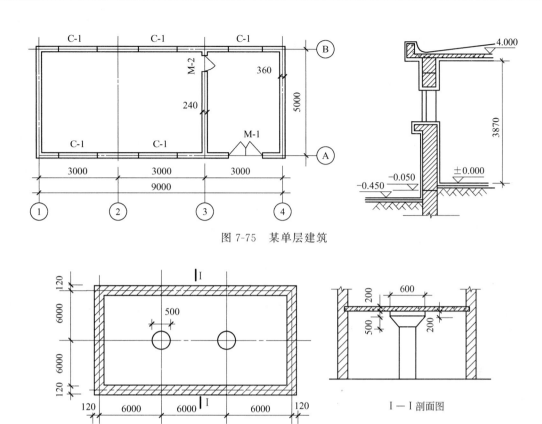

图 7-75 某单层建筑

图 7-76 某工程现浇钢筋混凝土无梁板

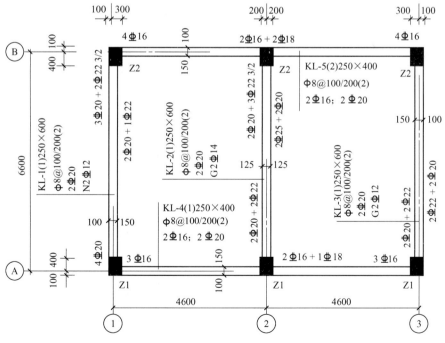

图 7-77 某 KL5 的梁配筋图

（7）H 形钢断面规格为 400mm×200mm×12mm×16mm，如图 7-78 所示，其长度为 8.37m，计算其工程量，确定套用定额子目。

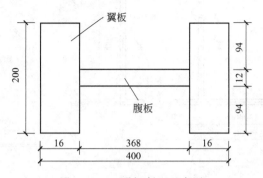

图 7-78　H 形钢断面示意图

（8）某建筑物轴线尺寸 54000mm×12000mm，墙厚 240，四周女儿墙，无挑檐，如图 7-79 所示。屋面做法：1∶10 水泥珍珠岩保温层，最薄处 60，屋面坡度 $i=2‰$，1∶3 水泥砂浆找平层 15 厚，刷冷底子油一道，石油沥青玛蹄脂卷材二毡三油防水层，弯起 250，计算防水层工程量，确定套用定额子目。

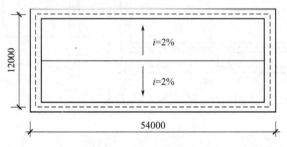

图 7-79　某建筑物屋面

（9）某建筑物采用部分钢筋混凝土剪力墙结构，如图 7-80 所示，柱子尺寸为 400mm×400mm，墙厚为 240mm，层高 3.9m，板厚为 130mm。共有三个如此构造，计算钢筋混凝土剪力墙模板工程量。

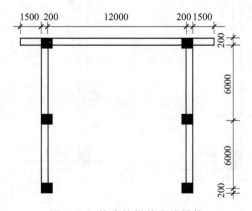

图 7-80　某建筑物剪力墙结构

（10）如图 7-81 所示，计算刚性屋面工程量。

（11）某工程一层、二层平面如图 7-82 所示，楼地面做法为：地面 C15 混凝土垫层 100

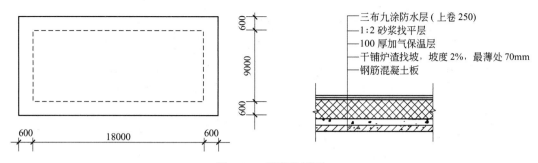

图 7-81 某刚性屋面

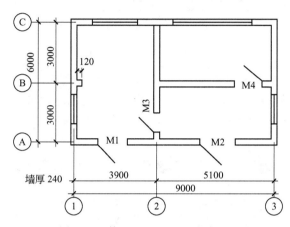

图 7-82 某工程一层、二层平面图

厚，600mm×600mm 白色陶瓷砖地面，详 05ZJ001 地 20；楼面 600mm×600mm 白色陶瓷砖地面，详 05ZJ001 楼 10。M-1：1000mm×2000mm；M-2：1200mm×2000mm；M-3：900mm×2400mm；M-4：1000mm×2000mm。门框厚度均为 100mm，踢脚线高 200mm，用同种陶瓷地砖铺贴。试计算陶瓷地砖楼地面及踢脚线工程量，确定套用定额子目。

（12）某变电室外墙面尺寸如图 7-83 所示。M：1500mm×2000mm；C1：1500mm×1500mm；C2：1200mm×800mm；门窗外侧面贴面砖宽度为 100mm，外墙水泥砂浆粘贴 200mm×150mm 陶瓷面砖，灰缝 5mm。计算外墙面砖工程量，确定套用定额子目。

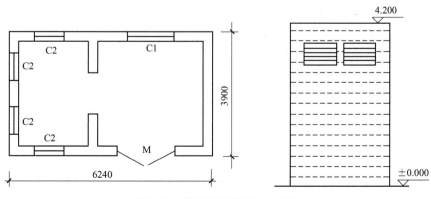

图 7-83 某变电室平面、立面图

（13）试计算图 7-84 所示天棚工程量，确定套用定额子目。已知房 1 天棚为 300mm×

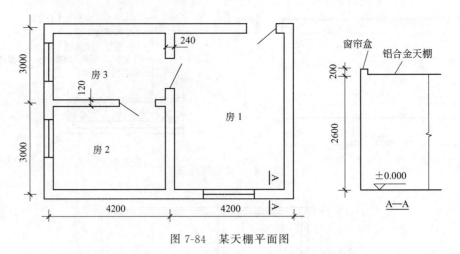

图 7-84　某天棚平面图

300mm 石膏板配以不上人型装配式 T 形铝合金龙骨一级天棚，窗帘盒面积 0.4m²。房 2、房 3 为混凝土板底抹混合砂浆天棚，刮双飞粉两遍，刷乳胶漆两遍。

（14）试计算图 7-85 所示会议室天棚装饰工程量，确定套用定额子目。

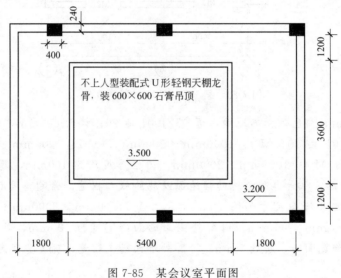

图 7-85　某会议室平面图

（15）计算图 7-84 所示房 2、房 3 天棚的油漆、涂料工程量，确定套用定额子目。已知：117 胶刮双飞粉两遍，刷乳胶漆两遍，外墙均为 240mm 厚。

工程量清单计量与计价

8.1 《建设工程工程量清单计价规范》（GB 50500—2013）简介

8.1.1 编制背景

进入 21 世纪以来，随着我国工程项目的管理体制不断改革以及与国际市场的接轨，我国的工程造价管理模式也在不断演进，建设工程造价的计价方式也经历了三次重大的变革，从原先的定额计价方式转变为 2003 年版清单计价，又转换为 2008 年版清单计价。为统一建设工程工程量清单的编制和计价行为，实现"政府宏观调控、部门动态监管、企业自主报价、市场竞争形成价格"的宏伟目标，住房和城乡建设部及时对《建设工程工程量清单计价规范》（GB 50500—2008）进行全方位修改、补充和完善。修订后的《建设工程工程量清单计价规范》（GB 50500—2013）于 2013 年 7 月 1 日起实施，这是工程造价面临的第四次革新。2013 年版清单规范编制背景主要有以下几个方面。

① 《中华人民共和国社会保险法》的实施，《中华人民共和国建筑法》关于鼓励企业为从事危险作业的职工办理意外伤害保险的修订；国家发改委、财政部关于取消工程定额测定费的规定；财政部关于开征地方教育附加等规费方面的变化等。

② 2008 年版规范正文未正面规定，清单计价的项目适合总价合同还是只适合单价合同，一些法律界人士对此提出异议；原 2008 年版清单竣工结算的相关规定，虽然已经提及了过程资料可作为参考依据，但是未明确当其与竣工图纸有出入时如何处理等，所以导致其可操作性比较差。

③ 对于风险分担，2008 年版清单正文只是做了方向性的约定，并未给出具体的操作办法，导致其可执行性较差。

④ 附录设置过于综合，专业分类不明确，项目特征的描述不能体现自身价值，存在难以描述的现象，计量单位不符合实际工程的需要，等等。

⑤ 2008 年版规范的部分计量规定存在模糊或与国家标准不一致的地方，需要重新定义和明确。

⑥ 从规范体系的角度来看，2008 年版清单"正文＋附录"的形式不利于专业计量规范的修订和增补。

8.1.2 新清单计价规范的核心变化

（1）专业划分更加精细

"2013 年版清单计价规范"形成了以《建设工程工程量清单计价规范》为母规范，九大专业工程量计量规范与其配套使用的工程量清单计价体系。

对原规范中的六个专业（建筑、装饰、安装、市政、园林、矿山）重新进行了精细化调整，调整后分为九个专业计量规范。其中：将建筑与装饰专业合并为一个专业；将仿古从园林专业中分开，拆解为一个新专业；同时新增了构筑物、城市轨道交通、爆破工程三个专业。调整之后，各个专业之间的划分更加清晰，更有针对性和可操作性。

母规范为：《建设工程工程量清单计价规范》（GB 50500—2013）。

九大专业工程量计量规范分别为：

① 《房屋建筑与装饰工程工程量计算规范》（GB 50854—2013）；

② 《仿古建筑工程工程量计算规范》（GB 50855—2013）；

③ 《通用安装工程工程量计算规范》（GB 50856—2013）；

④ 《市政工程工程量计算规范》（GB 50857—2013）；

⑤ 《园林绿化工程工程量计算规范》（GB 50858—2013）；

⑥ 《矿山工程工程量计算规范》（GB 50859—2013）；

⑦ 《构筑物工程工程量计算规范》（GB 50860—2013）；

⑧ 《城市轨道交通工程工程量计算规范》（GB 50861—2013）；

⑨ 《爆破工程工程量计算规范》（GB 50862—2013）。

（2）责任划分更加明确

新规范对原规范里责任不够明确的内容做了明确的责任划分和补充。

① 阐释了招标工程量清单和已标价工程量清单的定义（条款 2.0.2、2.0.3）；

② 规定了计价风险合理分担的原则（条款 3.4.1～3.4.5）；

③ 规定了招标控制价出现误差时投诉与处理的方法（条款 5.3.1～5.3.9）；

④ 规定了当法律法规变化、工程变更、项目特征描述不符、工程量清单缺项、工程量偏差、物价变化等 15 种事项发生时，发承包双方应当按照合同约定调整合同价款（条款 9.1.1）。

（3）可执行性更加强化

① 增强了与合同的契合度，需要造价管理与合同管理相统一；

② 明确了 52 条术语的概念，要求提高使用术语的精确度；

③ 提高了合同各方面风险分担的强制性，要求发、承包双方明确各自的风险范围；

④ 细化了措施项目清单编制和列项的规定，加大了工程造价管理复杂度；

⑤ 改善了计量、计价的可操作性，有利于结算纠纷的处理。

（4）合同价款调整更加完善

凡出现以下情况之一者，发承包双方应当按照合同约定调整合同价款：①法律法规变化；②工程变更；③项目特征描述不符；④工程量清单缺项；⑤工程量偏差；⑥物价变化；⑦暂估价；⑧计日工；⑨现场签证；⑩不可抗力、提前竣工（赶工补偿）、误期赔偿、索赔、暂列金额、发承包双方约定的其他调整事项。

（5）风险分担更加合理

强调了计价风险的分担原则，明确了应由发、承包人各自分别承担的风险范围和应由发、承包双方共同承担的风险范围以及完全不由承包人承担的风险范围。

（6）招标控制价编制、复核、投诉、处理的方法、程序更加法治和明晰

例如条款 5.3.8："当招标控制价复查结论与原公布的招标控制价误差大于±3％时，应

当责成招标人改正。"

条款 5.3.9："招标人根据招标控制价复查结论需要重新公布招标控制价的，其最终公布的时间至招标文件要求提交投标文件截止时间不足 15 天的，应相应延长投标文件的截止时间。"

8.1.3　"2013 年版清单计价规范"编制与修订的指导思想与原则

（1）编制与修订的指导思想

按照"政府宏观调控、部门动态监管、企业自主报价、市场竞争形成价格"的要求，创造公平、公正、公开竞争的市场环境，以建立全国统一、开放、健康、有序的建设市场，既要与国际惯例接轨，又考虑我国的实际。

（2）编制与修订的主要原则

① 加强过程控制、注重管理程序。

② 倡导伙伴关系、明确责任划分。

③ 针对行业热点、增强可执行性。

④ 立足国内实践、融合国际惯例。

⑤ 注重资料积累、强化知识管理。

8.1.4　"2013 年版清单计价规范"的主要内容

"2013 年版清单计价规范"包括母规范《建设工程工程量清单计价规范》（GB 50500—2013）和九大专业工程量计量规范。

母规范的内容由 2008 年版规范的 5 章 17 节 137 条增加到现在的 16 章 54 节 329 条，在 2008 年版规范基础上，新增 240 条，修改 52 条，保留 36 条。其中强制性条款 15 个，新规范主要修订了原规范正文中不尽合理、不够完善、可操作性不强的条款及表格形式，对原来的内容进行了补充完善。新规范的主要内容包括：总则、术语、一般规定、工程量清单编制、招标控制价、投标报价、合同价款约定、工程计量、合同价款调整、合同价款期中支付、竣工结算与支付、合同解除的价款结算与支付、合同价款争议的解决、工程造价鉴定、工程计价资料与档案、工程计价表格。

九大专业计量规范的主要内容包括：总则、术语、工程计量、工程量清单编制、附录（各专业分部分项工程和措施项目的项目设置、项目特征描述内容、计量单位及工程量计算规则）。

8.2　工程量清单的编制

8.2.1　工程量清单的概念

（1）工程量清单

指载明建设工程分部分项工程项目、措施项目、其他项目的名称和相应数量以及规费、税金项目等内容的明细清单。

（2）招标工程量清单

指招标人依据国家标准、招标文件、设计文件以及施工现场实际情况编制的，随招标文件发布，供投标人报价的工程量清单，包括其说明和表格。

招标工程量清单应由具有编制能力的招标人或受其委托，具有相应资质的工程造价咨询人编制；必须作为招标文件的组成部分，其准确性和完整性应由招标人负责；是工程量清单计价的基础，应作为编制招标控制价、投标报价、计算或调整工程量、索赔等的依据之一。

招标工程量清单应以单位（项）工程为单位编制，应由分部分项工程项目清单、措施项目清单、其他项目清单、规费和税金项目清单组成。

（3）已标价工程量清单

指构成合同文件组成部分的投标文件中已标明价格，经算术性错误修正（如有）且承包人已确认的工程量清单，包括其说明和表格。

8.2.2　招标工程量清单的编制依据

① "2013 年版清单计价规范" 和相关工程的国家计量规范。

② 国家或省级、行业建设主管部门颁发的计价定额和办法。

③ 建设工程设计文件及相关资料。

④ 与建设工程有关的标准、规范、技术资料。

⑤ 拟定的招标文件。

⑥ 施工现场情况、地勘水文资料、工程特点及常规施工方案。

⑦ 其他相关资料。

8.2.3　招标工程量清单的编制

招标工程量清单由以下内容组成。

（1）招标工程量清单扉页

详见表 8-1。

表 8-1　招标工程量清单扉页

	_____工 程	
	招标工程量清单	
招标人：_____		造价咨询人：_____
（单位盖章）		（单位资质专用章）
法定代表人		法定代表人
或其授权人：_____		或其授权人：_____
（签字或盖章）		（签字或盖章）
编制人：_____		复核人：_____
（造价人员签字盖专用章）		（造价工程师签字盖专用章）
编制时间：　年　月　日		复核时间：　年　月　日

扉页应按规定的内容填写、签字、盖章，由造价员编制的工程量清单应有负责审核的造价工程师签字、盖章。受委托编制的工程量清单，应有造价工程师签字、盖章以及工程造价咨询人盖章。

（2）总说明

格式见表 8-2。总说明应按下列内容填写。

表 8-2　总说明

工程名称：	第　页　共　页

① 工程概况。建设规模、工程特征、计划工期、施工现场实际情况、自然地理条件、环境保护要求等。

② 工程招标和专业工程发包范围。

③ 工程量清单编制依据。

④ 工程质量、材料、施工等的特殊要求。

⑤ 其他需要说明的问题。

（3）分部分项工程项目清单

分部分项工程项目清单必须根据相关工程现行国家计量规范规定的项目编码、项目名称、项目特征、计量单位和工程量计算规则进行编制。

① 项目编码。

项目编码以五级编码设置，用 12 位阿拉伯数字表示。一、二、三、四级编码为全国统一；第五级编码应根据拟建工程的工程量清单项目名称设置。各级编码代表的含义如下。

第一级表示专业工程代码（前二位）。其中：建筑与装饰工程 01；仿古建筑工程 02；通用安装工程 03；市政工程 04；园林绿化工程 05；矿山工程 06；构筑物工程 07；城市轨道交通工程 08；爆破工程 09。

第二级表示各专业工程附录顺序码（第三、四位）。

第三级表示分部工程顺序码（第五、六位）。

第四级表示分项工程项目名称顺序码（第七、八、九位）。

第五级表示工程量清单项目名称顺序码（后三位，由编制人根据拟建工程的工程量清单项目名称和项目特征设置，同一招标工程的项目编码不得有重码）。

当同一标段（或合同段）的一份工程量清单中含有多个单位工程且工程量清单是以单位工程为编制对象时，在编制工程量清单时应特别注意对项目编码十至十二位的设置不得有重码的规定。例如一个标段（或合同段）的工程量清单中含有三个不同单位工程，每一单位工程中都有项目特征相同的实心砖墙砌体，在工程量清单中又需反映三个不同单位工程的实心砖墙砌体工程量时，则第一个单位工程的实心砖墙的项目编码应为 010401003001，第二个单位工程的实心砖墙的项目编码应为 010401003002，第三个单位工程的实心砖墙的项目编码应为 010401003003，并分别列出各单位工程实心砖墙的工程量。

项目编码结构如图 8-1 所示（以建筑与装饰工程为例）。

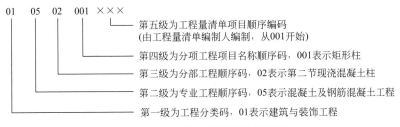

图 8-1　工程量清单项目编码结构

② 工程名称。

项目名称应按各专业工程附录的项目名称结合拟建工程的实际确定。计价规范附录表的"项目名称"为分项工程项目名称，是形成分部分项工程量清单项目名称的基础，在编制分部分项工程量清单时可予以适当调整或细化，例如"墙面一般抹灰"这一分项工程在形成工程量清单项目名称时可以细化为"外墙面抹灰""内墙面抹灰"等。清单项目名称应表述详细、准确。计价规范中的分项工程项目名称如有缺陷，招标人可作补充，并报当地工程造价管理机构（省级）备案。

③ 计量单位。

计量单位应按各专业工程附录中规定的计量单位确定。

在计量规范中，计量单位均为基本计量单位，不得使用扩大单位（如 $10m$、$100m^2$、$10m^3$ 等），这一点与传统的定额计价有很大的区别。

当计量单位有两个或两个以上时，应根据所编工程量清单项目的特征要求，选择最适宜表现该项目特征并方便计量的单位。

④ 工程量。

工程量应按各专业工程附录中规定的工程量计算规则计算。

除另有说明外，所有清单项目的工程量应以实体工程量为准，并以完成后的净值计算，这与国际通用做法（FIDIC）一致；而消耗量定额的工程量计算是在净值的基础上，加上施工操作（或定额）规定的预留量，这个量随施工方法、措施的不同而变化。清单工程量是否考虑施工中的各种损耗和需要增加的工程量应按各省、自治区、直辖市或行业建设主管部门的规定实施。

⑤ 项目特征。

项目特征是对项目准确和全面的描述确定，是确定一个清单项目综合单价不可缺少的重要依据，是区分清单项目的依据，是履行合同义务的基础。在编制工程量清单时，必须对项目特征进行准确和全面的描述。描述项目特征应按以下原则进行。

a. 项目特征应按各专业工程附录中规定，结合拟建工程实际，满足确定综合单价的需要。

b. 若采用标准图集或施工图纸能够全部或部分满足项目特征描述的要求时，项目特征描述可直接采用详见××图集或××图号的方式。对不能满足项目特征描述要求的部分，仍应用文字描述。

分部分项工程项目清单格式见表 8-3。

表 8-3　分部分项工程和单价措施项目清单与计价

工程名称：　　　　　　　　　　　标段：　　　　　　　　　　第　页　共　页

序号	项目编码	项目名称	项目特征描述	计量单位	工程量	金额/元		
						综合单价	合价	其中:暂估价
1								
2								
3								
4								
5								

（4）措施项目清单

措施项目是指为完成工程项目施工，发生于该工程施工准备和施工过程中的技术、生活、安全、环境保护等方面的非工程实体项目，包括单价措施项目和总价措施项目。

① 单价措施项目是指措施项目中以单价计价的项目，即根据工程施工图（含设计变更）和相关工程现行国家计量规范规定的工程量计算规则进行计量，与已标价工程量清单相应综合单价进行价款计算的项目，典型的是混凝土浇筑的模板工程、脚手架工程等。

② 总价措施项目是指措施项目中以总价计价的项目，即此类项目费用的发生和金额的大小与使用时间、施工方法或者两个以上工序相关，与实际完成的实体工程量的多少关系不大，典型的是大中型施工机械、文明施工和安全防护、临时设施等，在现行国家计量规范中无工程量计算规则，以总价（或计算基础乘以费率）计算。

单价措施项目清单格式见表 8-3。

总价措施项目清单格式见表 8-4。

表 8-4　总价措施项目清单与计价

工程名称：　　　　　　　　　标段：　　　　　　　　　　第　页共　页

序号	项目编码	项目名称	计算基础	费率/%	金额/元	调整费率/%	调整后金额/元	备注
1		安全文明施工费						
2		夜间施工增加费						
3		二次搬运费						
4		冬雨季施工增加费						
5		已完工程及设备保护						
		……						

编制人（造价人员）：　　　　　　　　　　　复核人（造价工程师）：

（5）其他项目清单

其他项目清单是指分部分项工程项目清单和措施项目清单以外，拟建工程项目施工中可能发生的其他费用。宜按照下列内容列项。

① 暂列金额。

指招标人在工程量清单中暂定并包括在合同价款中的一笔款项。用于施工合同签订时尚未确定或者不可预见的所需材料、工程设备、服务的采购，施工中可能发生的工程变更、合同约定调整因素出现时的合同价款调整以及发生的索赔、现场签证等确认的费用。

② 暂估价。

指招标人在工程量清单中提供的用于支付必然发生但暂时不能确定的材料、工程设备的单价以及专业工程的金额。

③ 计日工。

指在施工过程中，承包人完成发包人提出的工程合同范围以外的零星项目或工作，按合同中约定的单价计价的一种方式。计日工的综合单价应包含除税金以外的全部费用。

④ 总承包服务费。

指总承包人为配合协调发包人进行的专业工程发包，对发包人自行采购的材料、工程设备等进行保管以及施工现场管理、竣工资料汇总整理等服务所需的费用。

出现以上所列四项之外的项目，可根据工程实际情况补充。

其他项目清单格式详见表 8-5～表 8-10。

表 8-5　其他项目清单与计价汇总

工程名称：　　　　　　　　　　标段：　　　　　　　　　第　页共　页

序号	项目名称	金额/元	结算金额/元	备注
1	暂列金额			明细详见表 8-6
2	暂估价			
2.1	材料（工程设备）暂估价			明细详见表 8-7
2.2	专业工程暂估价			明细详见表 8-8
3	计日工			明细详见表 8-9
4	总承包服务费			明细详见表 8-10
5	索赔与现场签证			—
	合 计			—

注：材料（工程设备）暂估单价进入清单项目综合单价，此处不汇总。

表 8-6　暂列金额明细

工程名称：　　　　　　　　　　标段：　　　　　　　　　第　页共　页

序号	项目名称	计量单位	暂定金额/元	备注
1				
2				
	合 计			—

注：此表由招标人填写，如不能详列，也可只列暂定金额总额，投标人应将上述暂列金额计入投标总价中。

表 8-7　材料（工程设备）暂估单价及调整

工程名称：　　　　　　　　　　标段：　　　　　　　　　第　页共　页

序号	材料(工程设备)名称、规格、型号	计量单位	数量		暂估/元		确认/元		差额(±)/元		备注
			暂估	确认	单价	合价	单价	合价	单价	合价	
	合 计										

注：此表由招标人填写"暂估单价"，并在备注栏说明暂估价的材料、工程设备拟用在哪些清单项目上，投标人应将上述材料、工程设备暂估单价计入工程量清单综合单价报价中。

表 8-8　专业工程暂估价及结算价

工程名称：　　　　　　　　　　标段：　　　　　　　　　第　页共　页

序号	工程名称	工程内容	暂估金额/元	结算金额/元	差额(±)/元	备注
	合 计					

注：此表"暂估金额"由招标人填写，投标人应将"暂估金额"计入投标总价中，结算时按合同约定结算金额填写。

表 8-9 计日工表

工程名称：　　　　　　　　　　标段：　　　　　　　　　第 页 共 页

编号	项目名称	单位	暂定数量	实际数量	综合单价/元	合价/元	
						暂定	实际
一	人工						
1							
2							
	人工小计						
二	材料						
1							
2							
	材料小计						
三	施工机械						
1							
2							
	施工机械小计						
四	企业管理费和利润						
	总计						

注：此表项目名称、暂定数量由招标人填写，编制招标控制价时，单价由招标人按有关计价规定确定；投标时，单价由投标人自主报价，按暂定数量计算合价计入投标总价中。结算时，按发承包双方确认的实际数量计算合价。

表 8-10 总承包服务费计价

工程名称：　　　　　　　　　　标段：　　　　　　　　　第 页 共 页

序号	项目名称	项目价值/元	服务内容	计算基础	费率/%	金额/元
1	发包人发包专业工程					
2	发包人提供材料					
	合计	—	—	—	—	—

注：此表项目名称、服务内容由招标人填写，编制招标控制价时，费率及金额由招标人按有关计价规定确定；投标时，费率及金额由投标人自主报价，计入投标总价中。

（6）规费项目清单

规费指根据国家法律、法规规定，由省级政府或省级有关部门规定施工企业必须缴纳的，应计入建筑安装工程造价的费用。

规费项目清单应按照下列内容列项。

① 社会保险费：包括养老保险费、失业保险费、医疗保险费、工伤保险费、生育保险费；

② 住房公积金；

③ 工程排污费。

出现以上未列的项目，应根据省级政府或省级有关部门的规定列项。

规费项目清单格式详见表 8-11。

表 8-11　规费、税金项目清单与计价

工程名称：　　　　　　　　　　　　标段：　　　　　　　　　　　　第　页　共　页

序号	项目名称	计算基础	费率/%	金额/元
1	规费			
1.1	社会保险费			
(1)	养老保险费			
(2)	失业保险费			
(3)	医疗保险费			
(4)	工伤保险费			
(5)	生育保险费			
1.2	住房公积金			
1.3	工程排污费			
2	税金	分部分项工程费＋措施项目费＋ 其他项目费＋规费－按规定不计税的工程设备金额		
	合计			

（7）税金项目清单

税金指国家税法规定的应计入建筑安装工程造价内的营业税、城市维护建设税、教育费附加和地方教育附加。

出现以上未列的项目，应根据税务部门的规定列项。

税金项目清单格式详见表 8-11。

（8）补充项目

编制工程量清单出现各专业工程附录中未包括的项目，编制人应作补充，并报省级或行业工程造价管理机构备案，省级或行业工程造价管理机构应汇总报住房和城乡建设部标准定额研究所。

补充项目的编码由各专业工程的顺序码（01～09）与 B 和三位阿拉伯数字组成，并应从××B001 起顺序编制，同一招标工程的项目不得重码。

补充的工程量清单中需附有补充项目的名称、项目特征、计量单位、工程量计算规则、工程内容。不能计量的措施项目，需附有补充项目的名称、工作内容及包含范围。

8.3　房屋建筑与装饰工程工程量计算规范（GB 50854—2013）

下面以《房屋建筑与装饰工程工程量计算规范》（GB 50854—2013）附录 A 至附录 S 为例，介绍工程量清单项目设置、项目特征描述的内容、计量单位及工程量计算规则。

8.3.1　土石方工程

土石方工程见规范附录 A。

（1）土方工程（表 8-12）

表 8-12　土方工程（编号：010101）

项目编码	项目名称	项目特征	计量单位	工程量计算规则	工作内容
010101001	平整场地	1. 土壤类别 2. 弃土运距 3. 取土运距	m²	按设计图示尺寸以建筑物首层建筑面积计算	1. 土方挖填 2. 场地找平 3. 运输
010101002	挖一般土方	1. 土壤类别 2. 挖土深度 3. 弃土运距	m³	按设计图示尺寸以体积计算	1. 排地表水 2. 土方开挖 3. 围护（挡土板）及拆除 4. 基底钎探 5. 运输
010101003	挖沟槽土方			按设计图示尺寸以基础垫层底面积乘以挖土深度计算	
010101004	挖基坑土方				
010101005	冻土开挖	1. 冻土厚度 2. 弃土运距		按设计图示尺寸开挖面积乘厚度以体积计算	1. 爆破 2. 开挖 3. 清理 4. 运输
010101006	挖淤泥、流砂	1. 挖掘深度 2. 弃淤泥、流砂距离		按设计图示位置、界限以体积计算	1. 开挖 2. 运输
010101007	管沟土方	1. 土壤类别 2. 管外径 3. 挖沟深度 4. 回填要求	1. m 2. m³	1. 以米计量，按设计图示以管道中心线长度计算 2. 以立方米计量，按设计图示管底垫层面积乘以挖土深度计算；无管底垫层按管外径的水平投影面积乘以挖土深度计算。不扣除各类井的长度，井的土方并入	1. 排地表水 2. 土方开挖 3. 围护（挡土板）、支撑 4. 运输 5. 回填

注：1. 挖土平均厚度应按自然地面测量标高至设计地坪标高的平均厚度确定。基础土方开挖深度应按基础垫层底表面标高至交付施工现场地标高确定，无交付施工场地标高时，应按自然地面标高确定。

2. 建筑物场地厚度≤±300mm 的挖、填、运、找平，应按本表中平整场地项目编码列项。厚度>±300mm 的竖向布置挖土或山坡切土应按本表中挖一般土方项目编码列项。

3. 沟槽、基坑、一般土方的划分为：底宽≤7m 且底长>3 倍底宽为沟槽；底长≤3 倍底宽且底面积≤150m² 为基坑；超出上述范围则为一般土方。

4. 挖土方如需截桩头时，应按桩基工程相关项目编码列项。

5. 桩间挖土不扣除桩的体积，并在项目特征中加以描述。

6. 弃、取土运距可以不描述，但应注明由投标人根据施工现场实际情况自行考虑，决定报价。

7. 土壤的分类应按表 8-13 确定，如土壤类别不能准确划分时，招标人可注明为综合，由投标人根据地勘报告决定报价。

8. 土方体积应按挖掘前的天然密实体积计算。天然密实土方应按表 8-14 折算。

9. 挖沟槽、基坑、一般土方因工作面和放坡增加的工程量（管沟工作面增加的工程量）是否并入各土方工程量中，应按各省、自治区、直辖市或行业建设主管部门的规定实施，如并入各土方工程量中，办理工程结算时，按经发包人认可的施工组织设计规定计算，编制工程量清单时，可按表 8-15～表 8-17 规定计算。

10. 挖方出现流砂、淤泥时，如设计未明确，在编制工程量清单时，其工程数量可为暂估量，结算时应根据实际情况由发包人与承包人双方现场签证确认工程量。

11. 管沟土方项目适用于管道（给排水、工业、电力、通信）、光（电）缆沟［包括：人（手）孔、接口坑］及连接井（检查井）等。

表 8-13　土壤分类表

土壤分类	土壤名称	开挖方法
一、二类土	粉土、砂土（粉砂、细砂、中砂、粗砂、砾砂）、粉质黏土、弱中盐渍土、软土（淤泥质土、泥炭、泥炭质土）、软塑红黏土、冲填土	用锹、少许用镐、条锄开挖。机械能全部直接铲挖满载者
三类土	黏土、碎石土（圆砾、角砾）混合土、可塑红黏土、硬塑红黏土、强盐渍土、素填土、压实填土	主要用镐、条锄，少许用锹开挖。机械需部分刨松方能铲挖满载者或可直接铲挖但不能满载者
四类土	碎石土（卵石、碎石、漂石、块石）、坚硬红黏土、超盐渍土、杂填土	全部用镐、条锄挖掘，少许用撬棍挖掘。机械须普遍刨松方能铲挖满载者

注：本表土的名称及其含义按国家标准《岩土工程勘察规范》（GB 50021—2001）（2009 年版）定义。

表 8-14　土方体积折算系数表

天然密实度体积	虚方体积	夯实后体积	松填体积
0.77	1.00	0.67	0.83
1.00	1.30	0.87	1.08
1.15	1.50	1.00	1.25
0.92	1.20	0.80	1.00

注：1. 虚方指未经碾压、堆积时间≤1 年的土壤。

2. 本表按《全国统一建筑工程预算工程量计算规则》（GJDGZ—101—95）整理。

3. 设计密实度超过规定的，填方体积按工程设计要求执行；无设计要求按各省、自治区、直辖市或行业建设行政主管部门规定的系数执行。

表 8-15　放坡系数表

土类别	放坡起点/m	人工挖土	机械挖土		
			在坑内作业	在坑上作业	顺沟槽在坑上作业
一、二类土	1.20	1：0.5	1：0.33	1：0.75	1：0.5
三类土	1.50	1：0.33	1：0.25	1：0.67	1：0.33
四类土	2.00	1：0.25	1：0.10	1：0.33	1：0.25

注：1. 沟槽、基坑中土类别不同时，分别按其放坡起点、放坡系数，依不同土类别厚度加权平均计算。

2. 计算放坡时，在交接处的重复工程量不予扣除，原槽、坑作基础垫层时，放坡自垫层上表面开始计算。

表 8-16　基础施工所需工作面宽度计算表

基础材料	每边各增加工作面宽度/mm
砖基础	200
浆砌毛石、条石基础	150
混凝土基础垫层支模板	300
混凝土基础支模板	300
基础垂直面做防水层	1000（防水层面）

注：本表按《全国统一建筑工程预算工程量计算规则》（GJDGZ—101—95）整理。

表 8-17　管沟施工每侧所需工作面宽度计算表　　　　　单位：mm

管沟材料	管道结构宽			
	≤500	≤1000	≤2500	>2500
混凝土及钢筋混凝土管道	400	500	600	700
其他材质管道	300	400	500	600

注：1. 本表按《全国统一建筑工程预算工程量计算规则》（GJDGZ—101—95）整理。

2. 管道结构宽：有管座的按基础外缘，无管座的按管道外径。

（2）石方工程（表 8-18）

表 8-18　石方工程（编号：010102）

项目编码	项目名称	项目特征	计量单位	工程量计算规则	工作内容
010102001	挖一般石方	1. 岩石类别 2. 开凿深度 3. 弃渣运距	m³	按设计图示尺寸以体积计算	1. 排地表水 2. 凿石 3. 运输
010102002	挖沟槽石方			按设计图示尺寸沟槽底面积乘以挖石深度以体积计算	
010102003	挖基坑石方			按设计图示尺寸基坑底面积乘以挖石深度以体积计算	
010102004	挖管沟石方	1. 岩石类别 2. 管外径 3. 挖沟深度	1. m 2. m³	1. 以米计量，按设计图示以管道中心线长度计算 2. 以立方米计量，按设计图示截面积乘以长度计算	1. 排地表水 2. 凿石 3. 回填 4. 运输

注：1. 挖石应按自然地面测量标高至设计地坪标高的平均厚度确定。基础石方开挖深度应按基础垫层底表面标高至交付施工现场地标高确定，无交付施工场地标高时，应按自然地面标高确定。

2. 厚度＞±300mm 的竖向布置挖石或山坡凿石应按本表中挖一般石方项目编码列项。

3. 沟槽、坑、一般石方的划分为：底宽≤7m 且底长＞3 倍底宽为沟槽；底长≤3 倍底宽且底面积≤150m² 为基坑；超出上述范围则为一般石方。

4. 弃渣运距可以不描述，但应注明由投标人根据施工现场实际情况自行考虑，决定报价。

5. 岩石的分类应按表 8-19 确定。

6. 石方体积应按挖掘前的天然密实体积计算。非天然密实石方应按表 8-20 折算。

7. 管沟石方项目适用于管道（给排水、工业、电力、通信）、光（电）缆沟［包括：人（手）孔、接口坑］及连接井（检查井）等。

表 8-19　岩石分类表

岩石分类		代表性岩石	开挖方法
极软岩		1. 全风化的各种岩石 2. 各种半成岩	部分用手凿工具，部分用爆破法开挖
软质岩	软岩	1. 强风化的坚硬岩或较硬岩 2. 中等风化—强风化的较软岩 3. 未风化—微风化的页岩、泥岩、泥质砂岩等	用风镐和爆破法开挖
	较软岩	1. 中等风化—强风化的坚硬岩或较硬岩 2. 未风化—微风化的凝灰岩、千枚岩、泥灰岩、砂质泥岩等	用爆破法开挖
硬质岩	较硬岩	1. 微风化的坚硬岩 2. 未风化—微风化的大理岩、板岩、石灰岩、白云岩、钙质砂岩等	用爆破法开挖
	坚硬岩	未风化—微风化的花岗岩、闪长岩、辉绿岩、玄武岩、安山岩、片麻岩、石英岩、石英砂岩、硅质砾岩、硅质石灰岩等	用爆破法开挖

注：本表依据国家标准《工程岩体分级标准》（GB 50218—94）和《岩土工程勘察规范》（GB 50021—2001）（2009年版）整理。

表 8-20　石方体积折算系数表

石方类别	天然密实度体积	虚方体积	松填体积	码方
石方	1.0	1.54	1.31	
块石	1.0	1.75	1.43	1.67
砂夹石	1.0	1.07	0.94	

注：本表按建设部颁发《爆破工程消耗量定额》（GYD—102—2008）整理。

（3）回填（表 8-21）

表 8-21　回填（编号：010103）

项目编码	项目名称	项目特征	计量单位	工程量计算规则	工作内容
010103001	回填方	1. 密实度要求 2. 填方材料品种 3. 填方粒径要求 4. 填方来源、运距	m³	按设计图示尺寸以体积计算 1. 场地回填：回填面积乘平均回填厚度 2. 室内回填：主墙间面积乘回填厚度，不扣除间隔墙 3. 基础回填：按挖方清单项目工程量减去自然地坪以下埋设的基础体积（包括基础垫层及其他构筑物）	1. 运输 2. 回填 3. 压实
010103002	余方弃置	1. 废弃料品种 2. 运距		按挖方清单项目工程量减利用回填方体积（正数）计算	余方点装料运输至弃置点

注：1. 填方密实度要求，在无特殊要求情况下，项目特征可描述为满足设计和规范的要求。

2. 填方材料品种可以不描述，但应注明由投标人根据设计要求验方后方可填入，并符合相关工程的质量规范要求。

3. 填方粒径要求，在无特殊要求情况下，项目特征可以不描述。

4. 如需买土回填应在项目特征填方来源中描述，并注明买土数量。

8.3.2　地基处理与边坡支护工程

地基处理与边坡支护工程见规范附录 B。

（1）地基处理（表 8-22）

表 8-22　地基处理（编号：010201）

项目编码	项目名称	项目特征	计量单位	工程量计算规则	工作内容
010201001	换填垫层	1. 材料种类及配比 2. 压实系数 3. 掺加剂品种	m³	按设计图示尺寸以体积计算	1. 分层铺填 2. 碾压、振密或夯实 3. 材料运输
010201002	铺设土工合成材料	1. 部位 2. 品种 3. 规格		按设计图示尺寸以面积计算	1. 挖填锚固沟 2. 铺设 3. 固定 4. 运输
010201003	预压地基	1. 排水竖井种类、断面尺寸、排列方式、间距、深度 2. 预压方法 3. 预压荷载、时间 4. 砂垫层厚度	m²		1. 设置排水竖井、盲沟、滤水管 2. 铺设砂垫层、密封膜 3. 堆载、卸载或抽气设备安拆、抽真空 4. 材料运输
010201004	强夯地基	1. 夯击能量 2. 夯击遍数 3. 夯击点布置形式、间距 4. 地耐力要求 5. 夯填材料种类		按设计图示处理范围以面积计算	1. 铺设夯填材料 2. 强夯 3. 夯填材料运输
010201005	振冲密实（不填料）	1. 地层情况 2. 振密深度 3. 孔距			1. 振冲加密 2. 泥浆运输

续表

项目编码	项目名称	项目特征	计量单位	工程量计算规则	工作内容
010201006	振冲桩(填料)	1. 地层情况 2. 空桩长度、桩长 3. 桩径 4. 填充材料种类	1. m 2. m³	1. 以米计量,按设计图示尺寸以桩长计算 2. 以立方米计量,按设计桩截面乘以桩长以体积计算	1. 振冲成孔、填料、振实 2. 材料运输 3. 泥浆运输
010201007	砂石桩	1. 地层情况 2. 空桩长度、桩长 3. 桩径 4. 成孔方法 5. 材料种类、级配		1. 以米计量,按设计图示尺寸以桩长(包括桩尖)计算 2. 以立方米计量,按设计桩截面乘以桩长(包括桩尖)以体积计算	1. 成孔 2. 填充、振实 3. 材料运输
010201008	水泥粉煤灰碎石桩	1. 地层情况 2. 空桩长度、桩长 3. 桩径 4. 成孔方法 5. 混合料强度等级	m	按设计图示尺寸以桩长(包括桩尖)计算	1. 成孔 2. 混合料制作、灌注、养护 3. 材料运输
010201009	深层搅拌桩	1. 地层情况 2. 空桩长度、桩长 3. 桩截面尺寸 4. 水泥强度等级、掺量		按设计图示尺寸以桩长计算	1. 预搅下钻、水泥浆制作、喷浆搅拌提升成桩 2. 材料运输
010201010	粉喷桩	1. 地层情况 2. 空桩长度、桩长 3. 桩径 4. 粉体种类、掺量 5. 水泥强度等级、石灰粉要求			1. 预搅下钻、喷粉搅拌提升成桩 2. 材料运输
010201011	夯实水泥土桩	1. 地层情况 2. 空桩长度、桩长 3. 桩径 4. 成孔方法 5. 水泥强度等级 6. 混合料配比		按设计图示尺寸以桩长(包括桩尖)计算	1. 成孔、夯底 2. 水泥土拌合、填料、夯实 3. 材料运输
010201012	高压喷射注浆桩	1. 地层情况 2. 空桩长度、桩长 3. 桩截面 4. 注浆类型、方法 5. 水泥强度等级		按设计图示尺寸以桩长计算	1. 成孔 2. 水泥浆制作、高压喷射注浆 3. 材料运输
010201013	石灰桩	1. 地层情况 2. 空桩长度、桩长 3. 桩径 4. 成孔方法 5. 掺和料种类、配合比		按设计图示尺寸以桩长(包括桩尖)计算	1. 成孔 2. 混合料制作、运输、夯填
010201014	灰土(土)挤密桩	1. 地层情况 2. 空桩长度、桩长 3. 桩径 4. 成孔方法 5. 灰土级配			1. 成孔 2. 灰土拌合、运输、填充、夯实
010201015	柱锤冲扩桩	1. 地层情况 2. 空桩长度、桩长 3. 桩径 4. 成孔方法 5. 桩体材料种类、配合比		按设计图示尺寸以桩长计算	1. 安拔套管 2. 冲孔、填料、夯实 3. 桩体材料制作、运输

续表

项目编码	项目名称	项目特征	计量单位	工程量计算规则	工作内容
010201016	注浆地基	1. 地层情况 2. 空钻深度、注浆深度 3. 注浆间距 4. 浆液种类及配比 5. 注浆方法 6. 水泥强度等级	1. m 2. m³	1. 以米计量，按设计图示尺寸以钻孔深度计算 2. 以立方米计量，按设计图示尺寸以加固体积计算	1. 成孔 2. 注浆导管制作、安装 3. 浆液制作、压浆 4. 材料运输
010201017	褥垫层	1. 厚度 2. 材料品种及比例	1. m² 2. m³	1. 以平方米计量，按设计图示尺寸以铺设面积计算 2. 以立方米计量，按设计图示尺寸以体积计算	材料拌合、运输、铺设、压实

注：1. 地层情况按表8-13和表8-19的规定，并根据岩土工程勘察报告按单位工程各地层所占比例（包括范围值）进行描述。对无法准确描述的地层情况，可注明由投标人根据岩土工程勘察报告自行决定报价。

2. 项目特征中的桩长应包括桩尖，空桩长度＝孔深－桩长，孔深为自然地面至设计桩底的深度。

3. 高压喷射注浆类型包括旋喷、摆喷、定喷，高压喷射注浆方法包括单管法、双重管法、三重管法。

4. 如采用泥浆护壁成孔，工作内容包括土方、废泥浆外运，如采用沉管灌注成孔，工作内容包括桩尖制作、安装。

（2）基坑与边坡支护（表8-23）

表8-23　基坑与边坡支护（编码：010202）

项目编码	项目名称	项目特征	计量单位	工程量计算规则	工作内容
010202001	地下连续墙	1. 地层情况 2. 导墙类型、截面 3. 墙体厚度 4. 成槽深度 5. 混凝土种类、强度等级 6. 接头形式	m³	按设计图示墙中心线长乘以厚度乘以槽深以体积计算	1. 导墙挖填、制作、安装、拆除 2. 挖土成槽、固壁、清底置换 3. 混凝土制作、运输、灌注、养护 4. 接头处理 5. 土方、废泥浆外运 6. 打桩场地硬化及泥浆池、泥浆沟
010202002	咬合灌注桩	1. 地层情况 2. 桩长 3. 桩径 4. 混凝土种类、强度等级 5. 部位	1. m 2. 根	1. 以米计量，按设计图示尺寸以桩长计算 2. 以根计量，按设计图示数量计算	1. 成孔、固壁 2. 混凝土制作、运输、灌注、养护 3. 套管压拔 4. 土方、废泥浆外运 5. 打桩场地硬化及泥浆池、泥浆沟
010202003	圆木桩	1. 地层情况 2. 桩长 3. 材质 4. 尾径 5. 桩倾斜度		1. 以米计量，按设计图示尺寸以桩长（包括桩尖）计算 2. 以根计量，按设计图示数量计算	1. 工作平台搭拆 2. 桩机移位 3. 桩靴安装 4. 沉桩
010202004	预制钢筋混凝土板桩	1. 地层情况 2. 送桩深度、桩长 3. 桩截面 4. 混凝土强度等级			1. 工作平台搭拆 2. 桩机移位 3. 沉桩 4. 板桩连接

续表

项目编码	项目名称	项目特征	计量单位	工程量计算规则	工作内容
010202005	型钢桩	1. 地层情况或部位 2. 送桩深度、桩长 3. 规格型号 4. 桩倾斜度 5. 防护材料种类 6. 是否拔出	1. t 2. 根	1. 以吨计量,按设计图示尺寸以质量计算 2. 以根计量,按设计图示数量计算	1. 工作平台搭拆 2. 桩机移位 3. 打(拔)桩 4. 接桩 5. 刷防护材料
010202006	钢板桩	1. 地层情况 2. 桩长 3. 板桩厚度	1. t 2. m²	1. 以吨计量,按设计图示尺寸以质量计算 2. 以平方米计量,按设计图示墙中心线长乘以桩长以面积计算	1. 工作平台搭拆 2. 桩机移位 3. 打拔钢板桩
010202007	锚杆(锚索)	1. 地层情况 2. 锚杆(索)类型、部位 3. 钻孔深度 4. 钻孔直径 5. 杆体材料品种、规格、数量 6. 预应力 7. 浆液种类、强度等级	1. m 2. 根	1. 以米计量,按设计图示尺寸以钻孔深度计算 2. 以根计量,按设计图示数量计算	1. 钻孔、浆液制作、运输、压浆 2. 锚杆(锚索)制作、安装 3. 张拉锚固 4. 锚杆(锚索)施工平台搭设、拆除
010202008	土钉	1. 地层情况 2. 钻孔深度 3. 钻孔直径 4. 置入方法 5. 杆体材料品种、规格、数量 6. 浆液种类、强度等级			1. 钻孔、浆液制作、运输、压浆 2. 土钉制作、安装 3. 土钉施工平台搭设、拆除
010202009	喷射混凝土、水泥砂浆	1. 部位 2. 厚度 3. 材料种类 4. 混凝土(砂浆)类别、强度等级	m²	按设计图示尺寸以面积计算	1. 修整边坡 2. 混凝土(砂浆)制作、运输、喷射、养护 3. 钻排水孔、安装排水管 4. 喷射施工平台搭设、拆除
010202010	钢筋混凝土支撑	1. 部位 2. 混凝土种类 3. 混凝土强度等级	m³	按设计图示尺寸以体积计算	1. 模板(支架或支撑)制作、安装、拆除、堆放、运输及清理模内杂物、刷隔离剂等 2. 混凝土制作、运输、浇筑、振捣、养护

续表

项目编码	项目名称	项目特征	计量单位	工程量计算规则	工作内容
010202011	钢支撑	1. 部位 2. 钢材品种、规格 3. 探伤要求	t	按设计图示尺寸以质量计算。不扣除孔眼质量,焊条、铆钉、螺栓等不另增加质量	1. 支撑、铁件制作(摊销、租赁) 2. 支撑、铁件安装 3. 探伤 4. 刷漆 5. 拆除 6. 运输

注:1. 地层情况按表 8-13 和表 8-19 的规定,并根据岩土工程勘察报告按单位工程各地层所占比例(包括范围值)进行描述。对无法准确描述的地层情况,可注明由投标人根据岩土工程勘察报告自行决定报价。

2. 土钉置入方法包括钻孔置入、打入或射入等。

3. 混凝土种类:指清水混凝土、彩色混凝土等,如在同一地区既使用预拌(商品)混凝土,又允许现场搅拌混凝土时,也应注明(下同)。

4. 地下连续墙和喷射混凝土(砂浆)的钢筋网、咬合灌注桩的钢筋笼及钢筋混凝土支撑的钢筋制作、安装,按 8.3.5 中相关项目列项。本分部未列的基坑与边坡支护的排桩按 8.3.3 中相关项目列项。水泥土墙、坑内加固按表 8-22 中相关项目列项。砖、石挡土墙、护坡按 8.3.4 中相关项目列项。混凝土挡土墙按 8.3.5 中相关项目列项。

8.3.3　桩基工程

桩基工程见规范附录 C。

(1)打桩(表 8-24)

表 8-24　打桩(编号:010301)

项目编码	项目名称	项目特征	计量单位	工程量计算规则	工作内容
010301001	预制钢筋混凝土方桩	1. 地层情况 2. 送桩深度、桩长 3. 桩截面 4. 桩倾斜度 5. 沉桩方法 6. 接桩方式 7. 混凝土强度等级	1. m 2. m³ 3. 根	1. 以米计量,按设计图示尺寸以桩长(包括桩尖)计算 2. 以立方米计量,按设计图示截面积乘以桩长(包括桩尖)以实体积计算 3. 以根计量,按设计图示数量计算	1. 工作平台搭拆 2. 桩机竖拆、移位 3. 沉桩 4. 接桩 5. 送桩
010301002	预制钢筋混凝土管桩	1. 地层情况 2. 送桩深度、桩长 3. 桩外径、壁厚 4. 桩倾斜度 5. 沉桩方法 6. 桩尖类型 7. 混凝土强度等级 8. 填充材料种类 9. 防护材料种类			1. 工作平台搭拆 2. 桩机竖拆、移位 3. 沉桩 4. 接桩 5. 送桩 6. 桩尖制作安装 7. 填充材料、刷防护材料
010301003	钢管桩	1. 地层情况 2. 送桩深度、桩长 3. 材质 4. 管径、壁厚 5. 桩倾斜度 6. 沉桩方法 7. 填充材料种类 8. 防护材料种类	1. t 2. 根	1. 以吨计量,按设计图示尺寸以质量计算 2. 以根计量,按设计图示数量计算	1. 工作平台搭拆 2. 桩机竖拆、移位 3. 沉桩 4. 接桩 5. 送桩 6. 切割钢管、精割盖帽 7. 管内取土 8. 填充材料、刷防护材料

续表

项目编码	项目名称	项目特征	计量单位	工程量计算规则	工作内容
010301004	截(凿)桩头	1. 桩类型 2. 桩头截面、高度 3. 混凝土强度等级 4. 有无钢筋	1. m³ 2. 根	1. 以立方米计量,按设计桩截面乘以桩头长度以体积计算 2. 以根计量,按设计图示数量计算	1. 截(切割)桩头 2. 凿平 3. 废料外运

注：1. 地层情况按表 8-13 和表 8-19 的规定，并根据岩土工程勘察报告按单位工程各地层所占比例（包括范围值）进行描述。对无法准确描述的地层情况，可注明由投标人根据岩土工程勘察报告自行决定报价。

2. 项目特征中的桩截面、混凝土强度等级、桩类型等可直接用标准图代号或设计桩型进行描述。

3. 预制钢筋混凝土方桩、预制钢筋混凝土管桩项目以成品桩编制，应包括成品桩购置费，如果用现场预制，应包括现场预制桩的所有费用。

4. 打试验桩和打斜桩应按相应项目单独列项，并应在项目特征中注明试验桩或斜桩（斜率）。

5. 截（凿）桩头项目适用于 8.3.2 和 8.3.3 所列桩的桩头截（凿）。

6. 预制钢筋混凝土管桩桩顶与承台的连接构造按 8.3.5 相关项目列项。

（2）灌注桩（表 8-25）

表 8-25　灌注桩（编号：010302）

项目编码	项目名称	项目特征	计量单位	工程量计算规则	工作内容
010302001	泥浆护壁成孔灌注桩	1. 地层情况 2. 空桩长度、桩长 3. 桩径 4. 成孔方法 5. 护筒类型、长度 6. 混凝土种类、强度等级	1. m 2. m³ 3. 根	1. 以米计量,按设计图示尺寸以桩长（包括桩尖)计算 2. 以立方米计量,按不同截面在桩上范围内以体积计算 3. 以根计量,按设计图示数量计算	1. 护筒埋设 2. 成孔、固壁 3. 混凝土制作、运输、灌注、养护 4. 土方、废泥浆外运 5. 打桩场地硬化及泥浆池、泥浆沟
010302002	沉管灌注桩	1. 地层情况 2. 空桩长度、桩长 3. 复打长度 4. 桩径 5. 沉管方法 6. 桩尖类型 7. 混凝土种类、强度等级			1. 打(沉)拔钢管 2. 桩尖制作、安装 3. 混凝土制作、运输、灌注、养护
010302003	干作业成孔灌注桩	1. 地层情况 2. 空桩长度、桩长 3. 桩径 4. 扩孔直径、高度 5. 成孔方法 6. 混凝土种类、强度等级			1. 成孔、扩孔 2. 混凝土制作、运输、灌注、振捣、养护

续表

项目编码	项目名称	项目特征	计量单位	工程量计算规则	工作内容
010302004	挖孔桩土(石)方	1. 地层情况 2. 挖孔深度 3. 弃土(石)运距	m³	按设计图示尺寸(含护壁)截面积乘以挖孔深度以立方米计算	1. 排地表水 2. 挖土、凿石 3. 基底钎探 4. 运输
010302005	人工挖孔灌注桩	1. 桩芯长度 2. 桩芯直径、扩底直径、扩底高度 3. 护壁厚度、高度 4. 护壁混凝土种类、强度等级 5. 桩芯混凝土种类、强度等级	1. m³ 2. 根	1. 以立方米计量,按桩芯混凝土体积计算 2. 以根计量,按设计图示数量计算	1. 护壁制作 2. 混凝土制作、运输、灌注、振捣、养护
010302006	钻孔压浆桩	1. 地层情况 2. 空钻长度、桩长 3. 钻孔直径 4. 水泥强度等级	1. m 2. 根	1. 以米计量,按设计图示尺寸以桩长计算 2. 以根计量,按设计图示数量计算	钻孔、下注浆管、投放骨料、浆液制作、运输、压浆
010302007	灌注桩后压浆	1. 注浆导管材料、规格 2. 注浆导管长度 3. 单孔注浆量 4. 水泥强度等级	孔	按设计图示以注浆孔数计算	1. 注浆导管制作、安装 2. 浆液制作、运输、压浆

注：1. 地层情况按表 8-13 和表 8-19 的规定，并根据岩土工程勘察报告按单位工程各地层所占比例（包括范围值）进行描述。对无法准确描述的地层情况，可注明由投标人根据岩土工程勘察报告自行决定报价。

2. 项目特征中的桩长应包括桩尖，空桩长度＝孔深－桩长，孔深为自然地面至设计桩底的深度。

3. 项目特征中的桩截面（桩径）、混凝土强度等级、桩类型等可直接用标准图代号或设计桩型进行描述。

4. 泥浆护壁成孔灌注桩是指在泥浆护壁条件下成孔，采用水下灌注混凝土的桩。其成孔方法包括冲击钻成孔、冲抓锥成孔、回旋钻成孔、潜水钻成孔、泥浆护壁的旋挖成孔等。

5. 沉管灌注桩的沉管方法包括捶击沉管法、振动沉管法、振动冲击沉管法、内夯沉管法等。

6. 干作业成孔灌注桩是指不用泥浆护壁和套管护壁的情况下，用钻机成孔后，下钢筋笼，灌注混凝土的桩，适用于地下水位以上的土层使用。其成孔方法包括螺旋钻成孔、螺旋钻成孔扩底、干作业的旋挖成孔等。

7. 混凝土种类指清水混凝土、彩色混凝土、水下混凝土等，如在同一地区既使用预拌（商品）混凝土，又允许现场搅拌混凝土时，也应注明（下同）。

8. 混凝土灌注桩的钢筋笼制作、安装，按 8.3.5 中相关项目编码列项。

8.3.4　砌筑工程

砌筑工程见规范附录 D。

（1）砖砌体（表 8-26）

表 8-26　砖砌体（编号：010401）

项目编码	项目名称	项目特征	计量单位	工程量计算规则	工作内容
010401001	砖基础	1. 砖品种、规格、强度等级 2. 基础类型 3. 砂浆强度等级 4. 防潮层材料种类	m³	按设计图示尺寸以体积计算 　　包括附墙垛基础宽出部分体积，扣除地梁（圈梁）、构造柱所占体积，不扣除基础大放脚 T 形接头处的重叠部分及嵌入基础内的钢筋、铁件、管道、基础砂浆防潮层和单个面积≤0.3m² 的孔洞所占体积，靠墙暖气沟的挑檐不增加 　　基础长度：外墙按外墙中心线，内墙按内墙净长线计算	1. 砂浆制作、运输 2. 砌砖 3. 防潮层铺设 4. 材料运输
010401002	砖砌挖孔桩护壁	1. 砖品种、规格、强度等级 2. 砂浆强度等级		按设计图示尺寸以立方米计算	1. 砂浆制作、运输 2. 砌砖 3. 材料运输
010401003	实心砖墙	1. 砖品种、规格、强度等级 2. 墙体类型 3. 砂浆强度等级、配合比		按设计图示尺寸以体积计算 　　扣除门窗、洞口、嵌入墙内的钢筋混凝土柱、梁、圈梁、挑梁、过梁及凹进墙内的壁龛、管槽、暖气槽、消火栓箱所占体积，不扣除梁头、板头、檩头、垫木、木楞头、沿缘木、木砖、门窗走头、砖墙内加固钢筋、木筋、铁件、钢管及单个面积≤0.3m² 的孔洞所占的体积。凸出墙面的腰线、挑檐、压顶、窗台线、虎头砖、门窗套的体积亦不增加。凸出墙面的砖垛并入墙体体积内计算 　　1. 墙长度：外墙按中心线、内墙按净长计算 　　2. 墙高度 　　（1）外墙：斜（坡）屋面无檐口天棚者算至屋面板底；有屋架且室内外均有天棚者算至屋架下弦底另加200mm；无天棚者算至屋架下弦底另加 300mm，出檐宽度超过 600mm 时按实砌高度计算；有钢筋混凝土楼板隔层者算至板顶。平屋顶算至钢筋混凝土板底 　　（2）内墙：位于屋架下弦者，算至屋架下弦底；无屋架者算至天棚底另加100mm；有钢筋混凝土楼板隔层者算至楼板顶；有框架梁时算至梁底 　　（3）女儿墙：从屋面板上表面算至女儿墙顶面（如有混凝土压顶时算至压顶下表面） 　　（4）内、外山墙：按其平均高度计算 　　3. 框架间墙：不分内外墙按墙体净尺寸以体积计算 　　4. 围墙：高度算至压顶上表面（如有混凝土压顶时算至压顶下表面），围墙柱并入围墙体积内	1. 砂浆制作、运输 2. 砌砖 3. 刮缝 4. 砖压顶砌筑 5. 材料运输
010401004	多孔砖墙				
010401005	空心砖墙				

项目编码	项目名称	项目特征	计量单位	工程量计算规则	工作内容
010401006	空斗墙	1. 砖品种、规格、强度等级 2. 墙体类型 3. 砂浆强度等级、配合比	m³	按设计图示尺寸以空斗墙外形体积计算。墙角、内外墙交接处、门窗洞口立边、窗台砖、屋檐处的实砌部分体积并入空斗墙体积内	1. 砂浆制作、运输 2. 砌砖 3. 装填充料 4. 刮缝 5. 材料运输
010401007	空花墙			按设计图示尺寸以空花部分外形体积计算,不扣除空洞部分体积	
010401008	填充墙	1. 砖品种、规格、强度等级 2. 墙体类型 3. 填充材料种类及厚度 4. 砂浆强度等级、配合比		按设计图示尺寸以填充墙外形体积计算	
010401009	实心砖柱	1. 砖品种、规格、强度等级 2. 柱类型 3. 砂浆强度等级、配合比		按设计图示尺寸以体积计算。扣除混凝土及钢筋混凝土梁垫、梁头所占体积	1. 砂浆制作、运输 2. 砌砖 3. 刮缝 4. 材料运输
010401010	多孔砖柱				
010401011	砖检查井	1. 井截面、深度 2. 砖品种、规格、强度等级 3. 垫层材料种类、厚度 4. 底板厚度 5. 井盖安装 6. 混凝土强度等级 7. 砂浆强度等级 8. 防潮层材料种类	座	按设计图示数量计算	1. 砂浆制作、运输 2. 铺设垫层 3. 底板混凝土制作、运输、浇筑、振捣、养护 4. 砌砖 5. 刮缝 6. 井池底、壁抹灰 7. 抹防潮层 8. 材料运输

续表

项目编码	项目名称	项目特征	计量单位	工程量计算规则	工作内容
010401012	零星砌砖	1. 零星砌砖名称、部位 2. 砖品种、规格、强度等级 3. 砂浆强度等级、配合比	1. m³ 2. m² 3. m 4. 个	1. 以立方米计量,按设计图示尺寸截面积乘以长度计算 2. 以平方米计量,按设计图示尺寸水平投影面积计算 3. 以米计量,按设计图示尺寸长度计算 4. 以个计量,按设计图示数量计算	1. 砂浆制作、运输 2. 砌砖 3. 刮缝 4. 材料运输
010401013	砖散水、地坪	1. 砖品种、规格、强度等级 2. 垫层材料种类、厚度 3. 散水、地坪厚度 4. 面层种类、厚度 5. 砂浆强度等级	m²	按设计图示尺寸以面积计算	1. 土方挖、运、填 2. 地基找平、夯实 3. 铺设垫层 4. 砌砖散水、地坪 5. 抹砂浆面层
010401014	砖地沟、明沟	1. 砖品种、规格、强度等级 2. 沟截面尺寸 3. 垫层材料种类、厚度 4. 混凝土强度等级 5. 砂浆强度等级	m	以米计量,按设计图示以中心线长度计算	1. 土方挖、运、填 2. 铺设垫层 3. 底板混凝土制作、运输、浇筑、振捣、养护 4. 砌砖 5. 刮缝、抹灰 6. 材料运输

注：1. "砖基础"项目适用于各种类型砖基础：柱基础、墙基础、管道基础等。

2. 基础与墙（柱）身使用同一种材料时，以设计室内地面为界（有地下室者，以地下室室内设计地面为界），以下为基础，以上为墙（柱）身。基础与墙身使用不同材料时，位于设计室内地面高度≤±300mm时，以不同材料为分界线，高度>±300mm时，以设计室内地面为分界线。

3. 砖围墙以设计室外地坪为界，以下为基础，以上为墙身。

4. 框架外表面的镶贴砖部分，按零星项目编码列项。

5. 附墙烟囱、通风道、垃圾道应按设计图示尺寸以体积（扣除孔洞所占体积）计算并入所依附的墙体体积内。当设计规定孔洞内需抹灰时，应按8.3.12中零星抹灰项目编码列项。

6. 空斗墙的窗间墙、窗台下、楼板下、梁头下等的实砌部分，按零星砌砖项目编码列项。

7. "空花墙"项目适用于各种类型的空花墙，使用混凝土花格砌筑的空花墙，实砌墙体与混凝土花格应分别计算，混凝土花格按混凝土及钢筋混凝土中预制构件相关项目编码列项。

8. 台阶、台阶挡墙、梯带、锅台、炉灶、蹲台、池槽、池槽腿、砖胎模、花台、花池、楼梯栏板、阳台栏板、地垄墙、≤0.3m²的孔洞填塞等，应按零星砌砖项目编码列项。砖砌锅台与炉灶可按外形尺寸以个计算，砖砌台阶可按水平投影面积以平方米计算，小便槽、地垄墙可按长度计算，其他工程按立方米计算。

9. 砖砌体内钢筋加固，应按8.3.5中相关项目编码列项。

10. 砖砌体勾缝按8.3.5中相关项目编码列项。

11. 检查井内的爬梯按8.3.5中相关项目编码列项；井、池内的混凝土构件按本规范附录E中混凝土及钢筋混凝土预制构件编码列项。

12. 如施工图设计标注做法见标准图集时，应在项目特征描述中注明标准图集的编码、页号及节点大样。

（2）砌块砌体（表 8-27）

表 8-27　砌块砌体（编号：010402）

项目编码	项目名称	项目特征	计量单位	工程量计算规则	工作内容
010402001	砌块墙	1. 砌块品种、规格、强度等级 2. 墙体类型 3. 砂浆强度等级	m³	按设计图示尺寸以体积计算 　扣除门窗、洞口、嵌入墙内的钢筋混凝土柱、梁、圈梁、挑梁、过梁及凹进墙内的壁龛、管槽、暖气槽、消火栓箱所占体积，不扣除梁头、板头、檩头、垫木、木楞头、沿缘木、木砖、门窗走头、砌块墙内加固钢筋、木筋、铁件、钢管及单个面积≤0.3m² 的孔洞所占的体积。凸出墙面的腰线、挑檐、压顶、窗台线、虎头砖、门窗套的体积亦不增加。凸出墙面的砖垛并入墙体体积内计算 　1. 墙长度：外墙按中心线、内墙按净长计算 　2. 墙高度 　（1）外墙：斜（坡）屋面无檐口天棚者算至屋面板底；有屋架且室内外均有天棚者算至屋架下弦底另加 200mm；无天棚者算至屋架下弦底另加 300mm，出檐宽度超过 600mm 时按实砌高度计算；有钢筋混凝土楼板隔层者算至板顶；平屋面算至钢筋混凝土板底 　（2）内墙：位于屋架下弦者，算至屋架下弦底；无屋架者算至天棚底另加 100mm；有钢筋混凝土楼板隔层者算至楼板顶；有框架梁时算至梁底 　（3）女儿墙：从屋面板上表面算至女儿墙顶面（如有混凝土压顶时算至压顶下表面） 　（4）内、外山墙：按其平均高度计算 　3. 框架间墙：不分内外墙按墙体净尺寸以体积计算 　4. 围墙：高度算至压顶上表面（如有混凝土压顶时算至压顶下表面），围墙柱并入围墙体积内	1. 砂浆制作、运输 2. 砌砖、砌块 3. 勾缝 4. 材料运输
010402002	砌块柱	1. 砖品种、规格、强度等级 2. 墙体类型 3. 砂浆强度等级		按设计图示尺寸以体积计算 　扣除混凝土及钢筋混凝土梁垫、梁头、板头所占体积	

注：1. 砌体内加筋、墙体拉结的制作、安装，应按本规范附录 E 中相关项目编码列项。

2. 砌块排列应上、下错缝搭砌，如果搭错缝长度满足不了规定的压搭要求，应采取压砌钢筋网片的措施，具体构造要求按设计规定。若设计无规定时，应注明由投标人根据工程实际情况自行考虑；钢筋网片按本规范附录 F 中相应编码列项。

3. 砌体垂直灰缝宽＞30mm 时，采用 C20 细石混凝土灌实。灌注的混凝土应按本规范附录 E 相关项目编码列项。

（3）石砌体（表 8-28）

表 8-28 石砌体（编号：010403）

项目编码	项目名称	项目特征	计量单位	工程量计算规则	工作内容
010403001	石基础	1. 石料种类、规格 2. 基础类型 3. 砂浆强度等级	m³	按设计图示尺寸以体积计算 包括附墙垛基础宽出部分体积，不扣除基础砂浆防潮层及单个面积≤0.3m²的孔洞所占体积，靠墙暖气沟的挑檐不增加体积。基础长度：外墙按中心线，内墙按净长计算	1. 砂浆制作、运输 2. 吊装 3. 砌石 4. 防潮层铺设 5. 材料运输
010403002	石勒脚			按设计图示尺寸以体积计算，扣除单个面积>0.3m²的孔洞所占的体积	
010403003	石墙	1. 石料种类、规格 2. 石表面加工要求 3. 勾缝要求 4. 砂浆强度等级、配合比		按设计图示尺寸以体积计算 扣除门窗、洞口、嵌入墙内的钢筋混凝土柱、梁、圈梁、挑梁、过梁及凹进墙内的壁龛、管槽、暖气槽、消火栓箱所占体积，不扣除梁头、板头、檩头、垫木、木楞头、沿缘木、木砖、门窗走头、石墙内加固钢筋、木筋、铁件、钢管及单个面积≤0.3m²的孔洞所占的体积。凸出墙面的腰线、挑檐、压顶、窗台线、虎头砖、门窗套的体积亦不增加。凸出墙面的砖垛并入墙体体积内计算 1. 墙长度：外墙按中心线、内墙按净长计算 2. 墙高度 (1)外墙：斜(坡)屋面无檐口天棚者算至屋面板底；有屋架且室内外均有天棚者算至屋架下弦底另加200mm；无天棚者算至屋架下弦底另加300mm，出檐宽度超过600mm时按实砌高度计算；有钢筋混凝土楼板隔层者算至板顶；平屋顶算至钢筋混凝土板底 (2)内墙：位于屋架下弦者，算至屋架下弦底；无屋架者算至天棚底另加100mm；有钢筋混凝土楼板隔层者算至板顶；有框架梁时算至梁底 (3)女儿墙：从屋面板上表面算至女儿墙顶面(如有混凝土压顶时算至压顶下表面) (4)内、外山墙：按其平均高度计算 3. 围墙：高度算至压顶上表面(如有混凝土压顶时算至压顶下表面)，围墙柱并入围墙体积内	1. 砂浆制作、运输 2. 吊装 3. 砌石 4. 石表面加工 5. 勾缝 6. 材料运输
010403004	石挡土墙	1. 石料种类、规格 2. 石表面加工要求 3. 勾缝要求 4. 砂浆强度等级、配合比		按设计图示尺寸以体积计算	1. 砂浆制作、运输 2. 吊装 3. 砌石 4. 变形缝、泄水孔、压顶抹灰 5. 滤水层 6. 勾缝 7. 材料运输
010403005	石柱				1. 砂浆制作、运输 2. 吊装 3. 砌石 4. 石表面加工 5. 勾缝 6. 材料运输
010403006	石栏杆		m	按设计图示以长度计算	
010403007	石护坡	1. 垫层材料种类、厚度 2. 石料种类、规格 3. 护坡厚度、高度 4. 石表面加工要求 5. 勾缝要求 6. 砂浆强度等级、配合比	m³	按设计图示尺寸以体积计算	1. 铺设垫层 2. 石料加工 3. 砂浆制作、运输 4. 砌石 5. 石表面加工 6. 勾缝 7. 材料运输
010403008	石台阶				
010403009	石坡道		m²	按设计图示以水平投影面积计算	

续表

项目编码	项目名称	项目特征	计量单位	工程量计算规则	工作内容
010403010	石地沟、明沟	1. 沟截面尺寸 2. 土壤类别、运距 3. 垫层材料种类、厚度 4. 石料种类、规格 5. 石表面加工要求 6. 勾缝要求 7. 砂浆强度等级、配合比	m	按设计图示以中心线长度计算	1. 土方挖、运 2. 砂浆制作、运输 3. 铺设垫层 4. 砌石 5. 石表面加工 6. 勾缝 7. 回填 8. 材料运输

注：1. 石基础、石勒脚、石墙的划分：基础与勒脚应以设计室外地坪为界。勒脚与墙身应以设计室内地面为界。石围墙内外地坪标高不同时，应以较低地坪标高为界，以下为基础；内外标高之差为挡土墙时，挡土墙以上为墙身。

2. "石基础"项目适用于各种规格（粗料石、细料石等）、各种材质（砂石、青石等）和各种类型（柱基、墙基、直形、弧形等）基础。

3. "石勒脚""石墙"项目适用于各种规格（粗料石、细料石等）、各种材质（砂石、青石、大理石、花岗石等）和各种类型（直形、弧形等）勒脚和墙体。

4. "石挡土墙"项目适用于各种规格（粗料石、细料石、块石、毛石、卵石等）、各种材质（砂石、青石、石灰石等）和各种类型（直形、弧形、台阶形等）挡土墙。

5. "石柱"项目适用于各种规格、各种石质、各种类型的石柱。

6. "石栏杆"项目适用于无雕饰的一般石栏杆。

7. "石护坡"项目适用于各种石质和各种石料（粗料石、细料石、片石、块石、毛石、卵石等）。

8. "石台阶"项目包括石梯带（垂带），不包括石梯膀，石梯膀应按8.3.3石挡土墙项目编码列项。

9. 如施工图设计标注做法见标准图集时，应在项目特征描述中注明标准图集的编码、页号及节点大样。

（4）垫层（表8-29）

表8-29　垫层（编号：010404）

项目编码	项目名称	项目特征	计量单位	工程量计算规则	工作内容
010404001	垫层	垫层材料种类、配合比、厚度	m³	按设计图示尺寸以立方米计算	1. 垫层材料的拌制 2. 垫层铺设 3. 材料运输

注：除混凝土垫层应按8.3.5中相关项目编码列项外，没有包括垫层要求的清单项目应按本表垫层项目编码列项。

（5）相关问题及说明

① 标准砖尺寸应为240mm×115mm×53mm。

② 标准砖墙厚度应按表8-30计算。

表8-30　标准砖墙计算厚度表

砖数（厚度）	1/4	1/2	3/4	1	$1\frac{1}{2}$	2	$2\frac{1}{2}$	3
计算厚度/mm	53	115	180	240	365	490	615	740

8.3.5　混凝土及钢筋混凝土工程

混凝土及钢筋混凝土工程见规范附录E。

（1）现浇混凝土基础（表8-31）

表 8-31　现浇混凝土基础（编号：010501）

项目编码	项目名称	项目特征	计量单位	工程量计算规则	工作内容
010501001	垫层	1. 混凝土种类 2. 混凝土强度等级	m³	按设计图示尺寸以体积计算。不扣除伸入承台基础的桩头所占体积	1. 模板及支撑制作、安装、拆除、堆放、运输及清理模内杂物、刷隔离剂等 2. 混凝土制作、运输、浇筑、振捣、养护
010501002	带形基础				
010501003	独立基础				
010501004	满堂基础				
010501005	桩承台基础				
010501006	设备基础	1. 混凝土种类 2. 混凝土强度等级 3. 灌浆材料及其强度等级			

注：1. 有肋带形基础、无肋带形基础应按本表中相关项目列项，并注明肋高。

2. 箱式满堂基础中柱、梁、墙、板按表 8-32～表 8-35 相关项目分别编码列项；箱式满堂基础底板按本表中的满堂基础项目列项。

3. 框架式设备基础中柱、梁、墙、板分别按表 8-32～表 8-35 相关项目编码列项；基础部分按本表相关项目编码列项。

4. 如为毛石混凝土基础，项目特征应描述毛石所占比例。

（2）现浇混凝土柱（表 8-32）

表 8-32　现浇混凝土柱（编号：010502）

项目编码	项目名称	项目特征	计量单位	工程量计算规则	工作内容
010502001	矩形柱	1. 混凝土种类 2. 混凝土强度等级	m³	按设计图示尺寸以体积计算 柱高： 　1. 有梁板的柱高，应自柱基上表面（或楼板上表面）至上一层楼板上表面之间的高度计算 　2. 无梁板的柱高，应自柱基上表面（或楼板上表面）至柱帽下表面之间的高度计算 　3. 框架柱的柱高，应自柱基上表面至柱顶高度计算 　4. 构造柱按全高计算，嵌接墙体部分（马牙槎）并入柱身体积 　5. 依附柱上的牛腿和升板的柱帽，并入柱身体积计算	1. 模板及支架（撑）制作、安装、拆除、堆放、运输及清理模内杂物、刷隔离剂等 2. 混凝土制作、运输、浇筑、振捣、养护
010502002	构造柱				
010502003	异形柱	1. 柱形状 2. 混凝土种类 3. 混凝土强度等级			

注：混凝土种类指清水混凝土、彩色混凝土等，如在同一地区既使用预拌（商品）混凝土，又允许现场搅拌混凝土时，也应注明（下同）。

（3）现浇混凝土梁（表 8-33）

（4）现浇混凝土墙（表 8-34）

（5）现浇混凝土板（表 8-35）

表 8-33　现浇混凝土梁（编号：010503）

项目编码	项目名称	项目特征	计量单位	工程量计算规则	工作内容
010503001	基础梁	1. 混凝土种类 2. 混凝土强度等级	m^3	按设计图示尺寸以体积计算 伸入墙内的梁头、梁垫并入梁体积内 梁长： 1. 梁与柱连接时，梁长算至柱侧面 2. 主梁与次梁连接时，次梁长算至主梁侧面	1. 模板及支架（撑）制作、安装、拆除、堆放、运输及清理模内杂物、刷隔离剂等 2. 混凝土制作、运输、浇筑、振捣、养护
010503002	矩形梁				
010503003	异形梁				
010503004	圈梁				
010503005	过梁				
010503006	弧形、拱形梁				

表 8-34　现浇混凝土墙（编号：010504）

项目编码	项目名称	项目特征	计量单位	工程量计算规则	工作内容
010504001	直形墙	1. 混凝土种类 2. 混凝土强度等级	m^3	按设计图示尺寸以体积计算 扣除门窗洞口及单个面积＞ $0.3m^2$ 的孔洞所占体积，墙垛及凸出墙面部分并入墙体体积计算	1. 模板及支架（撑）制作、安装、拆除、堆放、运输及清理模内杂物、刷隔离剂等 2. 混凝土制作、运输、浇筑、振捣、养护
010504002	弧形墙				
010504003	短肢剪力墙				
010504004	挡土墙				

　　注：短肢剪力墙是指截面厚度不大于 300mm、各肢截面高度与厚度之比的最大值大于 4 但不大于 8 的剪力墙；各肢截面高度与厚度之比的最大值不大于 4 的剪力墙按柱项目编码列项。

表 8-35　现浇混凝土板（编号：010505）

项目编码	项目名称	项目特征	计量单位	工程量计算规则	工作内容
010505001	有梁板	1. 混凝土种类 2. 混凝土强度等级	m^3	按设计图示尺寸以体积计算，不扣除单个面积≤ $0.3m^2$ 的柱、垛以及孔洞所占体积 压型钢板混凝土楼板扣除构件内压型钢板所占体积 有梁板（包括主、次梁与板）按梁、板体积之和计算，无梁板按板和柱帽体积之和计算，各类板伸入墙内的板头并入板体积内，薄壳板的肋、基梁并入薄壳体积内计算	1. 模板及支架（撑）制作、安装、拆除、堆放、运输及清理模内杂物、刷隔离剂等 2. 混凝土制作、运输、浇筑、振捣、养护
010505002	无梁板				
010505003	平板				
010505004	拱板				
010505005	薄壳板				
010505006	栏板				
010505007	天沟（檐沟）、挑檐板			按设计图示尺寸以体积计算	
010505008	雨篷、悬挑板、阳台板			按设计图示尺寸以墙外部分体积计算。包括伸出墙外的牛腿和雨篷反挑檐的体积	
010505009	空心板			按设计图示尺寸以体积计算。空心板（GBF 高强薄壁蜂巢芯板等）应扣除空心部分体积	
010505010	其他板			按设计图示尺寸以体积计算	

　　注：现浇挑檐、天沟板、雨篷、阳台与板（包括屋面板、楼板）连接时，以外墙外边线为分界线；与圈梁（包括其他梁）连接时，以梁外边线为分界线。外边线以外为挑檐、天沟、雨篷或阳台。

（6）现浇混凝土楼梯（表 8-36）

表 8-36　现浇混凝土楼梯（编号：010506）

项目编码	项目名称	项目特征	计量单位	工程量计算规则	工作内容
010506001	直形楼梯	1. 混凝土种类 2. 混凝土强度等级	1. m² 2. m³	1. 以平方米计量，按设计图示尺寸以水平投影面积计算。不扣除宽度≤500mm 的楼梯井，伸入墙内部分不计算 2. 以立方米计量，按设计图示尺寸以体积计算	1. 模板及支架（撑）制作、安装、拆除、堆放、运输及清理模内杂物、刷隔离剂等 2. 混凝土制作、运输、浇筑、振捣、养护
010506002	弧形楼梯				

注：整体楼梯（包括直形楼梯、弧形楼梯）水平投影面积包括休息平台、平台梁、斜梁和楼梯的连接梁。当整体楼梯与现浇楼板无梯梁连接时，以楼梯的最后一个踏步边缘加 300mm 为界。

（7）现浇混凝土其他构件（表 8-37）

表 8-37　现浇混凝土其他构件（编号：010507）

项目编码	项目名称	项目特征	计量单位	工程量计算规则	工作内容
010507001	散水、坡道	1. 垫层材料种类、厚度 2. 面层厚度 3. 混凝土种类 4. 混凝土强度等级 5. 变形缝填塞材料种类	m²	按设计图示尺寸以水平投影面积计算。不扣除单个≤0.3m² 的孔洞所占面积	1. 地基夯实 2. 铺设垫层 3. 模板及支撑制作、安装、拆除、堆放、运输及清理模内杂物、刷隔离剂等 4. 混凝土制作、运输、浇筑、振捣、养护 5. 变形缝填塞
010507002	室外地坪	1. 地坪厚度 2. 混凝土强度等级			
010507003	电缆沟、地沟	1. 土壤类别 2. 沟截面净空尺寸 3. 垫层材料种类、厚度 4. 混凝土种类 5. 混凝土强度等级 6. 防护材料种类	m	按设计图示以中心线长度计算	1. 挖填、运土石方 2. 铺设垫层 3. 模板及支撑制作、安装、拆除、堆放、运输及清理模内杂物、刷隔离剂等 4. 混凝土制作、运输、浇筑、振捣、养护 5. 刷防护材料
010507004	台阶	1. 踏步高、宽 2. 混凝土种类 3. 混凝土强度等级	1. m² 2. m³	1. 以平方米计量，按设计图示尺寸水平投影面积计算 2. 以立方米计量，按设计图示尺寸以体积计算	1. 模板及支撑制作、安装、拆除、堆放、运输及清理模内杂物、刷隔离剂等 2. 混凝土制作、运输、浇筑、振捣、养护

项目编码	项目名称	项目特征	计量单位	工程量计算规则	工作内容
010507005	扶手、压顶	1. 断面尺寸 2. 混凝土种类 3. 混凝土强度等级	1. m 2. m³	1. 以米计量,按设计图示的中心线延长米计算 2. 以立方米计量,按设计图示尺寸以体积计算	1. 模板及支架(撑)制作、安装、拆除、堆放、运输及清理模内杂物、刷隔离剂等 2. 混凝土制作、运输、浇筑、振捣、养护
010507006	化粪池、检查井	1. 部位 2. 混凝土强度等级 3. 防水、抗渗要求	1. m³ 2. 座	1. 按设计图示尺寸以体积计算 2. 以座计量,按设计图示数量计算	
010507007	其他构件	1. 构件的类型 2. 构件规格 3. 部位 4. 混凝土种类 5. 混凝土强度等级	m³		

注:1. 现浇混凝土小型池槽、垫块、门框等,应按本表其他构件项目编码列项。

2. 架空式混凝土台阶,按现浇楼梯计算。

（8）后浇带（表 8-38）

表 8-38 后浇带（编号：010508）

项目编码	项目名称	项目特征	计量单位	工程量计算规则	工作内容
010508001	后浇带	1. 混凝土种类 2. 混凝土强度等级	m³	按设计图示尺寸以体积计算	1. 模板及支架(撑)制作、安装、拆除、堆放、运输及清理模内杂物、刷隔离剂等 2. 混凝土制作、运输、浇筑、振捣、养护及混凝土交接面、钢筋等的清理

（9）预制混凝土柱（表 8-39）

表 8-39 预制混凝土柱（编号：010509）

项目编码	项目名称	项目特征	计量单位	工程量计算规则	工作内容
010509001	矩形柱	1. 图代号 2. 单件体积 3. 安装高度 4. 混凝土强度等级 5. 砂浆(细石混凝土)强度等级、配合比	1. m³ 2. 根	1. 以立方米计量,按设计图示尺寸以体积计算 2. 以根计量,按设计图示尺寸以数量计算	1. 模板制作、安装、拆除、堆放、运输及清理模内杂物、刷隔离剂等 2. 混凝土制作、运输、浇筑、振捣、养护 3. 构件运输、安装 4. 砂浆制作、运输 5. 接头灌缝、养护
010509002	异形柱				

注:以根计量,必须描述单件体积。

（10）预制混凝土梁（表 8-40）

表 8-40　预制混凝土梁（编号：010510）

项目编码	项目名称	项目特征	计量单位	工程量计算规则	工作内容
010510001	矩形梁	1. 图代号 2. 单件体积 3. 安装高度 4. 混凝土强度等级 5. 砂浆(细石混凝土)强度等级、配合比	1. m³ 2. 根	1. 以立方米计量,按设计图示尺寸以体积计算 2. 以根计量,按设计图示尺寸以数量计算	1. 模板制作、安装、拆除、堆放、运输及清理模内杂物、刷隔离剂等 2. 混凝土制作、运输、浇筑、振捣、养护 3. 构件运输、安装 4. 砂浆制作、运输 5. 接头灌缝、养护
010510002	异形梁				
010510003	过梁				
010510004	拱形梁				
010510005	鱼腹式吊车梁				
010510006	其他梁				

注：以根计量，必须描述单件体积。

（11）预制混凝土屋架（表 8-41）

表 8-41　预制混凝土屋架（编号：010511）

项目编码	项目名称	项目特征	计量单位	工程量计算规则	工作内容
010511001	折线型	1. 图代号 2. 单件体积 3. 安装高度 4. 混凝土强度等级 5. 砂浆(细石混凝土)强度等级、配合比	1. m³ 2. 榀	1. 以立方米计量,按设计图示尺寸以体积计算 2. 以榀计量,按设计图示尺寸以数量计算	1. 模板制作、安装、拆除、堆放、运输及清理模内杂物、刷隔离剂等 2. 混凝土制作、运输、浇筑、振捣、养护 3. 构件运输、安装 4. 砂浆制作、运输 5. 接头灌缝、养护
010511002	组合				
010511003	薄腹				
010511004	门式刚架				
010511005	天窗架				

注：1. 以榀计量，必须描述单件体积。

2. 三角形屋架应按本表中折线型屋架项目编码列项。

（12）预制混凝土板（表 8-42）

表 8-42　预制混凝土板（编号：010512）

项目编码	项目名称	项目特征	计量单位	工程量计算规则	工作内容
010512001	平板	1. 图代号 2. 单件体积 3. 安装高度 4. 混凝土强度等级 5. 砂浆(细石混凝土)强度等级、配合比	1. m³ 2. 块	1. 以立方米计量,按设计图示尺寸以体积计算。不扣除单个面积≤300mm×300mm 的孔洞所占体积,扣除空心板空洞体积 2. 以块计量,按设计图示尺寸以数量计算	1. 模板制作、安装、拆除、堆放、运输及清理模内杂物、刷隔离剂等 2. 混凝土制作、运输、浇筑、振捣、养护 3. 构件运输、安装 4. 砂浆制作、运输 5. 接头灌缝、养护
010512002	空心板				
010512003	槽形板				
010512004	网架板				
010512005	折线板				
010512006	带肋板				
010512007	大型板				

续表

项目编码	项目名称	项目特征	计量单位	工程量计算规则	工作内容
010512008	沟盖板、井盖板、井圈	1. 单件体积 2. 安装高度 3. 混凝土强度等级 4. 砂浆强度等级、配合比	1. m³ 2. 块（套）	1. 以立方米计量，按设计图示尺寸以体积计算 2. 以块计量，按设计图示尺寸以数量计算	1. 模板制作、安装、拆除、堆放、运输及清理模内杂物、刷隔离剂等 2. 混凝土制作、运输、浇筑、振捣、养护 3. 构件运输、安装 4. 砂浆制作、运输 5. 接头灌缝、养护

注：1. 以块、套计量，必须描述单件体积。

2. 不带肋的预制遮阳板、雨篷板、挑檐板、栏板等，应按本表中平板项目编码列项。

3. 预制 F 形板、双 T 形板、单肋板和带反挑檐的雨篷板、挑檐板、遮阳板等，应按本表中带肋板项目编码列项。

4. 预制大型墙板、大型楼板、大型屋面板等，应按本表中大型板项目编码列项。

（13）预制混凝土楼梯（表 8-43）

表 8-43 预制混凝土楼梯（编号：010513）

项目编码	项目名称	项目特征	计量单位	工程量计算规则	工作内容
010513001	楼梯	1. 楼梯类型 2. 单件体积 3. 混凝土强度等级 4. 砂浆（细石混凝土）强度等级	1. m³ 2. 段	1. 以立方米计量，按设计图示尺寸以体积计算。扣除空心踏步板空洞体积 2. 以段计量，按设计图示数量计算	1. 模板制作、安装、拆除、堆放、运输及清理模内杂物、刷隔离剂等 2. 混凝土制作、运输、浇筑、振捣、养护 3. 构件运输、安装 4. 砂浆制作、运输 5. 接头灌缝、养护

注：以段计量，必须描述单件体积。

（14）其他预制构件（表 8-44）

表 8-44 其他预制件（编号：010514）

项目编码	项目名称	项目特征	计量单位	工程量计算规则	工作内容
010514001	垃圾道、通风道、烟道	1. 单件体积 2. 混凝土强度等级 3. 砂浆强度等级	1. m³ 2. m² 3. 根（块、套）	1. 以立方米计量，按设计图示尺寸以体积计算。不扣除单个面积≤300mm×300mm 的孔洞所占体积，扣除烟道、垃圾道、通风道的孔洞所占体积 2. 以平方米计量，按设计图示尺寸以面积计算。不扣除单个面积≤300mm×300mm 的孔洞所占面积 3. 以根计量，按设计图示尺寸以数量计算	1. 模板制作、安装、拆除、堆放、运输及清理模内杂物、刷隔离剂等 2. 混凝土制作、运输、浇筑、振捣、养护 3. 构件运输、安装 4. 砂浆制作、运输 5. 接头灌缝、养护
010514002	其他构件	1. 单件体积 2. 构件的类型 3. 混凝土强度等级 4. 砂浆强度等级			

注：1. 以块、根计量，必须描述单件体积。

2. 预制钢筋混凝土小型池槽、压顶、扶手、垫块、隔热板、花格等，按本表中其他构件项目编码列项。

（15）钢筋工程（表 8-45）

表 8-45　钢筋工程（编号：010515）

项目编码	项目名称	项目特征	计量单位	工程量计算规则	工作内容
010515001	现浇构件钢筋	钢筋种类、规格	t	按设计图示钢筋（网）长度（面积）乘单位理论质量计算	1. 钢筋制作、运输 2. 钢筋安装 3. 焊接（绑扎）
010515002	预制构件钢筋				
010515003	钢筋网片				1. 钢筋网制作、运输 2. 钢筋网安装 3. 焊接（绑扎）
010515004	钢筋笼				1. 钢筋笼制作、运输 2. 钢筋笼安装 3. 焊接（绑扎）
010515005	先张法预应力钢筋	1. 钢筋种类、规格 2. 锚具种类		按设计图示钢筋长度乘单位理论质量计算	1. 钢筋制作、运输 2. 钢筋张拉
010515006	后张法预应力钢筋	1. 钢筋种类、规格 2. 钢丝种类、规格 3. 钢铰线种类、规格 4. 锚具种类 5. 砂浆强度等级		按设计图示钢筋（丝束、绞线）长度乘单位理论质量计算 1. 低合金钢筋两端均采用螺杆锚具时，钢筋长度按孔道长度减 0.35m 计算，螺杆另行计算 2. 低合金钢筋一端采用镦头插片，另一端采用螺杆锚具时，钢筋长度按孔道长度计算，螺杆另行计算 3. 低合金钢筋一端采用镦头插片，另一端采用帮条锚具时，钢筋增加 0.15m 计算；两端均采用帮条锚具时，钢筋长度按孔道长度增加 0.3m 计算 4. 低合金钢筋采用后张混凝土自锚时，钢筋长度按孔道长度增加 0.35m 计算 5. 低合金钢筋（钢铰线）采用 JM、XM、QM 型锚具，孔道长度≤20m 时，钢筋长度增加 1m 计算，孔道长度＞20m 时，钢筋长度增加 1.8m 计算 6. 碳素钢丝采用锥形锚具，孔道长度≤20m 时，钢丝束长度按孔道长度增加 1m 计算，孔道长度＞20m 时，钢丝束长度按孔道长度增加 1.8m 计算 7. 碳素钢丝采用镦头锚具时，钢丝束长度按孔道长度增加 0.35m 计算	1. 钢筋、钢丝、钢绞线制作、运输 2. 钢筋、钢丝、钢绞线安装 3. 预埋管孔道铺设 4. 锚具安装 5. 砂浆制作、运输 6. 孔道压浆、养护
010515007	预应力钢丝				
010515008	预应力钢绞线				

项目编码	项目名称	项目特征	计量单位	工程量计算规则	工作内容
010515009	支撑钢筋 （铁马）	1. 钢筋种类 2. 规格		按钢筋长度乘单位理论质量计算	钢筋制作、焊接、安装
010515010	声测管	1. 材质 2. 规格型号	t	按设计图示尺寸以质量计算	1. 检测管截断、封头 2. 套管制作、焊接 3. 定位、固定

注：1. 现浇构件中伸出构件的锚固钢筋应并入钢筋工程量内。除设计（包括规范规定）标明的搭接外，其他施工搭接不计算工程量，在综合单价中综合考虑。

2. 现浇构件中固定位置的支撑钢筋、双层钢筋用的"铁马"在编制工程量清单时，如果设计未明确，其工程数量可为暂估量，结算时按现场签证数量计算。

（16）螺栓、铁件（表 8-46）

表 8-46　螺栓、铁件（编号：010516）

项目编码	项目名称	项目特征	计量单位	工程量计算规则	工作内容
010516001	螺栓	1. 螺栓种类 2. 规格		按设计图示尺寸以质量计算	1. 螺栓、铁件制作、运输 2. 螺栓、铁件安装
010516002	预埋铁件	1. 钢材种类 2. 规格 3. 铁件尺寸	t		
010516003	机械连接	1. 连接方式 2. 螺纹套筒种类 3. 规格	个	按数量计算	1. 钢筋套丝 2. 套筒连接

注：编制工程量清单时，如果设计未明确，其工程数量可为暂估量，实际工程量按现场签证数量计算。

（17）相关问题及说明

① 预制混凝土构件或预制钢筋混凝土构件，如施工图设计标注做法见标准图集时，项目特征注明标准图集的编码、页号及节点大样即可。

② 现浇或预制混凝土和钢筋混凝土构件，不扣除构件内钢筋、螺栓、预埋铁件、张拉孔道所占体积，但应扣除劲性骨架的型钢所占体积。

8.3.6　金属结构工程

金属结构工程见规范附录 F。

（1）钢网架（表 8-47）

表 8-47　钢网架（编码：010601）

项目编码	项目名称	项目特征	计量单位	工程量计算规则	工作内容
010601001	钢网架	1. 钢材品种、规格 2. 网架节点形式、连接方式 3. 网架跨度、安装高度 4. 探伤要求 5. 防火要求	t	按设计图示尺寸以质量计算。不扣除孔眼的质量，焊条、铆钉、螺栓等不另增加质量	1. 拼装 2. 安装 3. 探伤 4. 补刷油漆

（2）钢屋架、钢托架、钢桁架、钢桥架（表 8-48）

表 8-48　钢屋架、钢托架、钢桁架、钢桥架（编码：010602）

项目编码	项目名称	项目特征	计量单位	工程量计算规则	工作内容
010602001	钢屋架	1. 钢材品种、规格 2. 单榀质量 3. 屋架跨度、安装高度 4. 螺栓种类 5. 探伤要求 6. 防火要求	1. 榀 2. t	1. 以榀计量，按设计图示数量计算 2. 以吨计量，按设计图示尺寸以质量计算。不扣除孔眼的质量，焊条、铆钉、螺栓等不另增加质量	1. 拼装 2. 安装 3. 探伤 4. 补刷油漆
010602002	钢托架	1. 钢材品种、规格 2. 单榀质量 3. 安装高度 4. 螺栓种类 5. 探伤要求 6. 防火要求	t	按设计图示尺寸以质量计算。不扣除孔眼的质量，焊条、铆钉、螺栓等不另增加质量	
010602003	钢桁架				
010602004	钢桥架	1. 桥架类型 2. 钢材品种、规格 3. 单榀质量 4. 安装高度 5. 螺栓种类 6. 探伤要求			

注：以榀计量，按标准图设计的应注明标准图代号，按非标准图设计的项目特征必须描述单榀屋架的质量。

（3）钢柱（表 8-49）

表 8-49　钢柱（编码：010603）

项目编码	项目名称	项目特征	计量单位	工程量计算规则	工作内容
010603001	实腹钢柱	1. 柱类型 2. 钢材品种、规格 3. 单根柱质量 4. 螺栓种类 5. 探伤要求 6. 防火要求	t	按设计图示尺寸以质量计算。不扣除孔眼的质量，焊条、铆钉、螺栓等不另增加质量，依附在钢柱上的牛腿及悬臂梁等并入钢柱工程量内	1. 拼装 2. 安装 3. 探伤 4. 补刷油漆
010603002	空腹钢柱				
010603003	钢管柱	1. 钢材品种、规格 2. 单根柱质量 3. 螺栓种类 4. 探伤要求 5. 防火要求		按设计图示尺寸以质量计算。不扣除孔眼的质量，焊条、铆钉、螺栓等不另增加质量，钢管柱上的节点板、加强环、内衬管、牛腿等并入钢管柱工程量内	

注：1. 实腹钢柱类型指十字形、T 形、L 形、H 形等。

2. 空腹钢柱类型指箱形、格构等。

3. 型钢混凝土柱浇筑钢筋混凝土，其混凝土和钢筋应按 8.3.5 混凝土及钢筋混凝土工程中相关项目编码列项。

（4）钢梁（表 8-50）

表 8-50　钢梁（编码：010604）

项目编码	项目名称	项目特征	计量单位	工程量计算规则	工作内容
010604001	钢梁	1. 梁类型 2. 钢材品种、规格 3. 单根质量 4. 螺栓种类 5. 安装高度 6. 探伤要求 7. 防火要求	t	按设计图示尺寸以质量计算。不扣除孔眼的质量，焊条、铆钉、螺栓等不另增加质量，制动梁、制动板、制动桁架、车挡并入钢吊车梁工程量内	1. 拼装 2. 安装 3. 探伤 4. 补刷油漆
010604002	钢吊车梁	1. 钢材品种、规格 2. 单根质量 3. 螺栓种类 4. 安装高度 5. 探伤要求 6. 防火要求		按设计图示尺寸以质量计算。不扣除孔眼的质量，焊条、铆钉、螺栓等不另增加质量，制动梁、制动板、制动桁架、车挡并入钢吊车梁工程量内	1. 拼装 2. 安装 3. 探伤 4. 补刷油漆

注：1. 梁类型指 H 形、L 形、T 形、箱形、格构式等。

2. 型钢混凝土梁浇筑钢筋混凝土，其混凝土和钢筋应按本规范附录 E 混凝土及钢筋混凝土工程中相关项目编码列项。

（5）钢板楼板、墙板（表 8-51）

表 8-51　钢板楼板、墙板（编码：010605）

项目编码	项目名称	项目特征	计量单位	工程量计算规则	工作内容
010605001	钢板楼板	1. 钢材品种、规格 2. 钢板厚度 3. 螺栓种类 4. 防火要求	m²	按设计图示尺寸以铺设水平投影面积计算。不扣除单个面积≤0.3m² 柱、垛及孔洞所占面积	1. 拼装 2. 安装 3. 探伤 4. 补刷油漆
010605002	钢板墙板	1. 钢材品种、规格 2. 钢板厚度、复合板厚度 3. 螺栓种类 4. 复合板夹芯材料种类、层数、型号、规格 5. 防火要求		按设计图示尺寸以铺挂展开面积计算。不扣除单个面积≤0.3m² 的梁、孔洞所占面积，包角、包边、窗台泛水等不另加面积	

注：1. 钢板楼板上浇筑钢筋混凝土，其混凝土和钢筋应按本规范附录 E 混凝土及钢筋混凝土工程中相关项目编码列项。

2. 压型钢楼板按本表中钢楼板项目编码列项。

（6）钢构件（表 8-52）

表 8-52　　**钢构件**（编码：010606）

项目编码	项目名称	项目特征	计量单位	工程量计算规则	工作内容
010606001	钢支撑、钢拉条	1. 钢材品种、规格 2. 构件类型 3. 安装高度 4. 螺栓种类 5. 探伤要求 6. 防火要求	t	按设计图示尺寸以质量计算。不扣除孔眼的质量，焊条、铆钉、螺栓等不另增加质量	1. 拼装 2. 安装 3. 探伤 4. 补刷油漆
010606002	钢檩条	1. 钢材品种、规格 2. 构件类型 3. 单根质量 4. 安装高度 5. 螺栓种类 6. 探伤要求 7. 防火要求			
010606003	钢天窗架	1. 钢材品种、规格 2. 单榀质量 3. 安装高度 4. 螺栓种类 5. 探伤要求 6. 防火要求			
010606004	钢挡风架	1. 钢材品种、规格 2. 单榀质量 3. 螺栓种类 4. 探伤要求 5. 防火要求			
010606005	钢墙架				
010606006	钢平台	1. 钢材品种、规格 2. 螺栓种类 3. 防火要求			
010606007	钢走道				
010606008	钢梯	1. 钢材品种、规格 2. 钢梯形式 3. 螺栓种类 4. 防火要求			
010606009	钢护栏	1. 钢材品种、规格 2. 防火要求			
010606010	钢漏斗	1. 钢材品种、规格 2. 漏斗、天沟形式 3. 安装高度 4. 探伤要求		按设计图示尺寸以质量计算，不扣除孔眼的质量，焊条、铆钉、螺栓等不另增加质量，依附漏斗或天沟的型钢并入漏斗或天沟工程量内	1. 拼装 2. 安装 3. 探伤 4. 补刷油漆
010606011	钢板天沟				
010606012	钢支架	1. 钢材品种、规格 2. 安装高度 3. 防火要求			
010606013	零星钢构件	1. 构件名称 2. 钢材品种、规格		按设计图示尺寸以质量计算，不扣除孔眼的质量，焊条、铆钉、螺栓等不另增加质量	

注：1. 钢墙架项目包括墙架柱、墙架梁和连接杆件。
2. 钢支撑、钢拉条类型指单式、复式；钢檩条类型指型钢式、格构式；钢漏斗形式指方形、圆形；天沟形式指矩形沟或半圆形沟。
3. 加工铁件等小型构件，按表中零星钢构件项目编码列项。

（7）金属制品（表8-53）

表8-53　金属制品（编码：010607）

项目编码	项目名称	项目特征	计量单位	工程量计算规则	工作内容
010607001	成品空调金属百叶护栏	1. 材料品种、规格 2. 边框材质	m²	按设计图示尺寸以框外围展开面积计算	1. 安装 2. 校正 3. 预埋铁件及安螺栓
010607002	成品栅栏	1. 材料品种、规格 2. 边框及立柱型钢品种、规格			1. 安装 2. 校正 3. 预埋铁件 4. 安螺栓及金属立柱
010607003	成品雨篷	1. 材料品种、规格 2. 雨篷宽度 3. 晾衣杆品种、规格	1. m 2. m²	1. 以米计量，按设计图示接触边以米计算 2. 以平方米计量，按设计图示尺寸以展开面积计算	1. 安装 2. 校正 3. 预埋铁件及安螺栓
010607004	金属网栏	1. 材料品种、规格 2. 边框及立柱型钢品种、规格		按设计图示尺寸以框外围展开面积计算	1. 安装 2. 校正 3. 安螺栓及金属立柱
010607005	砌块墙钢丝网加固	1. 材料品种、规格 2. 加固方式	m²	按设计图示尺寸以面积计算	1. 铺贴 2. 铆固
010607006	后浇带金属网				

注：抹灰钢丝网加固按本表中砌块墙钢丝网加固项目编码列项。

（8）相关问题及说明

① 金属构件的切边，不规则及多边形钢板发生的损耗在综合单价中考虑。

② 防火要求指耐火极限。

8.3.7　木结构工程

木结构工程见规范附录G。

（1）木屋架（表8-54）

表8-54　木屋架（编码：010701）

项目编码	项目名称	项目特征	计量单位	工程量计算规则	工作内容
010701001	木屋架	1. 跨度 2. 材料品种、规格 3. 刨光要求 4. 拉杆及夹板种类 5. 防护材料种类	1. 榀 2. m³	1. 以榀计量，按设计图示数量计算 2. 以立方米计量，按设计图示的规格尺寸以体积计算	1. 制作 2. 运输 3. 安装 4. 刷防护材料
010701002	钢木屋架	1. 跨度 2. 木材品种、规格 3. 刨光要求 4. 钢材品种、规格 5. 防护材料种类	榀	以榀计量，按设计图示数量计算	

注：1. 屋架的跨度应以上、下弦中心线两交点之间的距离计算。

2. 带气楼的屋架和马尾、折角以及正交部分的半屋架，按相关屋架项目编码列项。

3. 以榀计量，按标准图设计的应注明标准图代号，按非标准图设计的项目特征必须按本表要求予以描述。

（2）木构件（表 8-55）

表 8-55　木构件（编码：010702）

项目编码	项目名称	项目特征	计量单位	工程量计算规则	工作内容
010702001	木柱	1. 构件规格尺寸 2. 木材种类 3. 刨光要求 4. 防护材料种类	m^3	按设计图示尺寸以体积计算	1. 制作 2. 运输 3. 安装 4. 刷防护材料
010702002	木梁				
010702003	木檩		1. m^3 2. m	1. 以立方米计量，按设计图示尺寸以体积计算 2. 以米计量，按设计图示尺寸以长度计算	
010702004	木楼梯	1. 楼梯形式 2. 木材种类 3. 刨光要求 4. 防护材料种类	m^2	按设计图示尺寸以水平投影面积计算。不扣除宽度≤300mm 的楼梯井，伸入墙内部分不计算	
010702005	其他木构件	1. 构件名称 2. 构件规格尺寸 3. 木材种类 4. 刨光要求 5. 防护材料种类	1. m^3 2. m	1. 以立方米计量，按设计图示尺寸以体积计算 2. 以米计量，按设计图示尺寸以长度计算	

注：1. 木楼梯的栏杆（栏板）、扶手，应按 8.3.15 中的相关项目编码列项。

2. 以米计量，项目特征必须描述构件规格尺寸。

（3）屋面木基层（表 8-56）

表 8-56　屋面木基层（编码：010703）

项目编码	项目名称	项目特征	计量单位	工程量计算规则	工作内容
010703001	屋面木基层	1. 椽子断面尺寸及椽距 2. 望板材料种类、厚度 3. 防护材料种类	m^2	按设计图示尺寸以斜面积计算。不扣除房上烟囱、风帽底座、风道、小气窗、斜沟等所占面积。小气窗的出檐部分不增加面积	1. 椽子制作、安装 2. 望板制作、安装 3. 顺水条和挂瓦条制作、安装 4. 刷防护材料

8.3.8　门窗工程

（1）木门（表 8-57）

表 8-57   木门（编码：010801）

项目编码	项目名称	项目特征	计量单位	工程量计算规则	工作内容
010801001	木质门	1. 门代号及洞口尺寸 2. 镶嵌玻璃品种、厚度	1. 樘 2. m²	1. 以樘计量，按设计图示数量计算 2. 以平方米计量，按设计图示洞口尺寸以面积计算	1. 门安装 2. 玻璃安装 3. 五金安装
010801002	木质门带套				
010801003	木质连窗门				
010801004	木质防火门				
010801005	木门框	1. 门代号及洞口尺寸 2. 框截面尺寸 3. 防护材料种类	1. 樘 2. m	1. 以樘计量，按设计图示数量计算 2. 以米计量，按设计图示框的中心线以延长米计算	1. 木门框制作、安装 2. 运输 3. 刷防护材料
010801006	门锁安装	1. 锁品种 2. 锁规格	个 （套）	按设计图示数量计算	安装

注：1. 木质门应区分镶板木门、企口木板门、实木装饰门、胶合板门、夹板装饰门、木纱门、全玻门（带木质扇框）、木质半玻门（带木质扇框）等项目，分别编码列项。

2. 木门五金应包括：折页、插销、门碰珠、弓背拉手、搭机、木螺丝、弹簧折页（自动门）、管子拉手（自由门、地弹门）、地弹簧（地弹门）、角铁、门轨头（地弹门、自由门）等。

3. 木质门带套计量按洞口尺寸以面积计算，不包括门套的面积，但门套应计算在综合单价中。

4. 以樘计量，项目特征必须描述洞口尺寸；以平方米计量，项目特征可不描述洞口尺寸。

5. 单独制作安装木门框按木门框项目编码列项。

（2）金属门（表 8-58）

表 8-58   金属门（编码：010802）

项目编码	项目名称	项目特征	计量单位	工程量计算规则	工作内容
010802001	金属（塑钢）门	1. 门代号及洞口尺寸 2. 门框或扇外围尺寸 3. 门框、扇材质 4. 玻璃品种、厚度	1. 樘 2. m²	1. 以樘计量，按设计图示数量计算 2. 以平方米计量，按设计图示洞口尺寸以面积计算	1. 门安装 2. 五金安装 3. 玻璃安装
010802002	彩板门	1. 门代号及洞口尺寸 2. 门框或扇外围尺寸			
010802003	钢质防火门	1. 门代号及洞口尺寸 2. 门框或扇外围尺寸 3. 门框、扇材质			1. 门安装 2. 五金安装
010802004	防盗门				

注：1. 金属门应区分金属平开门、金属推拉门、金属地弹门、全玻门（带金属扇框）、金属半玻门（带扇框）等项目，分别编码列项。

2. 铝合金门五金包括：地弹簧、门锁、拉手、门插、门铰、螺丝等。

3. 金属门五金包括 L 型执手插锁（双舌）、执手锁（单舌）、门轨头、地锁、防盗门机、门眼（猫眼）、门碰珠、电子锁（磁卡锁）、闭门器、装饰拉手等。

4. 以樘计量，项目特征必须描述洞口尺寸，没有洞口尺寸必须描述门框或扇外围尺寸，以平方米计量，项目特征可不描述洞口尺寸及框、扇的外围尺寸。

5. 以平方米计量，无设计图示洞口尺寸，按门框、扇外围以面积计算。

（3）金属卷帘（闸）门（表8-59）

表8-59　金属卷帘（闸）门（编码：010803）

项目编码	项目名称	项目特征	计量单位	工程量计算规则	工作内容
010803001	金属卷帘（闸）门	1. 门代号及洞口尺寸 2. 门材质 3. 启动装置品种、规格	1. 樘 2. m²	1. 以樘计量，按设计图示数量计算 2. 以平方米计量，按设计图示洞口尺寸以面积计算	1. 门运输、安装 2. 启动装置、活动小门、五金安装
010803002	防火卷帘（闸）门				

注：以樘计量，项目特征必须描述洞口尺寸；以平方米计量，项目特征可不描述洞口尺寸。

（4）厂库房大门、特种门（表8-60）

表8-60　厂库房大门、特种门（编码：010804）

项目编码	项目名称	项目特征	计量单位	工程量计算规则	工作内容
010804001	木板大门	1. 门代号及洞口尺寸 2. 门框或扇外围尺寸 3. 门框、扇材质 4. 五金种类、规格 5. 防护材料种类	1. 樘 2. m²	1. 以樘计量，按设计图示数量计算 2. 以平方米计量，按设计图示洞口尺寸以面积计算	1. 门（骨架）制作、运输 2. 门、五金配件安装 3. 刷防护材料
010804002	钢木大门				
010804003	全钢板大门			1. 以樘计量，按设计图示数量计算 2. 以平方米计量，按设计图示门框或扇以面积计算	
010804004	防护铁丝门				
010804005	金属格栅门	1. 门代号及洞口尺寸 2. 门框或扇外围尺寸 3. 门框、扇材质 4. 启动装置的品种、规格		1. 以樘计量，按设计图示数量计算 2. 以平方米计量，按设计图示洞口尺寸以面积计算	1. 门安装 2. 启动装置、五金配件安装
010804006	钢质花饰大门	1. 门代号及洞口尺寸 2. 门框或扇外围尺寸 3. 门框、扇材质		1. 以樘计量，按设计图示数量计算 2. 以平方米计量，按设计图示门框或扇以面积计算	1. 门安装 2. 五金配件安装
010804007	特种门			1. 以樘计量，按设计图示数量计算 2. 以平方米计量，按设计图示洞口尺寸以面积计算	

注：1. 特种门应区分冷藏门、冷冻间门、保温门、变电室门、隔声门、防射线门、人防门、金库门等项目，分别编码列项。

2. 以樘计量，项目特征必须描述洞口尺寸，没有洞口尺寸必须描述门框或扇外围尺寸；以平方米计量，项目特征可不描述洞口尺寸及框、扇的外围尺寸。

3. 以平方米计量，无设计图示洞口尺寸，按门框、扇外围以面积计算。

（5）其他门（表 8-61）

表 8-61　其他门（编码：010805）

项目编码	项目名称	项目特征	计量单位	工程量计算规则	工作内容
010805001	电子感应门	1. 门代号及洞口尺寸 2. 门框或扇外围尺寸 3. 门框、扇材质 4. 玻璃品种、厚度 5. 启动装置的品种、规格 6. 电子配件品种、规格	1. 樘 2. m²	1. 以樘计量，按设计图示数量计算 2. 以平方米计量，按设计图示洞口尺寸以面积计算	1. 门安装 2. 启动装置、五金、电子配件安装
010805002	旋转门				
010805003	电子对讲门	1. 门代号及洞口尺寸 2. 门框或扇外围尺寸 3. 门材质 4. 玻璃品种、厚度 5. 启动装置的品种、规格 6. 电子配件品种、规格			
010805004	电动伸缩门				
010805005	全玻自由门	1. 门代号及洞口尺寸 2. 门框或扇外围尺寸 3. 框材质 4. 玻璃品种、厚度			
010805006	镜面不锈钢饰面门	1. 门代号及洞口尺寸 2. 门框或扇外围尺寸 3. 框、扇材质 4. 玻璃品种、厚度			1. 门安装 2. 五金安装
010805007	复合材料门				

注：1. 以樘计量，项目特征必须描述洞口尺寸，没有洞口尺寸必须描述门框或扇外围尺寸；以平方米计量，项目特征可不描述洞口尺寸及框、扇的外围尺寸。

2. 以平方米计量，无设计图示洞口尺寸，按门框、扇外围以面积计算。

（6）木窗（表 8-62）

表 8-62　木窗（编码：010806）

项目编码	项目名称	项目特征	计量单位	工程量计算规则	工作内容
010806001	木质窗	1. 窗代号及洞口尺寸 2. 玻璃品种、厚度	1. 樘 2. m²	1. 以樘计量，按设计图示数量计算 2. 以平方米计量，按设计图示洞口尺寸以面积计算	1. 窗安装 2. 五金、玻璃安装
010806002	木飘（凸）窗				
010806003	木橱窗	1. 窗代号 2. 框截面及外围展开面积 3. 玻璃品种、厚度 4. 防护材料种类		1. 以樘计量，按设计图示数量计算 2. 以平方米计量，按设计图示尺寸以框外围展开面积计算	1. 窗制作、运输、安装 2. 五金、玻璃安装 3. 刷防护材料
010806004	木纱窗	1. 窗代号及框外围尺寸 2. 窗纱材料品种、规格		1. 以樘计量，按设计图示数量计算 2. 以平方米计量，按框的外围尺寸以面积计算	1. 窗安装 2. 五金安装

注：1. 木质窗应区分木百叶窗、木组合窗、木天窗、木固定窗、木装饰空花窗等项目，分别编码列项。

2. 以樘计量，项目特征必须描述洞口尺寸，没有洞口尺寸必须描述窗框外围尺寸；以平方米计量，项目特征可不描述洞口尺寸及框的外围尺寸。

3. 以平方米计量，无设计图示洞口尺寸，按窗框外围以面积计算。

4. 木橱窗、木飘（凸）窗以樘计量，项目特征必须描述框截面及外围展开面积。

5. 木窗五金包括：折页、插销、风钩、木螺丝、滑轮滑轨（推拉窗）等。

（7）金属窗（表 8-63）

表 8-63 金属窗（编码：010807）

项目编码	项目名称	项目特征	计量单位	工程量计算规则	工作内容
010807001	金属（塑钢、断桥）窗	1. 窗代号及洞口尺寸 2. 框、扇材质 3. 玻璃品种、厚度		1. 以樘计量，按设计图示数量计算 2. 以平方米计量，按设计图示洞口尺寸以面积计算	1. 窗安装 2. 五金、玻璃安装
010807002	金属防火窗				
010807003	金属百叶窗				
010807004	金属纱窗	1. 窗代号及框的外围尺寸 2. 框材质 3. 窗纱材料品种、规格		1. 以樘计量，按设计图示数量计算 2. 以平方米计量，按框的外围尺寸以面积计算	
010807005	金属格栅窗	1. 窗代号及洞口尺寸 2. 框外围尺寸 3. 框、扇材质	1. 樘 2. m²	1. 以樘计量，按设计图示数量计算 2. 以平方米计量，按设计图示洞口尺寸以面积计算	1. 窗安装 2. 五金安装
010807006	金属（塑钢、断桥）橱窗	1. 窗代号 2. 框外围展开面积 3. 框、扇材质 4. 玻璃品种、厚度 5. 防护材料种类		1. 以樘计量，按设计图示数量计算 2. 以平方米计量，按设计图示尺寸以框外围展开面积计算	1. 窗制作、运输、安装 2. 五金、玻璃安装 3. 刷防护材料
010807007	金属（塑钢、断桥）飘（凸）窗	1. 窗代号 2. 框外围展开面积 3. 框、扇材质 4. 玻璃品种、厚度			
010807008	彩板窗	1. 窗代号及洞口尺寸 2. 框外围尺寸 3. 框、扇材质 4. 玻璃品种、厚度		1. 以樘计量，按设计图示数量计算 2. 以平方米计量，按设计图示洞口尺寸或框外围以面积计算	1. 窗安装 2. 五金、玻璃安装
010807009	复合材料窗				

注：1. 金属窗应区分金属组合窗、防盗窗等项目，分别编码列项。

2. 以樘计量，项目特征必须描述洞口尺寸，没有洞口尺寸必须描述窗框外围尺寸；以平方米计量，项目特征可不描述洞口尺寸或框的外围尺寸。

3. 以平方米计量，无设计图示洞口尺寸，按窗框外围以面积计算。

4. 金属橱窗、飘（凸）窗以樘计量，项目特征必须描述框外围展开面积。

5. 金属窗五金包括：折页、螺丝、执手、卡锁、铰拉、风撑、滑轮、滑轨、拉把、拉手、角码、牛角制等。

(8) 门窗套（表 8-64）

表 8-64　门窗套（编码：010808）

项目编码	项目名称	项目特征	计量单位	工程量计算规则	工作内容
010808001	木门窗套	1. 窗代号及洞口尺寸 2. 门窗套展开宽度 3. 基层材料种类 4. 面层材料品种、规格 5. 线条品种、规格 6. 防护材料种类	1. 樘 2. m² 3. m	1. 以樘计量，按设计图示数量计算 2. 以平方米计量，按设计图示尺寸以展开面积计算 3. 以米计量，按设计图示中心以延长米计算	1. 清理基层 2. 立筋制作、安装 3. 基层板安装 4. 面层铺贴 5. 线条安装 6. 刷防护材料
010808002	木筒子板	1. 筒子板宽度 2. 基层材料种类 3. 面层材料品种、规格 4. 线条品种、规格 5. 防护材料种类			1. 清理基层 2. 立筋制作、安装 3. 基层板安装 4. 面层铺贴 5. 线条安装 6. 刷防护材料
010808003	饰面夹板筒子板				
010808004	金属门窗套	1. 窗代号及洞口尺寸 2. 门窗套展开宽度 3. 基层材料种类 4. 面层材料品种、规格 5. 防护材料种类			1. 清理基层 2. 立筋制作、安装 3. 基层板安装 4. 面层铺贴 5. 刷防护材料
010808005	石材门窗套	1. 窗代号及洞口尺寸 2. 门窗套展开宽度 3. 底层厚度、砂浆配合比 4. 面层材料品种、规格 5. 线条品种、规格			1. 清理基层 2. 立筋制作、安装 3. 基层抹灰 4. 面层铺贴 5. 线条安装
010808006	门窗木贴脸	1. 门窗代号及洞口尺寸 2. 贴脸板宽度 3. 防护材料种类	1. 樘 2. m	1. 以樘计量，按设计图示数量计算 2. 以米计量，按设计图示尺寸以延长米计算	安装
010808007	成品木门窗套	1. 窗代号及洞口尺寸 2. 门窗套展开宽度 3. 门窗套材料品种、规格	1. 樘 2. m² 3. m	1. 以樘计量，按设计图示数量计算 2. 以平方米计量，按设计图示尺寸以展开面积计算 3. 以米计量，按设计图示中心以延长米计算	1. 清理基层 2. 立筋制作、安装 3. 板安装

注：1. 以樘计量，项目特征必须描述洞口尺寸、门窗套展开宽度。

2. 以平方米计量，项目特征可不描述洞口尺寸、门窗套展开宽度。

3. 以米计量，项目特征必须描述门窗套展开宽度、筒子板及贴脸宽度。

4. 木门窗套适用于单独门窗套的制作、安装。

（9）窗台板（表8-65）

表8-65　窗台板（编码：010809）

项目编码	项目名称	项目特征	计量单位	工程量计算规则	工作内容
010809001	木窗台板	1. 基层材料种类 2. 窗台面板材质、规格、颜色 3. 防护材料种类	m²	按设计图示尺寸以展开面积计算	1. 基层清理 2. 基层制作、安装 3. 窗台板制作、安装 4. 刷防护材料
010809002	铝塑窗台板				
010809003	金属窗台板				
010809004	石材窗台板	1. 黏结层厚度、砂浆配合比 2. 窗台板材质、规格、颜色			1. 基层清理 2. 抹找平层 3. 窗台板制作、安装

（10）窗帘、窗帘盒、轨（表8-66）

表8-66　窗帘、窗帘盒、轨（编码：010810）

项目编码	项目名称	项目特征	计量单位	工程量计算规则	工作内容
010810001	窗帘	1. 窗帘材质 2. 窗帘高度、宽度 3. 窗帘层数 4. 带幔要求	1. m 2. m²	1. 以米计量，按设计图示尺寸以成活后长度计算 2. 以平方米计量，按图示尺寸以成活后展开面积计算	1. 制作、运输 2. 安装
010810002	木窗帘盒	1. 窗帘盒材质、规格 2. 防护材料种类	m	按设计图示尺寸以长度计算	1. 制作、运输、安装 2. 刷防护材料
010810003	饰面夹板、塑料窗帘盒				
010810004	铝合金窗帘盒				
010810005	窗帘轨	1. 窗帘轨材质、规格 2. 轨的数量 3. 防护材料种类			

注：1. 窗帘若是双层，项目特征必须描述每层材质。

2. 窗帘以米计量，项目特征必须描述窗帘高度和宽。

8.3.9 屋面及防水工程

屋面及防水工程见规范附录 J。

（1）瓦、型材及其他屋面（表 8-67）

表 8-67　瓦、型材及其他屋面（编码：010901）

项目编码	项目名称	项目特征	计量单位	工程量计算规则	工作内容
010901001	瓦屋面	1. 瓦品种、规格 2. 黏结层砂浆的配合比		按设计图示尺寸以斜面积计算 不扣除房上烟囱、风帽底座、风道、小气窗、斜沟等所占面积。小气窗的出檐部分不增加面积	1. 砂浆制作、运输、摊铺、养护 2. 安瓦、作瓦脊
010901002	型材屋面	1. 型材品种、规格 2. 金属檩条材料品种、规格 3. 接缝、嵌缝材料种类			1. 檩条制作、运输、安装 2. 屋面型材安装 3. 接缝、嵌缝
010901003	阳光板屋面	1. 阳光板品种、规格 2. 骨架材料品种、规格 3. 接缝、嵌缝材料种类 4. 油漆品种、刷漆遍数	m²	按设计图示尺寸以斜面积计算 不扣除屋面面积≤0.3m² 孔洞所占面积	1. 骨架制作、运输、安装、刷防护材料和油漆 2. 阳光板安装 3. 接缝、嵌缝
010901004	玻璃钢屋面	1. 玻璃钢品种、规格 2. 骨架材料品种、规格 3. 玻璃钢固定方式 4. 接缝、嵌缝材料种类 5. 油漆品种、刷漆遍数			1. 骨架制作、运输、安装、刷防护材料、油漆 2. 玻璃钢制作、安装 3. 接缝、嵌缝
010901005	膜结构屋面	1. 膜布品种、规格 2. 支柱（网架）钢材品种、规格 3. 钢丝绳品种、规格 4. 锚固基座做法 5. 油漆品种、刷漆遍数		按设计图示尺寸以需要覆盖的水平投影面积计算	1. 膜布热压胶接 2. 支柱(网架)制作、安装 3. 膜布安装 4. 穿钢丝绳、锚头锚固 5. 锚固基座、挖土、回填 6. 刷防护材料、油漆

注：1. 瓦屋面若是在木基层上铺瓦，项目特征不必描述黏结层砂浆的配合比，瓦屋面铺防水层，按表 8-68 屋面防水及其他中相关项目编码列项。

2. 型材屋面、阳光板屋面、玻璃钢屋面的柱、梁、屋架，按 8.3.6 金属结构工程、8.3.7 木结构工程中相关项目编码列项。

（2）屋面防水及其他（表8-68）

表8-68 屋面防水及其他（编码：010902）

项目编码	项目名称	项目特征	计量单位	工程量计算规则	工作内容
010902001	屋面卷材防水	1. 卷材品种、规格、厚度 2. 防水层数 3. 防水层做法	m²	按设计图示尺寸以面积计算 1. 斜屋顶（不包括平屋顶找坡）按斜面积计算，平屋顶按水平投影面积计算 2. 不扣除房上烟囱、风帽底座、风道、屋面小气窗和斜沟所占面积 3. 屋面的女儿墙、伸缩缝和天窗等处的弯起部分，并入屋面工程量内	1. 基层处理 2. 刷底油 3. 铺油毡卷材、接缝
010902002	屋面涂膜防水	1. 防水膜品种 2. 涂膜厚度、遍数 3. 增强材料种类			1. 基层处理 2. 刷基层处理剂 3. 铺布、喷涂防水层
010902003	屋面刚性层	1. 刚性层厚度 2. 混凝土种类 3. 混凝土强度等级 4. 嵌缝材料种类 5. 钢筋规格、型号		按设计图示尺寸以面积计算。不扣除房上烟囱、风帽底座、风道等所占面积	1. 基层处理 2. 混凝土制作、运输、铺筑、养护 3. 钢筋制安
010902004	屋面排水管	1. 排水管品种、规格 2. 雨水斗、山墙出水口品种、规格 3. 接缝、嵌缝材料种类 4. 油漆品种、刷漆遍数	m	按设计图示尺寸以长度计算。如设计未标注尺寸，以檐口至设计室外散水上表面垂直距离计算	1. 排水管及配件安装、固定 2. 雨水斗、山墙出水口、雨水算子安装 3. 接缝、嵌缝 4. 刷漆
010902005	屋面排（透）气管	1. 排（透）气管品种、规格 2. 接缝、嵌缝材料种类 3. 油漆品种、刷漆遍数		按设计图示尺寸以长度计算	1. 排（透）气管及配件安装、固定 2. 铁件制作、安装 3. 接缝、嵌缝 4. 刷漆
010902006	屋面（廊、阳台）泄（吐）水管	1. 吐水管品种、规格 2. 接缝、嵌缝材料种类 3. 吐水管长度 4. 油漆品种、刷漆遍数	根（个）	按设计图示数量计算	1. 吐水管及配件安装、固定 2. 接缝、嵌缝 3. 刷漆
010902007	屋面天沟、檐沟	1. 材料品种、规格 2. 接缝、嵌缝材料种类	m²	按设计图示尺寸以展开面积计算	1. 天沟材料铺设 2. 天沟配件安装 3. 接缝、嵌缝 4. 刷防护材料
010902008	屋面变形缝	1. 嵌缝材料种类 2. 止水带材料种类 3. 盖缝材料 4. 防护材料种类	m	按设计图示以长度计算	1. 清缝 2. 填塞防水材料 3. 止水带安装 4. 盖缝制作、安装 5. 刷防护材料

注：1. 屋面刚性层无钢筋，其钢筋项目特征不必描述。

2. 屋面找平层按8.3.11楼地面装饰工程"平面砂浆找平层"项目编码列项。

3. 屋面防水搭接及附加层用量不另行计算，在综合单价中考虑。

4. 屋面保温找坡层按8.3.10保温、隔热、防腐工程"保温隔热屋面"项目编码列项。

（3）墙面防水、防潮（表8-69）

表 8-69　墙面防水、防潮（编码：010903）

项目编码	项目名称	项目特征	计量单位	工程量计算规则	工作内容
010903001	墙面卷材防水	1. 卷材品种、规格、厚度 2. 防水层数 3. 防水层做法	m²	按设计图示尺寸以面积计算	1. 基层处理 2. 刷黏结剂 3. 铺防水卷材 4. 接缝、嵌缝
010903002	墙面涂膜防水	1. 防水膜品种 2. 涂膜厚度、遍数 3. 增强材料种类			1. 基层处理 2. 刷基层处理剂 3. 铺布、喷涂防水层
010903003	墙面砂浆防水（防潮）	1. 防水层做法 2. 砂浆厚度、配合比 3. 钢丝网规格			1. 基层处理 2. 挂钢丝网片 3. 设置分格缝 4. 砂浆制作、运输、摊铺、养护
010903004	墙面变形缝	1. 嵌缝材料种类 2. 止水带材料种类 3. 盖缝材料 4. 防护材料种类	m	按设计图示以长度计算	1. 清缝 2. 填塞防水材料 3. 止水带安装 4. 盖缝制作、安装 5. 刷防护材料

注：1. 墙面防水搭接及附加层用量不另行计算，在综合单价中考虑。

2. 墙面变形缝，若做双面，工程量乘系数 2。

3. 墙面找平层按 8.3.12 墙、柱面装饰与隔断、幕墙工程"立面砂浆找平层"项目编码列项。

（4）楼（地）面防水、防潮（表 8-70）

表 8-70　楼（地）面防水、防潮（编码：010904）

项目编码	项目名称	项目特征	计量单位	工程量计算规则	工作内容
010904001	楼（地）面卷材防水	1. 卷材品种、规格、厚度 2. 防水层数 3. 防水层做法 4. 反边高度	m²	按设计图示尺寸以面积计算 1. 楼（地）面防水：按主墙间净空面积计算，扣除凸出地面的构筑物、设备基础等所占面积，不扣除间壁墙及单个面积 ≤0.3m² 柱、垛、烟囱和孔洞所占面积 2. 楼（地）面防水反边高度 ≤300mm 算作地面防水，反边高度 >300mm 按墙面防水计算	1. 基层处理 2. 刷黏结剂 3. 铺防水卷材 4. 接缝、嵌缝
010904002	楼（地）面涂膜防水	1. 防水膜品种 2. 涂膜厚度、遍数 3. 增强材料种类 4. 反边高度			1. 基层处理 2. 刷基层处理剂 3. 铺布、喷涂防水层
010904003	楼（地）面砂浆防水（防潮）	1. 防水层做法 2. 砂浆厚度、配合比 3. 反边高度			1. 基层处理 2. 砂浆制作、运输、摊铺、养护
010904004	楼（地）面变形缝	1. 嵌缝材料种类 2. 止水带材料种类 3. 盖缝材料 4. 防护材料种类	m	按设计图示以长度计算	1. 清缝 2. 填塞防水材料 3. 止水带安装 4. 盖缝制作、安装 5. 刷防护材料

注：1. 楼（地）面防水找平层按 8.3.11 楼地面装饰工程"平面砂浆找平层"项目编码列项。

2. 楼（地）面防水搭接及附加层用量不另行计算，在综合单价中考虑。

8.3.10　保温、隔热、防腐工程

保温、隔热、防腐工程见规范附录 K。

（1）保温、隔热（表 8-71）

表 8-71　保温、隔热（编码：011001）

项目编码	项目名称	项目特征	计量单位	工程量计算规则	工作内容
011001001	保温隔热屋面	1. 保温隔热材料品种、规格、厚度 2. 隔气层材料品种、厚度 3. 黏结材料种类、做法 4. 防护材料种类、做法	m²	按设计图示尺寸以面积计算。扣除面积＞0.3m²孔洞及占位面积	1. 基层清理 2. 刷黏结材料 3. 铺粘保温层 4. 铺、刷（喷）防护材料
011001002	保温隔热天棚	1. 保温隔热面层材料品种、规格、性能 2. 保温隔热材料品种、规格及厚度 3. 黏结材料种类及做法 4. 防护材料种类及做法		按设计图示尺寸以面积计算。扣除面积＞0.3m²上柱、垛、孔洞所占面积，与天棚相连的梁按展开面积，计算并入天棚工程量内	1. 基层清理 2. 刷黏结材料 3. 铺粘保温层 4. 铺、刷（喷）防护材料
011001003	保温隔热墙面	1. 保温隔热部位 2. 保温隔热方式 3. 踢脚线、勒脚线保温做法 4. 龙骨材料品种、规格 5. 保温隔热面层材料品种、规格、性能 6. 保温隔热材料品种、规格及厚度 7. 增强网及抗裂防水砂浆种类 8. 黏结材料种类及做法 9. 防护材料种类及做法		按设计图示尺寸以面积计算。扣除门窗洞口以及面积＞0.3m²梁、孔洞所占面积；门窗洞口侧壁以及与墙相连的柱，并入保温墙体工程量内	1. 基层清理 2. 刷界面剂 3. 安装龙骨 4. 填贴保温材料 5. 保温板安装 6. 粘贴面层 7. 铺设增强格网、抹抗裂防水砂浆面层 8. 嵌缝 9. 铺、刷（喷）防护材料
011001004	保温柱、梁			按设计图示尺寸以面积计算 1. 柱按设计图示柱断面保温层中心线展开长度乘保温层高度以面积计算，扣除面积＞0.3m²梁所占面积 2. 梁按设计图示梁断面保温层中心线展开长度乘保温层长度以面积计算	
011001005	保温隔热楼地面	1. 保温隔热部位 2. 保温隔热材料品种、规格、厚度 3. 隔气层材料品种、厚度 4. 黏结材料种类、做法 5. 防护材料种类、做法		按设计图示尺寸以面积计算。扣除面积＞0.3m²柱、垛、孔洞等所占面积。门洞、空圈、暖气包槽、壁龛的开口部分不增加面积	1. 基层清理 2. 刷黏结材料 3. 铺粘保温层 4. 铺、刷（喷）防护材料
011001006	其他保温隔热	1. 保温隔热部位 2. 保温隔热方式 3. 隔气层材料品种、厚度 4. 保温隔热面层材料品种、规格、性能 5. 保温隔热材料品种、规格及厚度 6. 黏结材料种类及做法 7. 增强网及抗裂防水砂浆种类 8. 防护材料种类及做法		按设计图示尺寸以展开面积计算。扣除面积＞0.3m²孔洞及占位面积	1. 基层清理 2. 刷界面剂 3. 安装龙骨 4. 填贴保温材料 5. 保温板安装 6. 粘贴面层 7. 铺设增强格网、抹抗裂防水砂浆面层 8. 嵌缝 9. 铺、刷（喷）防护材料

　　注：1. 保温隔热装饰面层，按 8.3.11～8.3.15 中相关项目编码列项；仅做找平层按 8.3.11 楼地面装饰工程"平面砂浆找平层"或 8.3.12 墙、柱面装饰与隔断、幕墙工程"立面砂浆找平层"项目编码列项。
　　2. 柱帽保温隔热应并入天棚保温隔热工程量内。
　　3. 池槽保温隔热应按其他保温隔热项目编码列项。
　　4. 保温隔热方式：指内保温、外保温、夹心保温。
　　5. 保温柱、梁适用于不与天棚相连的独立柱、梁。

（2）防腐面层（表 8-72）

表 8-72　防腐面层（编码：011002）

项目编码	项目名称	项目特征	计量单位	工程量计算规则	工作内容
011002001	防腐混凝土面层	1. 防腐部位 2. 面层厚度 3. 混凝土种类 4. 胶泥种类、配合比	m²	按设计图示尺寸以面积计算 1. 平面防腐：扣除凸出地面的构筑物、设备基础等以及面积＞0.3m² 孔洞、柱、垛所占面积，门洞、空圈、暖气包槽、壁龛的开口部分不增加面积 2. 立面防腐：扣除门、窗、洞口以及面积＞0.3m² 孔洞、梁所占面积，门、窗、洞口侧壁、垛凸出部分按展开面积并入墙面积内	1. 基层清理 2. 基层刷稀胶泥 3. 混凝土制作、运输、摊铺、养护
011002002	防腐砂浆面层	1. 防腐部位 2. 面层厚度 3. 砂浆、胶泥种类、配合比			1. 基层清理 2. 基层刷稀胶泥 3. 砂浆制作、运输、摊铺、养护
011002003	防腐胶泥面层	1. 防腐部位 2. 面层厚度 3. 胶泥种类、配合比			1. 基层清理 2. 胶泥调制、摊铺
011002004	玻璃钢防腐面层	1. 防腐部位 2. 玻璃钢种类 3. 贴布材料的种类、层数 4. 面层材料品种		按设计图示尺寸以面积计算 1. 平面防腐：扣除凸出地面的构筑物、设备基础等以及面积＞0.3m² 孔洞、柱、垛所占面积，门洞、空圈、暖气包槽、壁龛的开口部分不增加面积 2. 立面防腐：扣除门、窗、洞口以及面积＞0.3m² 孔洞、梁所占面积，门、窗、洞口侧壁、垛凸出部分按展开面积并入墙面积内	1. 基层清理 2. 刷底漆、刮腻子 3. 胶浆配制、涂刷 4. 粘布、涂刷面层
011002005	聚氯乙烯板面层	1. 防腐部位 2. 面层材料品种、厚度 3. 黏结材料种类			1. 基层清理 2. 配料、涂胶 3. 聚氯乙烯板铺设
011002006	块料防腐面层	1. 防腐部位 2. 块料品种、规格 3. 黏结材料种类 4. 勾缝材料种类			1. 基层清理 2. 铺贴块料 3. 胶泥调制、勾缝
011002007	池、槽块料防腐面层	1. 防腐池、槽名称、代号 2. 块料品种、规格 3. 黏结材料种类 4. 勾缝材料种类		按设计图示尺寸以展开面积计算	1. 基层清理 2. 铺贴块料 3. 胶泥调制、勾缝

注：防腐踢脚线，应按 8.3.11 楼地面装饰工程"踢脚线"项目编码列项。

（3）其他防腐（表 8-73）

表 8-73　其他防腐（编码：011003）

项目编码	项目名称	项目特征	计量单位	工程量计算规则	工作内容
011003001	隔离层	1. 隔离层部位 2. 隔离层材料品种 3. 隔离层做法 4. 黏贴材料种类	m²	按设计图示尺寸以面积计算 1. 平面防腐：扣除凸出地面的构筑物、设备基础等以及面积＞0.3m² 孔洞、柱、垛所占面积，门洞、空圈、暖气包槽、壁龛的开口部分不增加面积 2. 立面防腐：扣除门、窗、洞口以及面积＞0.3m² 孔洞、梁所占面积，门、窗、洞口侧壁、垛凸出部分按展开面积并入墙面积内	1. 基层清理、刷油 2. 煮沥青 3. 胶泥调制 4. 隔离层铺设

项目编码	项目名称	项目特征	计量单位	工程量计算规则	工作内容
011003002	砌筑沥青浸渍砖	1. 砌筑部位 2. 浸渍砖规格 3. 胶泥种类 4. 浸渍砖砌法	m³	按设计图示尺寸以体积计算	1. 基层清理 2. 胶泥调制 3. 浸渍砖铺砌
011003003	防腐涂料	1. 涂刷部位 2. 基层材料类型 3. 刮腻子的种类、遍数 4. 涂料品种、刷涂遍数	m²	按设计图示尺寸以面积计算 1. 平面防腐:扣除凸出地面的构筑物、设备基础等以及面积＞0.3m²孔洞、柱、垛所占面积,门洞、空圈、暖气包槽、壁龛的开口部分不增加面积 2. 立面防腐:扣除门、窗、洞口以及面积＞0.3m²孔洞、梁所占面积,门、窗、洞口侧壁、垛凸出部分按展开面积并入墙面积内	1. 基层清理 2. 刮腻子 3. 刷涂料

注:浸渍砖砌法指平砌、立砌。

8.3.11　楼地面装饰工程

楼地面装饰工程见规范附录 L。

（1）整体面层及找平层（表 8-74）

表 8-74　整体面层及找平层（编码:011101）

项目编码	项目名称	项目特征	计量单位	工程量计算规则	工作内容
011101001	水泥砂浆楼地面	1. 找平层厚度、砂浆配合比 2. 素水泥浆遍数 3. 面层厚度、砂浆配合比 4. 面层做法要求	m²	按设计图示尺寸以面积计算。扣除凸出地面构筑物、设备基础、室内管道、地沟等所占面积,不扣除间壁墙及≤0.3m²柱、垛、附墙烟囱及孔洞所占面积。门洞、空圈、暖气包槽、壁龛的开口部分不增加面积	1. 基层清理 2. 抹找平层 3. 抹面层 4. 材料运输
011101002	现浇水磨石楼地面	1. 找平层厚度、砂浆配合比 2. 面层厚度、水泥石子浆配合比 3. 嵌条材料种类、规格 4. 石子种类、规格、颜色 5. 颜料种类、颜色 6. 图案要求 7. 磨光、酸洗、打蜡要求			1. 基层清理 2. 抹找平层 3. 面层铺设 4. 嵌缝条安装 5. 磨光、酸洗打蜡 6. 材料运输
011101003	细石混凝土楼地面	1. 找平层厚度、砂浆配合比 2. 面层厚度、混凝土强度等级			1. 基层清理 2. 抹找平层 3. 面层铺设 4. 材料运输

续表

项目编码	项目名称	项目特征	计量单位	工程量计算规则	工作内容
011101004	菱苦土楼地面	1. 找平层厚度、砂浆配合比 2. 面层厚度 3. 打蜡要求	m²	按设计图示尺寸以面积计算。扣除凸出地面构筑物、设备基础、室内管道、地沟等所占面积,不扣除间壁墙及≤0.3m² 柱、垛、附墙烟囱及孔洞所占面积。门洞、空圈、暖气包槽、壁龛的开口部分不增加面积	1. 基层清理 2. 抹找平层 3. 面层铺设 4. 打蜡 5. 材料运输
011101005	自流坪楼地面	1. 找平层砂浆配合比、厚度 2. 界面剂材料种类 3. 中层漆材料种类、厚度 4. 面漆材料种类、厚度 5. 面层材料种类			1. 基层处理 2. 抹找平层 3. 涂界面剂 4. 涂刷中层漆 5. 打磨、吸尘 6. 镘自流平面漆(浆) 7. 拌和自流平浆料 8. 铺面层
011101006	平面砂浆找平层	找平层厚度、砂浆配合比		按设计图示尺寸以面积计算	1. 基层清理 2. 抹找平层 3. 材料运输

注：1. 水泥砂浆面层处理是拉毛还是提浆压光应在面层做法要求中描述。

2. 平面砂浆找平层只适用于仅做找平层的平面抹灰。

3. 间壁墙指墙厚≤120mm 的墙。

4. 楼地面混凝土垫层另按表 8-31 垫层项目编码列项，除混凝土外的其他材料垫层按表 8-29 垫层项目编码列项。

（2）块料面层（表 8-75）

表 8-75　块料面层（编码：011102）

项目编码	项目名称	项目特征	计量单位	工程量计算规则	工作内容
011102001	石材楼地面	1. 找平层厚度、砂浆配合比 2. 结合层厚度、砂浆配合比 3. 面层材料品种、规格、颜色 4. 嵌缝材料种类 5. 防护层材料种类 6. 酸洗、打蜡要求	m²	按设计图示尺寸以面积计算。门洞、空圈、暖气包槽、壁龛的开口部分并入相应的工程量内	1. 基层清理 2. 抹找平层 3. 面层铺设、磨边 4. 嵌缝 5. 刷防护材料 6. 酸洗、打蜡 7. 材料运输
011102002	碎石材楼地面				
011102003	块料楼地面	1. 找平层厚度、砂浆配合比 2. 结合层厚度、砂浆配合比 3. 面层材料品种、规格、颜色 4. 嵌缝材料种类 5. 防护层材料种类 6. 酸洗、打蜡要求			

注：1. 在描述碎石材项目的面层材料特征时可不用描述规格、颜色。

2. 石材、块料与黏结材料的结合面刷防渗材料的种类在防护层材料种类中描述。

3. 本表工作内容中的磨边指施工现场磨边，后面章节工作内容中涉及的磨边含义同此条。

（3）橡塑面层（表 8-76）

表 8-76 橡塑面层（编码：011103）

项目编码	项目名称	项目特征	计量单位	工程量计算规则	工作内容
011103001	橡胶板楼地面				
011103002	橡胶板卷材楼地面	1. 黏结层厚度、材料种类 2. 面层材料品种、规格、颜色 3. 压线条种类	m²	按设计图示尺寸以面积计算。门洞、空圈、暖气包槽、壁龛的开口部分并入相应的工程量内	1. 基层清理 2. 面层铺贴 3. 压缝条装钉 4. 材料运输
011103003	塑料板楼地面				
011103004	塑料卷材楼地面				

注：本表项目中如涉及找平层，另按表 8-74 找平层项目编码列项。

（4）其他材料面层（表 8-77）

表 8-77 其他材料面层（编码：011104）

项目编码	项目名称	项目特征	计量单位	工程量计算规则	工作内容
011104001	地毯楼地面	1. 面层材料品种、规格、颜色 2. 防护材料种类 3. 黏结材料种类 4. 压线条种类			1. 基层清理 2. 铺贴面层 3. 刷防护材料 4. 装钉压条 5. 材料运输
011104002	竹、木（复合）地板	1. 龙骨材料种类、规格、铺设间距 2. 基层材料种类、规格 3. 面层材料品种、规格、颜色 4. 防护材料种类	m²	按设计图示尺寸以面积计算。门洞、空圈、暖气包槽、壁龛的开口部分并入相应的工程量内	1. 基层清理 2. 龙骨铺设 3. 基层铺设 4. 面层铺贴 5. 刷防护材料 6. 材料运输
011104003	金属复合地板	1. 龙骨材料种类、规格、铺设间距 2. 基层材料种类、规格 3. 面层材料品种、规格、颜色 4. 防护材料种类			
011104004	防静电活动地板	1. 支架高度、材料种类 2. 面层材料品种、规格、颜色 3. 防护材料种类			1. 基层清理 2. 固定支架安装 3. 活动面层安装 4. 刷防护材料 5. 材料运输

（5）踢脚线（表 8-78）

表 8-78　踢脚线 （编码：011105）

项目编码	项目名称	项目特征	计量单位	工程量计算规则	工作内容
011105001	水泥砂浆踢脚线	1. 踢脚线高度 2. 底层厚度、砂浆配合比 3. 面层厚度、砂浆配合比	1. m² 2. m	1. 以平方米计量，按设计图示长度乘高度以面积计算 2. 以米计量，按延长米计算	1. 基层清理 2. 底层和面层抹灰 3. 材料运输
011105002	石材踢脚线	1. 踢脚线高度 2. 黏贴层厚度、材料种类 3. 面层材料品种、规格、颜色 4. 防护材料种类			1. 基层清理 2. 底层抹灰 3. 面层铺贴、磨边 4. 擦缝 5. 磨光、酸洗、打蜡 6. 刷防护材料 7. 材料运输
011105003	块料踢脚线				
011105004	塑料板踢脚线	1. 踢脚线高度 2. 黏结层厚度、材料种类 3. 面层材料种类、规格、颜色			1. 基层清理 2. 基层铺贴 3. 面层铺贴 4. 材料运输
011105005	木质踢脚线	1. 踢脚线高度 2. 基层材料种类、规格 3. 面层材料品种、规格、颜色			
011105006	金属踢脚线				
011105007	防静电踢脚线				

注：石材、块料与黏结材料的结合面刷防渗材料的种类在防护材料种类中描述。

（6）楼梯面层（表 8-79）

表 8-79　楼梯面层 （编码：011106）

项目编码	项目名称	项目特征	计量单位	工程量计算规则	工作内容
011106001	石材楼梯面层	1. 找平层厚度、砂浆配合比 2. 黏结层厚度、材料种类 3. 面层材料品种、规格、颜色 4. 防滑条材料种类、规格 5. 勾缝材料种类 6. 防护层材料种类 7. 酸洗、打蜡要求	m²	按设计图示尺寸以楼梯（包括踏步、休息平台及≤500mm 的楼梯井）水平投影面积计算。楼梯与楼地面相连时，算至梯口梁内侧边沿；无梯口梁者，算至最上一层踏步边沿加 300mm	1. 基层清理 2. 抹找平层 3. 面层铺贴、磨边 4. 贴嵌防滑条 5. 勾缝 6. 刷防护材料 7. 酸洗、打蜡 8. 材料运输
011106002	块料楼梯面层				
011106003	拼碎块料面层				
011106004	水泥砂浆楼梯面层	1. 找平层厚度、砂浆配合比 2. 面层厚度、砂浆配合比 3. 防滑条材料种类、规格			1. 基层清理 2. 抹找平层 3. 抹面层 4. 抹防滑条 5. 材料运输
011106005	现浇水磨石楼梯面层	1. 找平层厚度、砂浆配合比 2. 面层厚度、水泥石子浆配合比 3. 防滑条材料种类、规格 4. 石子种类、规格、颜色 5. 颜料种类、颜色 6. 磨光、酸洗打蜡要求			1. 基层清理 2. 抹找平层 3. 抹面层 4. 贴嵌防滑条 5. 磨光、酸洗、打蜡 6. 材料运输

续表

项目编码	项目名称	项目特征	计量单位	工程量计算规则	工作内容
011106006	地毯楼梯面层	1. 基层种类 2. 面层材料品种、规格、颜色 3. 防护材料种类 4. 黏结材料种类 5. 固定配件材料种类、规格	m²	按设计图示尺寸以楼梯（包括踏步、休息平台及≤500mm的楼梯井）水平投影面积计算。楼梯与楼地面相连时，算至梯口梁内侧边沿；无梯口梁者，算至最上一层踏步边沿加300mm	1. 基层清理 2. 铺贴面层 3. 固定配件安装 4. 刷防护材料 5. 材料运输
011106007	木板楼梯面层	1. 基层材料种类、规格 2. 面层材料品种、规格、颜色 3. 黏结材料种类 4. 防护材料种类			1. 基层清理 2. 基层铺贴 3. 面层铺贴 4. 刷防护材料 5. 材料运输
011106008	橡胶板楼梯面层	1. 黏结层厚度、材料种类 2. 面层材料品种、规格、颜色 3. 压线条种类			1. 基层清理 2. 面层铺贴 3. 压缝条装钉 4. 材料运输
011106009	塑料板楼梯面层				

注：1. 在描述碎石材项目的面层材料特征时可不用描述规格、颜色。

2. 石材、块料与黏结材料的结合面刷防渗材料的种类在防护材料种类中描述。

（7）台阶装饰（表8-80）

表8-80　台阶装饰（编码：011107）

项目编码	项目名称	项目特征	计量单位	工程量计算规则	工作内容
011107001	石材台阶面	1. 找平层厚度、砂浆配合比 2. 黏结层材料种类 3. 面层材料品种、规格、颜色 4. 勾缝材料种类 5. 防滑条材料种类、规格 6. 防护材料种类	m²	按设计图示尺寸以台阶（包括最上层踏步边沿加300mm）水平投影面积计算	1. 基层清理 2. 抹找平层 3. 面层铺贴 4. 贴嵌防滑条 5. 勾缝 6. 刷防护材料 7. 材料运输
011107002	块料台阶面				
011107003	拼碎块料台阶面				
011107004	水泥砂浆台阶面	1. 找平层厚度、砂浆配合比 2. 面层厚度、砂浆配合比 3. 防滑条材料种类			1. 基层清理 2. 抹找平层 3. 抹面层 4. 抹防滑条 5. 材料运输
011107005	现浇水磨石台阶面	1. 找平层厚度、砂浆配合比 2. 面层厚度、水泥石子浆配合比 3. 防滑条材料种类、规格 4. 石子种类、规格、颜色 5. 颜料种类、颜色 6. 磨光、酸洗、打蜡要求			1. 清理基层 2. 抹找平层 3. 抹面层 4. 贴嵌防滑条 5. 打磨、酸洗、打蜡 6. 材料运输
011107006	剁假石台阶面	1. 找平层厚度、砂浆配合比 2. 面层厚度、砂浆配合比 3. 剁假石要求			1. 清理基层 2. 抹找平层 3. 抹面层 4. 剁假石 5. 材料运输

注：1. 在描述碎石材项目的面层材料特征时可不用描述规格、颜色。

2. 石材、块料与黏结材料的结合面刷防渗材料的种类在防护材料种类中描述。

（8）零星装饰项目（表 8-81）

表 8-81　零星装饰项目（编码：011108）

项目编码	项目名称	项目特征	计量单位	工程量计算规则	工作内容
011108001	石材零星项目	1. 工程部位 2. 找平层厚度、砂浆配合比 3. 贴结合层厚度、材料种类 4. 面层材料品种、规格、颜色 5. 勾缝材料种类 6. 防护材料种类 7. 酸洗、打蜡要求	m²	按设计图示尺寸以面积计算	1. 清理基层 2. 抹找平层 3. 面层铺贴、磨边 4. 勾缝 5. 刷防护材料 6. 酸洗、打蜡 7. 材料运输
011108002	拼碎石材零星项目				
011108003	块料零星项目				
011108004	水泥砂浆零星项目	1. 工程部位 2. 找平层厚度、砂浆配合比 3. 面层厚度、砂浆厚度			1. 清理基层 2. 抹找平层 3. 抹面层 4. 材料运输

注：1. 楼梯、台阶牵边和侧面镶贴块料面层，不大于 0.5m² 的少量分散的楼地面镶贴块料面层，应按本表执行。

2. 石材、块料与黏结材料的结合面刷防渗材料的种类在防护材料种类中描述。

8.3.12　墙、柱面装饰与隔断、幕墙工程

墙、柱面装饰与隔断、幕墙工程见规范附录 M。

（1）墙面抹灰（表 8-82）

表 8-82　墙面抹灰（编码：011201）

项目编码	项目名称	项目特征	计量单位	工程量计算规则	工作内容
011201001	墙面一般抹灰	1. 墙体类型 2. 底层厚度、砂浆配合比 3. 面层厚度、砂浆配合比 4. 装饰面材料种类 5. 分格缝宽度、材料种类	m²	按设计图示尺寸以面积计算。扣除墙裙、门窗洞口及单个>0.3m² 的孔洞面积，不扣除踢脚线、挂镜线和墙与构件交接处的面积，门窗洞口和孔洞的侧壁及顶面不增加面积。附墙柱、梁、垛、烟囱侧壁并入相应的墙面面积内 1. 外墙抹灰面积按外墙垂直投影面积计算 2. 外墙裙抹灰面积按其长度乘以高度计算 3. 内墙抹灰面积按主墙间的净长乘以高度计算 （1）无墙裙的，高度按室内楼地面至天棚底面计算 （2）有墙裙的，高度按墙裙顶至天棚底面计算 4. 内墙裙抹灰面按内墙净长乘以高度计算	1. 基层清理 2. 砂浆制作、运输 3. 底层抹灰 4. 抹面层 5. 抹装饰面 6. 勾分格缝
011201002	墙面装饰抹灰				
011201003	墙面勾缝	1. 勾缝类型 2. 勾缝材料种类			1. 基层清理 2. 砂浆制作、运输 3. 勾缝
011201004	立面砂浆找平层	1. 基层类型 2. 找平层砂浆厚度、配合比			1. 基层清理 2. 砂浆制作、运输 3. 抹灰找平

注：1. 立面砂浆找平项目适用于仅做找平层的立面抹灰。

2. 抹石灰砂浆、水泥砂浆、混合砂浆、聚合物水泥砂浆、麻刀石灰浆、石膏灰浆等按本表中墙面一般抹灰列项，墙面水刷石、斩假石、干粘石、假面砖等按本表墙面装饰抹灰列项。

3. 飘窗凸出外墙面增加的抹灰并入外墙工程量内。

4. 有吊顶天棚的内墙面抹灰，抹至吊顶以上部分在综合单价中考虑。

（2）柱（梁）面抹灰（表 8-83）

表 8-83　柱（梁）面抹灰（编码：011202）

项目编码	项目名称	项目特征	计量单位	工程量计算规则	工作内容
011202001	柱、梁面一般抹灰	1. 柱（梁）体类型 2. 底层厚度、砂浆配合比 3. 面层厚度、砂浆配合比 4. 装饰面材料种类 5. 分格缝宽度、材料种类	m²	1. 柱面抹灰：按设计图示柱断面周长乘高度以面积计算 2. 梁面抹灰：按设计图示梁断面周长乘长度以面积计算	1. 基层清理 2. 砂浆制作、运输 3. 底层抹灰 4. 抹面层 5. 勾分格缝
011202002	柱、梁面装饰抹灰				
011202003	柱、梁面砂浆找平	1. 柱（梁）体类型 2. 找平层砂浆厚度、配合比			1. 基层清理 2. 砂浆制作、运输 3. 抹灰找平
011202004	柱面勾缝	1. 勾缝类型 2. 勾缝材料种类		按设计图示柱断面周长乘高度以面积计算	1. 基层清理 2. 砂浆制作、运输 3. 勾缝

注：1. 砂浆找平项目适用于仅做找平层的柱（梁）面抹灰。

2. 柱（梁）面抹石灰砂浆、水泥砂浆、混合砂浆、聚合物水泥砂浆、麻刀石灰浆、石膏灰浆等按本表中柱（梁）面一般抹灰编码列项；柱（梁）面水刷石、斩假石、干粘石、假面砖等按本表中柱（梁）面装饰抹灰项目编码列项。

（3）零星抹灰（表 8-84）

表 8-84　零星抹灰（编码：011203）

项目编码	项目名称	项目特征	计量单位	工程量计算规则	工作内容
011203001	零星项目一般抹灰	1. 基层类型、部位 2. 底层厚度、砂浆配合比 3. 面层厚度、砂浆配合比 4. 装饰面材料种类 5. 分格缝宽度、材料种类	m²	按设计图示尺寸以面积计算	1. 基层清理 2. 砂浆制作、运输 3. 底层抹灰 4. 抹面层 5. 抹装饰面 6. 勾分格缝
011203002	零星项目装饰抹灰	1. 基层类型、部位 2. 底层厚度、砂浆配合比 3. 面层厚度、砂浆配合比 4. 装饰面材料种类 5. 分格缝宽度、材料种类			1. 基层清理 2. 砂浆制作、运输 3. 底层抹灰 4. 抹面层 5. 抹装饰面 6. 勾分格缝
011203003	零星项目砂浆找平	1. 基层类型 2. 找平层砂浆厚度、配合比			1. 基层清理 2. 砂浆制作、运输 3. 抹灰找平

注：1. 零星项目抹石灰砂浆、水泥砂浆、混合砂浆、聚合物水泥砂浆、麻刀石灰浆、石膏灰浆等按本表中零星项目一般抹灰编码列项，水刷石、斩假石、干粘石、假面砖等按本表中零星项目装饰抹灰编码列项。

2. 墙、柱（梁）面≤0.5m² 的少量分散的抹灰按本表中零星抹灰项目编码列项。

（4）墙面块料面层（表 8-85）

表 8-85　墙面块料面层（编码：011204）

项目编码	项目名称	项目特征	计量单位	工程量计算规则	工作内容
011204001	石材墙面	1. 墙体类型 2. 安装方式 3. 面层材料品种、规格、颜色 4. 缝宽、嵌缝材料种类 5. 防护材料种类 6. 磨光、酸洗、打蜡要求	m²	按镶贴表面积计算	1. 基层清理 2. 砂浆制作、运输 3. 黏结层铺贴 4. 面层安装 5. 嵌缝 6. 刷防护材料 7. 磨光、酸洗、打蜡
011204002	拼碎石材墙面				
011204003	块料墙面				
011204004	干挂石材钢骨架	1. 骨架种类、规格 2. 防锈漆品种遍数	t	按设计图示以质量计算	1. 骨架制作、运输、安装 2. 刷漆

注：1. 在描述碎块项目的面层材料特征时可不用描述规格、颜色。

2. 石材、块料与黏结材料的结合面刷防渗材料的种类在防护层材料种类中描述。

3. 安装方式可描述为砂浆或黏结剂粘贴、挂贴、干挂等，不论哪种安装方式，都要详细描述与组价相关的内容。

（5）柱（梁）面镶贴块料（表 8-86）

表 8-86　柱（梁）面镶贴块料（编码：011205）

项目编码	项目名称	项目特征	计量单位	工程量计算规则	工作内容
011205001	石材柱面	1. 柱截面类型、尺寸 2. 安装方式 3. 面层材料品种、规格、颜色 4. 缝宽、嵌缝材料种类 5. 防护材料种类 6. 磨光、酸洗、打蜡要求	m²	按镶贴表面积计算	1. 基层清理 2. 砂浆制作、运输 3. 黏结层铺贴 4. 面层安装 5. 嵌缝 6. 刷防护材料 7. 磨光、酸洗、打蜡
011205002	块料柱面				
011205003	拼碎块柱面				
011205004	石材梁面	1. 安装方式 2. 面层材料品种、规格、颜色 3. 缝宽、嵌缝材料种类 4. 防护材料种类 5. 磨光、酸洗、打蜡要求			
011205005	块料梁面				

注：1. 在描述碎块项目的面层材料特征时可不用描述规格、颜色。
2. 石材、块料与黏结材料的结合面刷防渗材料的种类在防护层材料种类中描述。
3. 柱梁面干挂石材的钢骨架按表 8-85 相应项目编码列项。

（6）镶贴零星块料（表 8-87）

表 8-87　镶贴零星块料（编码：011206）

项目编码	项目名称	项目特征	计量单位	工程量计算规则	工作内容
011206001	石材零星项目	1. 基层类型、部位 2. 安装方式 3. 面层材料品种、规格、颜色 4. 缝宽、嵌缝材料种类 5. 防护材料种类 6. 磨光、酸洗、打蜡要求	m²	按镶贴表面积计算	1. 基层清理 2. 砂浆制作、运输 3. 面层安装 4. 嵌缝 5. 刷防护材料 6. 磨光、酸洗、打蜡
011206002	块料零星项目				
011206003	拼碎块零星项目				

注：1. 在描述碎块项目的面层材料特征时可不用描述规格、颜色。
2. 石材、块料与黏结材料的结合面刷防渗材料的种类在防护层材料种类中描述。
3. 零星项目干挂石材的钢骨架按表 8-85 相应项目编码列项。
4. 墙柱面≤0.5m² 的少量分散的镶贴块料面层应按本表中零星项目执行。

（7）墙饰面（表 8-88）

表 8-88　墙饰面（编码：011207）

项目编码	项目名称	项目特征	计量单位	工程量计算规则	工作内容
011207001	墙面装饰板	1. 龙骨材料种类、规格、中距 2. 隔离层材料种类、规格 3. 基层材料种类、规格 4. 面层材料品种、规格、颜色 5. 压条材料种类、规格	m²	按设计图示墙净长乘净高以面积计算。扣除门窗洞口及单个＞0.3m² 的孔洞所占面积	1. 基层清理 2. 龙骨制作、运输、安装 3. 钉隔离层 4. 基层铺钉 5. 面层铺贴
011207002	墙面装饰浮雕	1. 基层类型 2. 浮雕材料种类 3. 浮雕样式		按设计图示尺寸以面积计算	1. 基层清理 2. 材料制作、运输 3. 安装成型

（8）柱（梁）饰面（表 8-89）

表 8-89　柱（梁）饰面（编码：011208）

项目编码	项目名称	项目特征	计量单位	工程量计算规则	工作内容
011208001	柱(梁)面装饰	1. 龙骨材料种类、规格、中距 2. 隔离层材料种类 3. 基层材料种类、规格 4. 面层材料品种、规格、颜色 5. 压条材料种类、规格	m²	按设计图示饰面外围尺寸以面积计算。柱帽、柱墩并入相应柱饰面工程量内	1. 清理基层 2. 龙骨制作、运输、安装 3. 钉隔离层 4. 基层铺钉 5. 面层铺贴
011208002	成品装饰柱	1. 柱截面、高度尺寸 2. 柱材质	1. 根 2. m	1. 以根计量,按设计数量计算 2. 以米计量,按设计长度计算	柱运输、固定、安装

（9）幕墙工程（表 8-90）

表 8-90　幕墙工程（编码：011209）

项目编码	项目名称	项目特征	计量单位	工程量计算规则	工作内容
011209001	带骨架幕墙	1. 骨架材料种类、规格、中距 2. 面层材料品种、规格、颜色 3. 面层固定方式 4. 隔离带、框边封闭材料品种、规格 5. 嵌缝、塞口材料种类	m²	按设计图示框外围尺寸以面积计算。与幕墙同种材质的窗所占面积不扣除	1. 骨架制作、运输、安装 2. 面层安装 3. 隔离带、框边封闭 4. 嵌缝、塞口 5. 清洗
011209002	全玻(无框玻璃)幕墙	1. 玻璃品种、规格、颜色 2. 黏结塞口材料种类 3. 固定方式		按设计图示尺寸以面积计算。带肋全玻幕墙按展开面积计算	1. 幕墙安装 2. 嵌缝、塞口 3. 清洗

（10）隔断（表 8-91）

表 8-91　隔断（编码：011210）

项目编码	项目名称	项目特征	计量单位	工程量计算规则	工作内容
011210001	木隔断	1. 骨架、边框材料种类、规格 2. 隔板材料品种、规格、颜色 3. 嵌缝、塞口材料品种 4. 压条材料种类	m²	按设计图示框外围尺寸以面积计算。不扣除单个≤0.3m²的孔洞所占面积；浴厕门的材质与隔断相同时，门的面积并入隔断面积内	1. 骨架及边框制作、运输、安装 2. 隔板制作、运输、安装 3. 嵌缝、塞口 4. 装钉压条
011210002	金属隔断	1. 骨架、边框材料种类、规格 2. 隔板材料品种、规格、颜色 3. 嵌缝、塞口材料品种			1. 骨架及边框制作、运输、安装 2. 隔板制作、运输、安装 3. 嵌缝、塞口
011210003	玻璃隔断	1. 骨架、边框材料种类、规格 2. 玻璃品种、规格、颜色 3. 嵌缝、塞口材料品种		按设计图示框外围尺寸以面积计算。不扣除单个≤0.3m²的孔洞所占面积	1. 边框制作、运输、安装 2. 玻璃制作、运输、安装 3. 嵌缝、塞口
011210004	塑料隔断	1. 边框材料种类、规格 2. 隔板材料品种、规格、颜色 3. 嵌缝、塞口材料品种			1. 骨架及边框制作、运输、安装 2. 隔板制作、运输、安装 3. 嵌缝、塞口
011210005	成品隔断	1. 隔断材料品种、规格、颜色 2. 配件品种、规格	1. m² 2. 间	1. 以平方米计量，按设计图示框外围尺寸以面积计算 2. 以间计量，按设计间的数量计算	1. 隔断运输、安装 2. 嵌缝、塞口
011210006	其他隔断	1. 骨架、边框材料种类、规格 2. 隔板材料品种、规格、颜色 3. 嵌缝、塞口材料品种	m²	按设计图示框外围尺寸以面积计算。不扣除单个≤0.3m²的孔洞所占面积	1. 骨架及边框安装 2. 隔板安装 3. 嵌缝、塞口

8.3.13　天棚工程

天棚工程见规范附录 N。

（1）天棚抹灰（表 8-92）

表 8-92　天棚抹灰（编码：011301）

项目编码	项目名称	项目特征	计量单位	工程量计算规则	工作内容
011301001	天棚抹灰	1. 基层类型 2. 抹灰厚度、材料种类 3. 砂浆配合比	m²	按设计图示尺寸以水平投影面积计算。不扣除间壁墙、垛、柱、附墙烟囱、检查口和管道所占的面积，带梁天棚、梁两侧抹灰面积并入天棚面积内，板式楼梯底面抹灰按斜面积计算，锯齿形楼梯底板抹灰按展开面积计算	1. 基层清理 2. 底层抹灰 3. 抹面层

（2）天棚吊顶（表 8-93）

表 8-93　天棚吊顶（编码：011302）

项目编码	项目名称	项目特征	计量单位	工程量计算规则	工作内容
011302001	吊顶天棚	1. 吊顶形式、吊杆规格、高度 2. 龙骨材料种类、规格、中距 3. 基层材料种类、规格 4. 面层材料品种、规格 5. 压条材料种类、规格 6. 嵌缝材料种类 7. 防护材料种类	m²	按设计图示尺寸以水平投影面积计算。天棚面中的灯槽及跌级、锯齿形、吊挂式、藻井式天棚面积不展开计算。不扣除间壁墙、检查口、附墙烟囱、柱垛和管道所占面积,扣除单个 > 0.3m² 的孔洞、独立柱及与天棚相连的窗帘盒所占的面积	1. 基层清理、吊杆安装 2. 龙骨安装 3. 基层板铺贴 4. 面层铺贴 5. 嵌缝 6. 刷防护材料
011302002	格栅吊顶	1. 龙骨材料种类、规格、中距 2. 基层材料种类、规格 3. 面层材料品种、规格 4. 防护材料种类		按设计图示尺寸以水平投影面积计算	1. 基层清理 2. 安装龙骨 3. 基层板铺贴 4. 面层铺贴 5. 刷防护材料
011302003	吊筒吊顶	1. 吊筒形状、规格 2. 吊筒材料种类 3. 防护材料种类			1. 基层清理 2. 吊筒制作安装 3. 刷防护材料
011302004	藤条造型悬挂吊顶	1. 骨架材料种类、规格 2. 面层材料品种、规格			1. 基层清理 2. 龙骨安装 3. 铺贴面层
011302005	织物软雕吊顶				
011302006	装饰网架吊顶	网架材料品种、规格			1. 基层清理 2. 网架制作安装

（3）采光天棚工程（表 8-94）

表 8-94　采光天棚工程（编码：011303）

项目编码	项目名称	项目特征	计量单位	工程量计算规则	工作内容
011303001	采光天棚	1. 骨架类型 2. 固定类型、固定材料品种、规格 3. 面层材料品种、规格 4. 嵌缝、塞口材料种类	m²	按框外围展开面积计算	1. 清理基层 2. 面层制安 3. 嵌缝、塞口 4. 清洗

注：采光天棚骨架不包括在本节中,应单独按 8.3.6 相关项目编码列项。

（4）天棚其他装饰（表 8-95）

表 8-95　天棚其他装饰（编码：011304）

项目编码	项目名称	项目特征	计量单位	工程量计算规则	工作内容
011304001	灯带（槽）	1. 灯带型式、尺寸 2. 格栅片材料品种、规格 3. 安装固定方式	m²	按设计图示尺寸以框外围面积计算	安装、固定
011304002	送风口、回风口	1. 风口材料品种、规格 2. 安装固定方式 3. 防护材料种类	个	按设计图示数量计算	1. 安装、固定 2. 刷防护材料

8.3.14 油漆、涂料、裱糊工程

油漆、涂料、裱糊工程见规范附录 P。

（1）门油漆（表 8-96）

表 8-96　门油漆（编号：011401）

项目编码	项目名称	项目特征	计量单位	工程量计算规则	工作内容
011401001	木门油漆	1. 门类型 2. 门代号及洞口尺寸 3. 腻子种类 4. 刮腻子遍数 5. 防护材料种类 6. 油漆品种、刷漆遍数	1. 樘 2. m²	1. 以樘计量，按设计图示数量计量 2. 以平方米计量，按设计图示洞口尺寸以面积计算	1. 基层清理 2. 刮腻子 3. 刷防护材料、油漆
011401002	金属门油漆				1. 除锈、基层清理 2. 刮腻子 3. 刷防护材料、油漆

注：1. 木门油漆应区分木大门、单层木门、双层（一玻一纱）木门、双层（单裁口）木门、全玻自由门、半玻自由门、装饰门及有框门或无框门等项目，分别编码列项。

2. 金属门油漆应区分平开门、推拉门、钢制防火门等项目，分别编码列项。

3. 以平方米计量，项目特征可不必描述洞口尺寸。

（2）窗油漆（表 8-97）

表 8-97　窗油漆（编号：011402）

项目编码	项目名称	项目特征	计量单位	工程量计算规则	工作内容
011402001	木窗油漆	1. 窗类型 2. 窗代号及洞口尺寸 3. 腻子种类 4. 刮腻子遍数 5. 防护材料种类 6. 油漆品种、刷漆遍数	1. 樘 2. m²	1. 以樘计量，按设计图示数量计量 2. 以平方米计量，按设计图示洞口尺寸以面积计算	1. 基层清理 2. 刮腻子 3. 刷防护材料、油漆
011402002	金属窗油漆				1. 除锈、基层清理 2. 刮腻子 3. 刷防护材料、油漆

注：1. 木窗油漆应区分单层木窗、双层（一玻一纱）木窗、双层框扇（单裁口）木窗、双层框三层（二玻一纱）木窗、单层组合窗、双层组合窗、木百叶窗、木推拉窗等项目，分别编码列项。

2. 金属窗油漆应区分平开窗、推拉窗、固定窗、组合窗、金属格栅窗等项目，分别编码列项。

3. 以平方米计量，项目特征可不必描述洞口尺寸。

（3）木扶手及其他板条、线条油漆（表 8-98）

表 8-98　木扶手及其他板条、线条油漆（编号：011403）

项目编码	项目名称	项目特征	计量单位	工程量计算规则	工作内容
011403001	木扶手油漆	1. 断面尺寸 2. 腻子种类 3. 刮腻子遍数 4. 防护材料种类 5. 油漆品种、刷漆遍数	m	按设计图示尺寸以长度计算	1. 基层清理 2. 刮腻子 3. 刷防护材料、油漆
011403002	窗帘盒油漆				
011403003	封檐板、顺水板油漆				
011403004	挂衣板、黑板框油漆				
011403005	挂镜线、窗帘棍、单独木线油漆				

注：木扶手应区分带托板与不带托板，分别编码列项，若是木栏杆带扶手，木扶手不应单独列项，应包含在木栏杆油漆中。

（4）木材面油漆（表 8-99）

表 8-99　**木材面油漆**（编号：011404）

项目编码	项目名称	项目特征	计量单位	工程量计算规则	工作内容
011404001	木护墙、木墙裙油漆	1. 腻子种类 2. 刮腻子遍数 3. 防护材料种类 4. 油漆品种、刷漆遍数	m²	按设计图示尺寸以面积计算	1. 基层清理 2. 刮腻子 3. 刷防护材料、油漆
011404002	窗台板、筒子板、盖板、门窗套、踢脚线油漆				
011404003	清水板条天棚、檐口油漆				
011404004	木方格吊顶天棚油漆				
011404005	吸声板墙面、天棚面油漆				
011404006	暖气罩油漆				
011404007	其他木材面				
011404008	木间壁、木隔断油漆			按设计图示尺寸以单面外围面积计算	1. 基层清理 2. 刮腻子 3. 刷防护材料、油漆
011404009	玻璃间壁露明墙筋油漆				
011404010	木栅栏、木栏杆(带扶手)油漆				
011404011	衣柜、壁柜油漆			按设计图示尺寸以油漆部分展开面积计算	
011404012	梁柱饰面油漆				
011404013	零星木装修油漆				
011404014	木地板油漆			按设计图示尺寸以面积计算。空洞、空圈、暖气包槽、壁龛的开口部分并入相应的工程量内	
011404015	木地板烫硬蜡面	1. 硬蜡品种 2. 面层处理要求			1. 基层清理 2. 烫蜡

（5）金属面油漆（表 8-100）

表 8-100　**金属面油漆**（编号：011405）

项目编码	项目名称	项目特征	计量单位	工程量计算规则	工作内容
011405001	金属面油漆	1. 构件名称 2. 腻子种类 3. 刮腻子要求 4. 防护材料种类 5. 油漆品种、刷漆遍数	1. t 2. m²	1. 以吨计量,按设计图示尺寸以质量计算 2. 以平方米计量,按设计展开面积计算	1. 基层清理 2. 刮腻子 3. 刷防护材料、油漆

（6）抹灰面油漆（表 8-101）

表 8-101　抹灰面油漆（编号：011406）

项目编码	项目名称	项目特征	计量单位	工程量计算规则	工作内容
011406001	抹灰面油漆	1. 基层类型 2. 腻子种类 3. 刮腻子遍数 4. 防护材料种类 5. 油漆品种、刷漆遍数 6. 部位	m²	按设计图示尺寸以面积计算	1. 基层清理 2. 刮腻子 3. 刷防护材料、油漆
011406002	抹灰线条油漆	1. 线条宽度、道数 2. 腻子种类 3. 刮腻子遍数 4. 防护材料种类 5. 油漆品种、刷漆遍数	m	按设计图示尺寸以长度计算	1. 基层清理 2. 刮腻子 3. 刷防护材料、油漆
011406003	满刮腻子	1. 基层类型 2. 腻子种类 3. 刮腻子遍数	m²	按设计图示尺寸以面积计算	1. 基层清理 2. 刮腻子

（7）喷刷涂料（表 8-102）

表 8-102　喷刷涂料（编号：011407）

项目编码	项目名称	项目特征	计量单位	工程量计算规则	工作内容
011407001	墙面喷刷涂料	1. 基层类型 2. 喷刷涂料部位 3. 腻子种类 4. 刮腻子要求 5. 涂料品种、喷刷遍数	m²	按设计图示尺寸以面积计算	1. 基层清理 2. 刮腻子 3. 刷、喷涂料
011407002	天棚喷刷涂料				
011407003	空花格、栏杆刷涂料	1. 腻子种类 2. 刮腻子遍数 3. 涂料品种、刷喷遍数		按设计图示尺寸以单面外围面积计算	
011407004	线条刷涂料	1. 基层清理 2. 线条宽度 3. 刮腻子遍数 4. 刷防护材料、油漆	m	按设计图示尺寸以长度计算	
011407005	金属构件刷防火涂料	1. 喷刷防火涂料构件名称 2. 防火等级要求 3. 涂料品种、喷刷遍数	1. t 2. m²	1. 以吨计量，按设计图示尺寸以质量计算 2. 以平方米计量，按设计展开面积计算	1. 基层清理 2. 刷防护材料、油漆
011407006	木材构件喷刷防火涂料		m²	以平方米计量，按设计图示尺寸以面积计算	1. 基层清理 2. 刷防火材料

注：喷刷墙面涂料部位要注明内墙或外墙。

（8）裱糊（表 8-103）

表 8-103 裱糊 (编号：011408)

项目编码	项目名称	项目特征	计量单位	工程量计算规则	工作内容
011408001	墙纸裱糊	1. 基层类型 2. 裱糊部位 3. 腻子种类 4. 刮腻子遍数 5. 黏结材料种类 6. 防护材料种类 7. 面层材料品种、规格、颜色	m²	按设计图示尺寸以面积计算	1. 基层清理 2. 刮腻子 3. 面层铺贴 4. 刷防护材料
011408002	织锦缎裱糊				

8.3.15 其他装饰工程

见规范附录 Q。

（1）柜类、货架（表 8-104）

表 8-104 柜类、货架 (编号：011501)

项目编码	项目名称	项目特征	计量单位	工程量计算规则	工作内容
011501001	柜台	1. 台柜规格 2. 材料种类、规格 3. 五金种类、规格 4. 防护材料种类 5. 油漆品种、刷漆遍数	1. 个 2. m 3. m³	1. 以个计量，按设计图示数量计量 2. 以米计量，按设计图示尺寸以延长米计算 3. 以立方米计量，按设计图示尺寸以体积计算	1. 台柜制作、运输、安装（安放） 2. 刷防护材料、油漆 3. 五金件安装
011501002	酒柜				
011501003	衣柜				
011501004	存包柜				
011501005	鞋柜				
011501006	书柜				
011501007	厨房壁柜				
011501008	木壁柜				
011501009	厨房低柜				
011501010	厨房吊柜				
011501011	矮柜				
011501012	吧台背柜				
011501013	酒吧吊柜				
011501014	酒吧台				
011501015	展台				
011501016	收银台				
011501017	试衣间				
011501018	货架				
011501019	书架				
011501020	服务台				

（2）压条、装饰线（表 8-105）

表 8-105　压条、装饰线（编号：011502）

项目编码	项目名称	项目特征	计量单位	工程量计算规则	工作内容
011502001	金属装饰线	1. 基层类型 2. 线条材料品种、规格、颜色 3. 防护材料种类	m	按设计图示尺寸以长度计算	1. 线条制作、安装 2. 刷防护材料
011502002	木质装饰线				
011502003	石材装饰线				
011502004	石膏装饰线				
011502005	镜面玻璃线	1. 基层类型 2. 线条材料品种、规格、颜色 3. 防护材料种类			
011502006	铝塑装饰线				
011502007	塑料装饰线				
011502008	GRC装饰线条	1. 基层类型 2. 线条规格 3. 线条安装部位 4. 填充材料各类			线条制作安装

（3）扶手、栏杆、栏板装饰（表 8-106）

表 8-106　扶手、栏杆、栏板装饰（编码：011503）

项目编码	项目名称	项目特征	计量单位	工程量计算规则	工作内容
011503001	金属扶手、栏杆、栏板	1. 扶手材料种类、规格 2. 栏杆材料种类、规格 3. 栏板材料种类、规格、颜色 4. 固定配件种类 5. 防护材料种类	m	按设计图示以扶手中心线长度（包括弯头长度）计算	1. 制作 2. 运输 3. 安装 4. 刷防护材料
011503002	硬木扶手、栏杆、栏板				
011503003	塑料扶手、栏杆、栏板				
011503004	GRC栏杆、扶手	1. 栏杆的规格 2. 安装间距 3. 扶手类型规格 4. 填充材料种类			
011503005	金属靠墙扶手	1. 扶手材料种类、规格、品牌 2. 固定配件种类 3. 防护材料种类			
011503006	硬木靠墙扶手				
011503007	塑料靠墙扶手				
011503008	玻璃栏板	1. 栏杆玻璃的种类、规格、颜色 2. 固定方式 3. 固定配件种类			

（4）暖气罩（表 8-107）

表 8-107　暖气罩（编号：011504）

项目编码	项目名称	项目特征	计量单位	工程量计算规则	工作内容
011504001	饰面板暖气罩	1. 暖气罩材质 2. 防护材料种类	m²	按设计图示尺寸以垂直投影面积（不展开）计算	1. 暖气罩制作、运输、安装 2. 刷防护材料
011504002	塑料板暖气罩				
011504003	金属暖气罩				

（5）浴厕配件（表8-108）

表 8-108   浴厕配件（编号：011505）

项目编码	项目名称	项目特征	计量单位	工程量计算规则	工作内容
011505001	洗漱台	1. 材料品种、规格、颜色 2. 支架、配件品种、规格	1. m² 2. 个	1. 按设计图示尺寸以台面外接矩形面积计算。不扣除孔洞、挖弯、削角所占面积，挡板、吊沿板面积并入台面面积内 2. 按设计图示数量计算	1. 台面及支架、运输、安装 2. 杆、环、盒、配件安装 3. 刷油漆
011505002	晒衣架	1. 材料品种、规格、颜色 2. 支架、配件品种、规格	个	按设计图示数量计算	
011505003	帘子杆				
011505004	浴缸拉手				
011505005	卫生间扶手				
011505006	毛巾杆（架）		套		
011505007	毛巾环		副		
011505008	卫生纸盒		个		
011505009	肥皂盒				
011505010	镜面玻璃	1. 镜面玻璃品种、规格 2. 框材质、断面尺寸 3. 基层材料种类 4. 防护材料种类	m²	按设计图示尺寸以边框外围面积计算	1. 基层安装 2. 玻璃及框制作、运输、安装
011505011	镜箱	1. 箱体材质、规格 2. 玻璃品种、规格 3. 基层材料种类 4. 防护材料种类 5. 油漆品种、刷漆遍数	个	按设计图示数量计算	1. 基层安装 2. 箱体制作、运输、安装 3. 玻璃安装 4. 刷防护材料、油漆

（6）雨篷、旗杆（表8-109）

表 8-109   雨篷、旗杆（编号：011506）

项目编码	项目名称	项目特征	计量单位	工程量计算规则	工作内容
011506001	雨篷吊挂饰面	1. 基层类型 2. 龙骨材料种类、规格、中距 3. 面层材料品种、规格 4. 吊顶（天棚）材料品种、规格 5. 嵌缝材料种类 6. 防护材料种类	m²	按设计图示尺寸以水平投影面积计算	1. 底层抹灰 2. 龙骨基层安装 3. 面层安装 4. 刷防护材料、油漆
011506002	金属旗杆	1. 旗杆材料、种类、规格 2. 旗杆高度 3. 基础材料种类 4. 基座材料种类 5. 基座面层材料、种类、规格	根	按设计图示数量计算	1. 土石挖、填、运 2. 基础混凝土浇筑 3. 旗杆制作、安装 4. 旗杆台座制作、饰面

续表

项目编码	项目名称	项目特征	计量单位	工程量计算规则	工作内容
011506003	玻璃雨篷	1. 玻璃雨篷固定方式 2. 龙骨材料种类、规格、中距 3. 玻璃材料品种、规格 4. 嵌缝材料种类 5. 防护材料种类	m²	按设计图示尺寸以水平投影面积计算	1. 龙骨基层安装 2. 面层安装 3. 刷防护材料、油漆

（7）招牌、灯箱（表 8-110）

表 8-110　招牌、灯箱（编号：011507）

项目编码	项目名称	项目特征	计量单位	工程量计算规则	工作内容
011507001	平面、箱式招牌	1. 箱体规格 2. 基层材料种类 3. 面层材料种类 4. 防护材料种类	m²	按设计图示尺寸以正立面边框外围面积计算。复杂形的凸凹造型部分不增加面积	1. 基层安装 2. 箱体及支架制作、运输、安装 3. 面层制作、安装 4. 刷防护材料、油漆
011507002	竖式标箱				
011507003	灯箱				
011507004	信报箱	1. 箱体规格 2. 基层材料种类 3. 面层材料种类 4. 防护材料种类 5. 户数	个	按设计图示数量计算	

（8）美术字（表 8-111）

表 8-111　美术字（编号：011508）

项目编码	项目名称	项目特征	计量单位	工程量计算规则	工作内容
011508001	泡沫塑料字	1. 基层类型 2. 镌字材料品种、颜色 3. 字体规格 4. 固定方式 5. 油漆品种、刷漆遍数	个	按设计图示数量计算	1. 字制作、运输、安装 2. 刷油漆
011508002	有机玻璃字				
011508003	木质字				
011508004	金属字				
011508005	吸塑字				

8.3.16　拆除工程

拆除工程见规范附录 R。

（1）砖砌体拆除（表 8-112）

表 8-112　砖砌体拆除（编码：011601）

项目编码	项目名称	项目特征	计量单位	工程量计算规则	工作内容
011601001	砖砌体拆除	1. 砌体名称 2. 砌体材质 3. 拆除高度 4. 拆除砌体的截面尺寸 5. 砌体表面的附着物种类	1. m³ 2. m	1. 以立方米计量，按拆除的体积计算 2. 以米计量，按拆除的延长米计算	1. 拆除 2. 控制扬尘 3. 清理 4. 建渣场内、外运输

注：1. 砌体名称指墙、柱、水池等。

2. 砌体表面的附着物种类指抹灰层、块料层、龙骨及装饰面层等。

3. 以米计量，如砖地沟、砖明沟等必须描述拆除部位的截面尺寸；以立方米计量，截面尺寸则不必描述。

（2）混凝土及钢筋混凝土构件拆除（表 8-113）

表 8-113　混凝土及钢筋混凝土构件拆除（编码：011602）

项目编码	项目名称	项目特征	计量单位	工程量计算规则	工作内容
011602001	混凝土构件拆除	1. 构件名称 2. 拆除构件的厚度或规格尺寸 3. 构件表面的附着物种类	1. m³ 2. m² 3. m	1. 以立方米计量，按拆除构件的混凝土体积计算 2. 以平方米计量，按拆除部位的面积计算 3. 以米计量，按拆除部位的延长米计算	1. 拆除 2. 控制扬尘 3. 清理 4. 建渣场内、外运输
011602002	钢筋混凝土构件拆除				

注：1. 以立方米为计量单位时，可不描述构件的规格尺寸；以平方米作为计量单位时，则应描述构件的厚度；以米作为计量单位时，则必须描述构件的规格尺寸。

2. 构件表面的附着物种类指抹灰层、块料层、龙骨及装饰面层等。

（3）木构件拆除（表 8-114）

表 8-114　木构件拆除（编码：011603）

项目编码	项目名称	项目特征	计量单位	工程量计算规则	工作内容
011603001	木构件拆除	1. 构件名称 2. 拆除构件的厚度或规格尺寸 3. 构件表面的附着物种类	1. m³ 2. m² 3. m	1. 以立方米计量，按拆除构件的体积计算 2. 以平方米计量，按拆除面积计算 3. 以米计量，按拆除延长米计算	1. 拆除 2. 控制扬尘 3. 清理 4. 建渣场内、外运输

注：1. 拆除木构件应按木梁、木柱、木楼梯、木屋架、承重木楼板等分别在构件名称中描述。

2. 以立方米作为计量单位时，可不描述构件的规格尺寸；以平方米作为计量单位时，则应描述构件的厚度；以米作为计量单位时，则必须描述构件的规格尺寸。

3. 构件表面的附着物种类指抹灰层、块料层、龙骨及装饰面层等。

（4）抹灰层拆除（表 8-115）

表 8-115　抹灰层拆除（编码：011604）

项目编码	项目名称	项目特征	计量单位	工程量计算规则	工作内容
011604001	平面抹灰层拆除	1. 拆除部位 2. 抹灰层种类	m²	按拆除部位的面积计算	1. 拆除 2. 控制扬尘 3. 清理 4. 建渣场内、外运输
011604002	立面抹灰层拆除				
011604003	天棚抹灰面拆除				

注：1. 单独拆除抹灰层应按本表中的项目编码列项。

2. 抹灰层种类可描述为一般抹灰或装饰抹灰。

（5）块料面层拆除（表 8-116）

表 8-116　块料面层拆除（编码：011605）

项目编码	项目名称	项目特征	计量单位	工程量计算规则	工作内容
011605001	平面块料拆除	1. 拆除的基层类型 2. 饰面材料种类	m^2	按拆除面积计算	1. 拆除 2. 控制扬尘 3. 清理 4. 建渣场内、外运输
011605002	立面块料拆除				

注：1. 如仅拆除块料层，拆除的基层类型不用描述。
2. 拆除的基层类型的描述指砂浆层、防水层、干挂或挂贴所采用的钢骨架层等。

（6）龙骨及饰面拆除（表 8-117）

表 8-117　龙骨及饰面拆除（编码：011606）

项目编码	项目名称	项目特征	计量单位	工程量计算规则	工作内容
011606001	楼地面龙骨及饰面拆除	1. 拆除的基层类型 2. 龙骨及饰面种类	m^2	按拆除面积计算	1. 拆除 2. 控制扬尘 3. 清理 4. 建渣场内、外运输
011606002	墙柱面龙骨及饰面拆除				
011606003	天棚面龙骨及饰面拆除				

注：1. 基层类型的描述指砂浆层、防水层等。
2. 如仅拆除龙骨及饰面，拆除的基层类型不用描述。
3. 如只拆除饰面，不用描述龙骨材料种类。

（7）屋面拆除（表 8-118）

表 8-118　屋面拆除（编码：011607）

项目编码	项目名称	项目特征	计量单位	工程量计算规则	工作内容
011607001	刚性层拆除	刚性层厚度	m^2	按铲除部位的面积计算	1. 铲除 2. 控制扬尘 3. 清理 4. 建渣场内、外运输
011607002	防水层拆除	防水层种类			

（8）铲除油漆涂料裱糊面（表 8-119）

表 8-119　铲除油漆涂料裱糊面（编码：011608）

项目编码	项目名称	项目特征	计量单位	工程量计算规则	工作内容
011608001	铲除油漆面	1. 铲除部位名称 2. 铲除部位的截面尺寸	1. m^2 2. m	1. 以平方米计量，按铲除部位的面积计算 2. 以米计量，按铲除部位的延长米计算	1. 铲除 2. 控制扬尘 3. 清理 4. 建渣场内、外运输
011608002	铲除涂料面				
011608003	铲除裱糊面				

注：1. 单独铲除油漆涂料裱糊面的工程按本表中的项目编码列项。
2. 铲除部位名称的描述指墙面、柱面、天棚、门窗等。
3. 按米计量，必须描述铲除部位的截面尺寸；以平方米计量时，则不用描述铲除部位的截面尺寸。

(9) 栏杆栏板、轻质隔断隔墙拆除（表8-120）

表8-120 栏杆栏板、轻质隔断隔墙拆除（编码：011609）

项目编码	项目名称	项目特征	计量单位	工程量计算规则	工作内容
011609001	栏杆、栏板拆除	1. 栏杆（板）的高度 2. 栏杆、栏板种类	1. m² 2. m	1. 以平方米计量，按拆除部位的面积计算 2. 以米计量，按拆除的延长米计算	1. 拆除 2. 控制扬尘 3. 清理 4. 建渣场内、外运输
011609002	隔断隔墙拆除	1. 拆除隔墙的骨架种类 2. 拆除隔墙的饰面种类	m²	按拆除部位的面积计算	

注：以平方米计量，不用描述栏杆（板）的高度。

(10) 门窗拆除（表8-121）

表8-121 门窗拆除（编码：011610）

项目编码	项目名称	项目特征	计量单位	工程量计算规则	工作内容
011610001	木门窗拆除	1. 室内高度 2. 门窗洞口尺寸	1. m² 2. 樘	1. 以平方米计量，按拆除面积计算 2. 以樘计量，按拆除樘数计算	1. 拆除 2. 控制扬尘 3. 清理 4. 建渣场内、外运输
011610002	金属门窗拆除				

注：门窗拆除以平方米计量，不用描述门窗的洞口尺寸。室内高度指室内楼地面至门窗的上边框。

(11) 金属构件拆除（表8-122）

表8-122 金属构件拆除（编码：011611）

项目编码	项目名称	项目特征	计量单位	工程量计算规则	工作内容
011611001	钢梁拆除	1. 构件名称 2. 拆除构件的规格尺寸	1. t 2. m	1. 以吨计量，按拆除构件的质量计算 2. 以米计量，按拆除延长米计算	1. 拆除 2. 控制扬尘 3. 清理 4. 建渣场内、外运输
011611002	钢柱拆除				
011611003	钢网架拆除		t	按拆除构件的质量计算	
011611004	钢支撑、钢墙架拆除		1. t 2. m	1. 以吨计量，按拆除构件的质量计算 2. 以米计量，按拆除延长米计算	
011611005	其他金属构件拆除				

(12) 管道及卫生洁具拆除（表8-123）

表8-123 管道及卫生洁具拆除（编码：011612）

项目编码	项目名称	项目特征	计量单位	工程量计算规则	工作内容
011612001	管道拆除	1. 管道种类、材质 2. 管道上的附着物种类	m	按拆除管道的延长米计算	1. 拆除 2. 控制扬尘 3. 清理 4. 建渣场内、外运输
011612002	卫生洁具拆除	卫生洁具种类	1. 套 2. 个	按拆除的数量计算	

（13）灯具、玻璃拆除（表 8-124）

表 8-124　灯具、玻璃拆除（编码：011613）

项目编码	项目名称	项目特征	计量单位	工程量计算规则	工作内容
011613001	灯具拆除	1. 拆除灯具高度 2. 灯具种类	套	按拆除的数量计算	1. 拆除 2. 控制扬尘 3. 清理 4. 建渣场内、外运输
011613002	玻璃拆除	1. 玻璃厚度 2. 拆除部位	m²	按拆除的面积计算	

注：拆除部位的描述指门窗玻璃、隔断玻璃、墙玻璃、家具玻璃等。

（14）其他构件拆除（表 8-125）

表 8-125　其他构件拆除（编码：011614）

项目编码	项目名称	项目特征	计量单位	工程量计算规则	工作内容
011614001	暖气罩拆除	暖气罩材质	1. 个 2. m	1. 以个为单位计量，按拆除个数计算 2. 以米为单位计量，按拆除延长米计算	
011614002	柜体拆除	1. 柜体材质 2. 柜体尺寸：长、宽、高			1. 拆除 2. 控制扬尘 3. 清理 4. 建渣场内、外运输
011614003	窗台板拆除	窗台板平面尺寸	1. 块 2. m	1. 以块计量，按拆除数量计算 2. 以米计量，按拆除的延长米计算	
011614004	筒子板拆除	筒子板的平面尺寸			
011614005	窗帘盒拆除	窗帘盒的平面尺寸	m	按拆除的延长米计算	
011614006	窗帘轨拆除	窗帘轨的材质			

注：双轨窗帘轨拆除按双轨长度分别计算工程量。

（15）开孔（打洞）（表 8-126）

表 8-126　开孔（打洞）（编码：011615）

项目编码	项目名称	项目特征	计量单位	工程量计算规则	工作内容
011615001	开孔（打洞）	1. 部位 2. 打洞部位材质 3. 洞尺寸	个	按数量计算	1. 拆除 2. 控制扬尘 3. 清理 4. 建渣场内、外运输

注：1. 部位可描述为墙面或楼板。

2. 打洞部位材质可描述为页岩砖或空心砖或钢筋混凝土等。

8.3.17　措施项目

措施项目见规范附录 S。

（1）脚手架工程（表 8-127）

表 8-127　脚手架工程（编码：011701）

项目编码	项目名称	项目特征	计量单位	工程量计算规则	工作内容
011701001	综合脚手架	1. 建筑结构形式 2. 檐口高度	m²	按建筑面积计算	1. 场内、场外材料搬运 2. 搭、拆脚手架、斜道、上料平台 3. 安全网的铺设 4. 选择附墙点与主体连接 5. 测试电动装置、安全锁等 6. 拆除脚手架后材料的堆放
011701002	外脚手架	1. 搭设方式 2. 搭设高度 3. 脚手架材质		按所服务对象的垂直投影面积计算	1. 场内、场外材料搬运 2. 搭、拆脚手架、斜道、上料平台 3. 安全网的铺设 4. 拆除脚手架后材料的堆放
011701003	里脚手架				
011701004	悬空脚手架	1. 搭设方式 2. 悬挑宽度 3. 脚手架材质		按搭设的水平投影面积计算	
011701005	挑脚手架		m	按搭设长度乘以搭设层数以延长米计算	
011701006	满堂脚手架	1. 搭设方式 2. 搭设高度 3. 脚手架材质		按搭设的水平投影面积计算	
011701007	整体提升架	1. 搭设方式及启动装置 2. 搭设高度	m²	按所服务对象的垂直投影面积计算	1. 场内、场外材料搬运 2. 选择附墙点与主体连接 3. 搭、拆脚手架、斜道、上料平台 4. 安全网的铺设 5. 测试电动装置、安全锁等 6. 拆除脚手架后材料的堆放
011701008	外装饰吊篮	1. 升降方式及启动装置 2. 搭设高度及吊篮型号		按所服务对象的垂直投影面积计算	1. 场内、场外材料搬运 2. 吊篮的安装 3. 测试电动装置、安全锁、平衡控制器等 4. 吊篮的拆卸

注：1. 使用综合脚手架时，不再使用外脚手架、里脚手架等单项脚手架；综合脚手架适用于能够按"建筑面积计算规则"计算建筑面积的建筑工程脚手架，不适用于房屋加层、构筑物及附属工程脚手架。

2. 同一建筑物有不同檐高时，按建筑物竖向切面分别按不同檐高编列清单项目。

3. 整体提升架已包括 2m 高的防护架体设施。

4. 脚手架材质可以不描述，但应注明由投标人根据工程实际情况按照国家现行标准《建筑施工扣件式钢管脚手架安全技术规范》（JGJ-130）、《建筑施工附着升降脚手架管理暂行规定》（建建［2000］230 号）等规范自行确定。

（2）混凝土模板及支架（撑）（表 8-128）

表 8-128　混凝土模板及支架（撑）（编码：011702）

项目编码	项目名称	项目特征	计量单位	工程量计算规则	工作内容
011702001	基础	基础类型			
011702002	矩形柱				
011702003	构造柱	—			
011702004	异形柱	柱截面形状			
011702005	基础梁	梁截面形状			
011702006	矩形梁	支撑高度			
011702007	异形梁	1. 梁截面形状 2. 支撑高度		按模板与现浇混凝土构件的接触面积计算 1. 现浇钢筋混凝土墙、板单孔面积≤0.3m² 的孔洞不予扣除，洞侧壁模板亦不增加；单孔面积＞0.3m² 时应予扣除，洞侧壁模板面积并入墙、板工程量内计算 2. 现浇框架分别按梁、板、柱有关规定计算；附墙柱、暗梁、暗柱并入墙内工程量内计算 3. 柱、梁、墙、板相互连接的重叠部分，均不计算模板面积 4. 构造柱按图示外露部分计算模板面积	
011702008	圈梁				
011702009	过梁	—			
011702010	弧形、拱形梁	1. 梁截面形状 2. 支撑高度			
011702011	直形墙		m²		1. 模板制作 2. 模板安装、拆除、整理堆放及场内外运输 3. 清理模板黏结物及模内杂物、刷隔离剂等
011702012	弧形墙	—			
011702013	短肢剪力墙、电梯井壁				
011702014	有梁板				
011702015	无梁板				
011702016	平板				
011702017	拱板	支撑高度			
011702018	薄壳板				
011702019	空心板				
011702020	其他板				
011702021	栏板				
011702022	天沟、檐沟	构件类型		按模板与现浇混凝土构件的接触面积计算	
011702023	雨篷、悬挑板、阳台板	1. 构件类型 2. 板厚度		按图示外挑部分尺寸的水平投影面积计算，挑出墙外的悬臂梁及板边不另计算	

项目编码	项目名称	项目特征	计量单位	工程量计算规则	工作内容
011702024	楼梯	类型	m²	按楼梯(包括休息平台、平台梁、斜梁和楼层板的连接梁)的水平投影面积计算,不扣除宽度≤500mm的楼梯井所占面积,楼梯踏步、踏步板、平台梁等侧面模板不另计算,伸入墙内部分亦不增加	1. 模板制作 2. 模板安装、拆除、整理堆放及场内外运输 3. 清理模板黏结物及模内杂物、刷隔离剂等
011702025	其他现浇构件	构件类型		按模板与现浇混凝土构件的接触面积计算	
011702026	电缆沟、地沟	1. 沟类型 2. 沟截面		按模板与电缆沟、地沟接触的面积计算	
011702027	台阶	台阶踏步宽		按图示台阶水平投影面积计算,台阶端头两侧不另计算模板面积。架空式混凝土台阶,按现浇楼梯计算	
011702028	扶手	扶手断面尺寸		按模板与扶手的接触面积计算	
011702029	散水	—		按模板与散水的接触面积计算	
011702030	后浇带	后浇带部位		按模板与后浇带的接触面积计算	
011702031	化粪池	1. 化粪池部位 2. 化粪池规格		按模板与混凝土接触面积计算	
011702032	检查井	1. 检查井部位 2. 检查井规格			

注：1. 原槽浇灌的混凝土基础、垫层,不计算模板。

2. 混凝土模板及支撑(架)项目,只适用于以平方米计量,按模板与混凝土构件的接触面积计算。以立方米计量的模板及支撑(支架),按混凝土及钢筋混凝土实体项目执行,综合单价中应包含模板及支撑(支架)。

3. 采用清水模板时,应在特征中注明。

4. 若现浇混凝土梁、板支撑高度超过 3.6m 时,项目特征应描述支撑高度。

（3）垂直运输（表 8-129）

表 8-129　垂直运输（编码：011703）

项目编码	项目名称	项目特征	计量单位	工程量计算规则	工作内容
011703001	垂直运输	1. 建筑物建筑类型及结构形式 2. 地下室建筑面积 3. 建筑物檐口高度、层数	1. m² 2. 天	1. 按建筑面积计算 2. 按施工工期日历天数计算	1. 垂直运输机械的固定装置、基础制作、安装 2. 行走式垂直运输机械轨道的铺设、拆除、摊销

注：1. 建筑物的檐口高度是指设计室外地坪至檐口滴水的高度(平屋顶系指屋面板底高度),凸出主体建筑物屋顶的电梯机房、楼梯出口间、水箱间、瞭望塔、排烟机房等不计入檐口高度。

2. 垂直运输机械指施工工程在合理工期内所需垂直运输机械。

3. 同一建筑物有不同檐高时,按建筑物的不同檐高做纵向分割,分别计算建筑面积,以不同檐高分别编码列项。

（4）超高施工增加（表 8-130）

表 8-130　超高施工增加（编码：011704）

项目编码	项目名称	项目特征	计量单位	工程量计算规则	工作内容
011704001	超高施工增加	1. 建筑物建筑类型及结构形式 2. 建筑物檐口高度、层数 3. 单层建筑物檐口高度超过20m，多层建筑物超过6层部分的建筑面积	m²	按建筑物超高部分的建筑面积计算	1. 建筑物超高引起的人工工效降低以及由于人工工效降低引起的机械降效 2. 高层施工用水加压水泵的安装、拆除及工作台班 3. 通信联络设备的使用及摊销

注：1. 单层建筑物檐口高度超过 20m，多层建筑物超过 6 层时，可按超高部分的建筑面积计算超高施工增加。计算层数时，地下室不计入层数。

2. 同一建筑物有不同檐高时，可按不同高度的建筑面积分别计算建筑面积，以不同檐高分别编码列项。

（5）大型机械设备进出场及安拆（表 8-131）

表 8-131　大型机械设备进出场及安拆（编码：011705）

项目编码	项目名称	项目特征	计量单位	工程量计算规则	工作内容
011705001	大型机械设备进出场及安拆	1. 机械设备名称 2. 机械设备规格型号	台次	按使用机械设备的数量计算	1. 安拆费包括施工机械、设备在现场进行安装、拆卸所需的人工、材料、机械和试运转费以及机械辅助设施的折旧、搭设、拆除等费用 2. 进出场费包括施工机械、设备整体或分体自停放场地运至施工现场或由一个施工地点运至另一个施工地点所发生的运输、装卸、辅助材料等费用

（6）施工排水、降水（表 8-132）

表 8-132　施工排水、降水（编码：011706）

项目编码	项目名称	项目特征	计量单位	工程量计算规则	工作内容
011706001	成井	1. 成井方式 2. 地层情况 3. 成井直径 4. 井（滤）管类型、直径	m	按设计图示尺寸以钻孔深度计算	1. 准备钻孔机械、埋设护筒、钻机就位；泥浆制作、固壁；成孔、出渣、清孔等 2. 对接上、下井管（滤管）；焊接，安放，下滤料，洗井，连接试抽等
011706002	排水、降水	1. 机械规格型号 2. 降排水管规格	昼夜	按排水、降水日历天数计算	1. 管道安装、拆除，场内搬运等 2. 抽水、值班、降水设备维修等

注：相应专项设计不具备时，可按暂估量计算。

（7）安全文明施工及其他措施项目（表8-133）

表 8-133　安全文明施工及其他措施项目（编码：011707）

项目编码	项目名称	工作内容及包含范围
011707001	安全文明施工	1. 环境保护：现场施工机械设备降低噪声、防扰民措施；水泥和其他易飞扬细颗粒建筑材料密闭存放或采取覆盖措施等；工程防扬尘洒水；土石方、建渣外运车辆防护措施等；现场污染源的控制、生活垃圾清理外运、场地排水排污措施；其他环境保护措施 2. 文明施工："五牌一图"；现场围挡的墙面美化（包括内外粉刷、刷白、标语等）、压顶装饰；现场厕所便槽刷白、贴面砖，水泥砂浆地面或地砖，建筑物内临时便溺设施；其他施工现场临时设施的装饰装修、美化措施；现场生活卫生设施；符合卫生要求的饮水设备、淋浴、消毒等设施；生活用洁净燃料；防煤气中毒、防蚊虫叮咬等措施；施工现场操作场地的硬化；现场绿化、治安综合治理；现场配备医药保健器材、物品和急救人员培训；现场工人的防暑降温、电风扇、空调等设备及用电；其他文明施工措施 3. 安全施工：安全资料、特殊作业专项方案的编制，安全施工标志的购置及安全宣传；"三宝"（安全帽、安全带、安全网）、"四口"（楼梯口、电梯井口、通道口、预留洞口）、"五临边"（阳台围边、楼板围边、屋面围边、槽坑围边、卸料平台两侧），水平防护架、垂直防护架、外架封闭等防护；施工安全用电，包括配电箱三级配电、两级保护装置要求、外电防护措施；起重机、塔吊等起重设备（含井架、门架）及外用电梯的安全防护措施（含警示标志）及卸料平台的临边防护、层间安全门、防护棚等设施；建筑工地起重机械的检验检测；施工机具防护棚及其围栏的安全保护设施；施工安全防护通道；工人的安全防护用品、用具购置；消防设施与消防器材的配置；电气保护、安全照明设施；其他安全防护措施 4. 临时设施：施工现场采用彩色、定型钢板、砖、混凝土砌块等围挡的安砌、维修、拆除；施工现场临时建筑物、构筑物的搭设、维修、拆除，如临时宿舍、办公室、食堂、厨房、厕所、诊疗所、临时文化福利用房、临时仓库、加工场、搅拌台、临时简易水塔、水池等；施工现场临时设施的搭设、维修、拆除，如临时供水管道、临时供电管线、小型临时设施等；施工现场规定范围内临时简易道路铺设，临时排水沟、排水设施安砌、维修、拆除；其他临时设施搭设、维修、拆除
011707002	夜间施工	1. 夜间固定照明灯具和临时可移动照明灯具的设置、拆除 2. 夜间施工时，施工现场交通标志、安全标牌、警示灯等的设置、移动、拆除 3. 包括夜间照明设备及照明用电、施工人员夜班补助、夜间施工劳动效率降低等
011707003	非夜间施工照明	为保证工程施工正常进行，在地下室等特殊施工部位施工时所采用的照明设备的安拆、维护、摊销及照明用电等
011707004	二次搬运	由于施工场地条件限制而发生的材料、成品、半成品等一次运输不能到达堆放地点，必须进行二次或多次搬运
011707005	冬雨季施工	1. 冬雨（风）季施工时增加的临时设施（防寒保温、防雨、防风设施）的搭设、拆除 2. 冬雨（风）季施工时，对砌体、混凝土等采用的特殊加温、保温和养护措施 3. 冬雨（风）季施工时，施工现场的防滑处理、对影响施工的雨雪的清除 4. 包括冬雨（风）季施工时增加的临时设施、施工人员的劳动保护用品、冬雨（风）季施工劳动效率降低等
011707006	地上、地下设施、建筑物的临时保护设施	在工程施工过程中，对已建成的地上、地下设施和建筑物进行的遮盖、封闭、隔离等必要保护措施
011707007	已完工程及设备保护	对已完工程及设备采取的覆盖、包裹、封闭、隔离等必要保护措施

注：本表所列项目应根据工程实际情况计算措施项目费用，需分摊的应合理计算摊销费用。

8.3.18　《房屋建筑与装饰工程工程量计算规范》广西实施细则

① 土石方工程：清单工程量包括工作面和放坡增加的工程量，土方工程清单项目特征必须清楚描述土壤类别、土方运距，不得以"土壤类别（或土与石混合）综合考虑"等

描述。

② 混凝土及钢筋混凝土工程（包括现浇混凝土构件和预制混凝土构件）分混凝土、钢筋和模板三部分分别列项。

③ 建筑物超高人工和机械降效计入相应综合单价中计算，不单独列措施清单项目。

8.4 工程量清单计价

工程量清单计价包括招标控制价编制、投标报价编制、合同价款约定、工程计量与价款支付、索赔与现场签证、工程价款调整、工程竣工结算办理及工程造价计价争议处理等全部内容（本书仅就招标控制和投标报价进行介绍）。

8.4.1 工程量清单计价与定额计价的区别与联系

（1）工程量清单计价与定额计价的区别

见表 8-134。

表 8-134　工程量清单计价与定额计价的区别

比较方面	工程量清单计价	定额计价
定价理念不同	企业自主报价，竞争形成价格	政府定价（社会平均价）
计价依据不同	国家标准《建设工程工程量清单计价规范》以及"企业定额"	政府建设行政主管部门发布的"消耗量（计价）定额"和"单位估价表"
单价形式不同	综合单价：含人工费、材料和工程设备费、施工机具使用费、企业管理费、利润和风险费	直接工程费单价：含人工费、材料费、机械费
工程量计算不同	既要计算清单工程量，还要计算定额工程量清单项目的工程量是按实体的净值计算，这是当前国际上比较通行的做法	只计算定额工程量，是按实物加上人为规定的预留量或操作裕度等因素计算
编制步骤不同	(1)读图及读清单 (2)清单组价——包含列清单项、计算清单工程量、列定额项、计算定额量、计算综合单价 (3)计费	(1)读图读定额 (2)列定额项 (3)算定额量 (4)套定额价 (5)计费
工程造价的组成	工程造价＝分部分项工程项目和单价措施项目清单费用(＝∑清单工程量×项目综合单价)＋总价措施项目清单费用＋其他项目清单费用＋规费＋税金	工程造价＝直接工程费＋措施费＋间接费＋利润＋税金 计价时先计算直接费再以直接费（或其中的人工费）为基数计算各项费用、利润、税金，汇总为单位工程造价
结算的要求不同	工程量清单计价，结算时按合同中事先约定综合单价的规定执行，综合单价基本上是包死的	工程预算定额计价，结算时按定额规定工料单价计价，往往调整内容较多，容易引起纠纷
风险处理的方式不同	工程量清单计价，使招标人与投标人风险合理分担，投标人对自己所报的成本、综合单价负责，还要考虑各种风险对价格的影响，综合单价一经合同确定，结算时不可以调整（除工程量有变化），且对工程量的变更或计算错误不负责任；招标人相应在计算工程量时要准确，对于这一部分风险应由招标人承担，从而有利于控制工程造价	工程预算定额计价，风险只在投资一方，所有的风险在不可预见费中考虑；结算时，按合同约定，可以调整。可以说投标人没有风险，不利于控制工程造价

续表

比较方面	工程量清单计价	定额计价
计量单位不同	工程量清单计价,清单项目是按基本单位计量	工程预算定额计价,计量单位可以不采用基本单位
单位工程项目划分不同,从而计价方法不同	工程量清单计价的工程项目划分较之定额项目的划分有较大的综合性,其设置是以一个"综合实体"考虑的,"综合项目"一般包括多项子目工程内容。它考虑工程部位、材料、工艺,但不考虑具体的施工方法或措施,如人工或机械、机械的不同型号。同时对于同一项目不再按阶段或过程分为几项,而是综合到一起,如"砖基础",可以将同一项目的砌筑、防潮层铺设等综合为一项。"现浇水磨石楼地面"也可以将找平层、水磨石面层、磨光、酸洗、打蜡等综合到一起 清单计价按一个综合实体计价,即子项随主体项目计价,由于主体项目与组合项目不同的施工工序,所以往往要计算多个子项才能完成一个清单项目的分部分项工程综合单价,每一个清单项目组合计价	按定额计价的工程项目划分即预算定额中的项目划分,其划分原则是按工程的不同部位、不同材料、不同工艺、不同施工机械、不同施工方法和材料规格型号,划分十分详细。所包括的工程内容一般是单一的。相同施工工序的工程量相加汇总,计算出一个子项的定额分部分项工程量,选套定额,每一个项目独立计价
计价过程不同	工程量清单计价,招标方必须设置清单项目并计算清单工程量,同时在清单中对清单项目的特征和包括的工程内容必须清晰、完整地告诉投标人,以便投标人报价。故清单计价由两个阶段组成:先由招标方编制工程量清单,投标方拿到工程量清单后根据清单报价	定额计价招标方只负责编写招标文件,不设置工程项目的内容,也不计算工程量。工程计价的子目和相应的工程量由投标方根据设计文件确定。项目设置、工程量计算、工程计价等工作在一个阶段内完成

（2）工程量清单计价与定额计价的联系

①"2013版清单计价规范"中清单项目的设置，参考了全国统一定额的项目划分，注意了清单计价项目设置与定额计价项目设置的衔接；而各省在修订本省的消耗量定额时，定额工程量计算规则与清单工程量计算规则一致，使得工程量清单计价方式易于操作。

②《建设工程工程量清单计价规范》（GB 50500—2013）附录中的"项目特征"的内容，基本上取自原定额的项目（或子目）设置的内容。附录中的"工程内容"与定额子目相关联，它是综合单价的组价内容。

③工程量清单计价，企业需要根据自己的企业实际消耗成本报价，在目前多数企业没有企业定额，或自己的"企业定额"没有能够被业主普遍认同的情况下，现行全国或省的统一定额仍然占主导地位，仍然可作为消耗量定额的重要参考，因为无论是定额计价还是清单计价，"定额"始终是计价的依据。定额所规定的人、材、机消耗量始终是一切计价的基石；一切的人、材、机费都是基于定额消耗量产生的。既然两者使用的"定额"一样，则清单计价实质上是定额计价的翻版。

所以，工程量清单的编制与计价和定额有着密不可分的联系。各省工程造价管理机构已经做了大量艰苦细致的工作，包括制定、修订本省的清单计价规范以及工程量计算规范的实施细则，以及制定了适应工程量清单计价的定额，以便更好地推进工程量清单计价的实施。

8.4.2　一般规定

（1）工程量清单应采用综合单价计价

招标文件中的工程量清单标明的工程量是投标人投标报价的共同基础，竣工结算的工程量按发、承包双方在合同中约定应予计量且实际完成的工程量确定。

综合单价是指完成工程量清单中一个规定计量单位项目所需的人工费、材料费、机械使用费、管理费和利润，并考虑风险因素。

（2）措施项目中的安全文明施工费

必须按国家或省级、行业建设主管部门的规定计算，不得作为竞争性费用。

（3）规费和税金

必须按国家或省级、行业建设主管部门的规定计算，不得作为竞争性费用。

（4）工程量清单项目综合单价组成

以广西壮族自治区对《建设工程工程量清单计价规范》（GB 50500—2013）的实施细则为例，综合单价的组成有以下几种情况。

① 当《建设工程工程量清单计价规范》（GB 50500—2013）的工程内容、计量单位及工程量计算规则与广西各消耗量定额一致，只与一个定额子目对应时，其计算公式如下：

$$清单项目综合单价＝定额子目综合单价 \tag{8-1}$$

即由定额子目的人工费、材料费、机械费以及综合费（管理费加利润）之和组成定额综合单价，也就成为清单项目综合单价。

以"【例 7-5】"为例，分部分项工程量清单计算如下（表 8-135）。

表 8-135　分部分项工程量清单（1）

工程名称：略

序号	项目编码	项目名称	项目特征及工程内容	计量单位	工程量
1	010502001001	矩形柱	C20 商品混凝土	m³	9.68
2	010505001001	有梁板	C20 商品混凝土	m³	27.43
3	010505007001	挑檐天沟	C20 商品混凝土	m³	2.04

广西 2013 消耗量定额中 C20 矩形柱、有梁板、挑檐天沟的消耗量定额见表 8-136。

表 8-136　广西 2013 消耗量定额（1）

序号	定额编号	项目名称	单位	人工费	材料费	机械费
1	A4-18	C20 矩形柱	10m³	387.03	2666.89	15.21
2	A4-31	C20 有梁板	10m³	250.23	2720.39	15.0
3	A4-37	C20 挑檐天沟	10m³	1105.8	2756.48	24.54

建筑工程：管理费＝（人＋机）×35.72%；利润＝（人＋机）×10%

矩形柱综合单价＝[387.03＋2666.89＋15.21＋（387.03＋15.21）×（35.72%＋10%）]/10＝325.30（元/m³）

有梁板综合单价＝[250.23＋2720.39＋15.0＋（250.23＋15.0）×（35.72%＋10%）]/10＝310.69（元/m³）

挑檐天沟综合单价＝[1105.8＋2756.48＋24.54＋（1105.8＋24.54）×（35.72%＋10%）]/10＝440.36（元/m³）

② 当《建设工程工程量清单计价规范》（GB 50500—2013）的计量单位及工程量计算规则与广西各消耗量定额一致，工程内容不一致，需由几个定额子目组成时，其计算公式

如下：

$$清单项目综合单价＝\sum 定额子目综合单价 \tag{8-2}$$

单个定额子目综合单价组成同上，由所需的定额子目综合单价之和组成清单项目综合单价。

以"【例7-16】"为例，分部分项工程量清单计算如下（表8-137、表8-138）。

表8-137　分部分项工程量清单（2）

工程名称：略

序号	项目编码	项目名称	项目特征及工程内容	计量单位	工程量
1	010501001001	混凝土垫层	60厚C10商品混凝土	m³	9.08
2	011101001001	水泥砂浆地面	1：3水泥砂浆找平层，1：3水泥砂浆面层	m²	151.37

表8-138　广西2013消耗量定额（2）

序号	定额编号	项目名称	单位	人工费	材料费	机械费
1	A4-3换	C10混凝土垫层	10m³	238.26	2451.1	9.12
2	A9-1	水泥砂浆找平层	100m²	499.89	524.03	30.83
3	A9-10	水泥砂浆面层	100m²	600.21	706.77	30.83

建筑工程：管理费＝（人＋机）×35.72%；利润＝（人＋机）×10%

C10混凝土垫层清单内容只与一个定额子目对应，其综合单价计算见式(8-1)。

综合单价＝[238.26＋2451.1＋9.12＋（238.26＋9.12）×（35.72%＋10%）]/10
＝281.16（元/m³）

装饰工程：管理费＝（人＋机）×29.77%；利润＝（人＋机）×8.335%

水泥砂浆面层综合单价＝[499.89＋524.03＋30.83＋（499.89＋30.83）×（29.77%＋8.335%）]/100＋[600.21＋706.77＋30.83＋（600.21＋30.83）×（29.77%＋8.335%）]/100＝28.35（元/m²）

③ 当《建设工程工程量清单计价规范》（GB 50500—2013）的工程内容、计量单位及工程量计算规则与广西消耗量定额不一致时，其计算公式为：

$$清单项目综合单价＝\frac{\sum(该清单项目所包含的定额子目工程量×定额综合单价)}{该清单项目工程量} \tag{8-3}$$

清单项目包括了多个定额子目，且每个定额子目的工程量计算规则都不一样，因此首先按各定额子目的内容组成该定额子目综合单价，然后计算出该定额子目的合价；各定额子目合价之和，即为该清单项目合价；用该清单项目合价除以该清单项目工程量得该清单项目综合单价。

以"【例7-19】"为例，分部分项工程量清单计算如下（表8-139、表8-140）。

表8-139　分部分项工程量清单（3）

工程名称：略

项目编码	项目名称	项目特征及工程内容	计量单位	工程量
010801001001	木质门	单扇有亮无纱镶板门,运距10km,面刷底漆一遍调和漆两遍	m²	109.35

表 8-140　广西 2013 消耗量定额（3）

序号	定额编号	项目名称	单位	人工费	材料费	机械费
1	A12-1	镶板木门有亮单扇制作安装	100m²	3594.99	7975.01	394.72
2	A12-168	门窗运输 10km	100m²	132.24	0	539.42
3	A12-170	不带纱木门五金配件有亮单扇	樘	0	43.74	0
4	A13-1	底油一遍、调和漆二遍单层木门	100m²	1193.94	554.19	0

装饰工程：管理费＝(人＋机)×29.77%；利润＝(人＋机)×8.335%

木门综合单价＝{[3594.99＋7975.01＋394.72＋(3594.99＋394.72)×(29.77%＋8.335%)]/100×109.35＋[132.24＋0＋539.42＋(132.24＋539.42)×(29.77%＋8.335%)]/100×109.35＋[0＋43.74＋0＋(0＋0)×(29.77%＋8.335%)]×45＋[1193.94＋554.19＋0＋(1193.94＋0)×(29.77%＋8.335%)]/100×109.35}/109.35＝20137.54/109.35＝184.16(元/m²)

8.4.3　招标控制价

国有资金投资的建设工程，招标人必须实行工程量清单招标，并应编制招标控制价。

① 招标控制价应由具有编制能力的招标人，或受其委托具有相应资质的工程造价咨询人编制和复核。

② 工程造价咨询人接受招标人委托编制招标控制价，不得再就同一工程接受投标人委托编制投标报价。

③ 招标人应在发布招标文件时公布招标控制价的整套文件，同时应将招标控制价及有关资料报送工程所在地工程造价管理机构备查。招标控制价不得上调或下浮。

④ 招标控制价超过批准的概算时，招标人应将其报原概算部门审核。

⑤ 分部分项工程项目和单价措施项目，应根据拟定的招标文件和招标工程量清单项目中的特征描述及有关要求确定综合单价的计算：工程量应是招标工程量清单提供的工程量；综合单价中应包括招标文件中招标人要求投标人所承担的风险内容及其范围（幅度）产生的风险费用。

⑥ 总价措施项目应根据拟定的招标文件和常规施工方案及有关规定计算。

⑦ 其他项目应按下列规定计价。

a. 暂列金额应按招标工程量清单中列出的金额填写。

b. 暂估价中的材料、工程设备单价应按招标工程量清单中列出的单价计入综合单价。

c. 计日工应按招标工程量清单中列出的项目，根据工程特点和有关计价依据确定综合单价计算。

d. 总承包服务费应根据招标工程量清单列出的内容和要求，按各省、自治区、直辖市及行业建设主管部门颁发的计价定额及有关规定计算。

⑧ 规费和税金应按"一般规定"计算。

⑨ 投标人经复核认为招标人公布的招标控制价未按照本规范的规定编制的，应在招标控制价公布后 5 天向招投标监督机构和工程造价管理机构投诉。

⑩ 当招标控制价复查结论与原公布的招标控制价误差大于±3%时，应当责成招标人改正。

8.4.4　投标报价的编制

① 投标价应由投标人或受其委托具有相应资质的工程造价咨询人编制。投标报价不得低于成本。

投标人在进行工程量清单招标的投标报价时，不能进行投标总价优惠（或降价、让利），投标人对投标报价的任何优惠（或降价、让利）均应反映在相应清单项目的综合单价中。不得出现任意一项单价重大让利，低于成本报价。投标人不得以自有机械闲置、自有材料等不计成本为由进行投标报价。

② 投标人必须按招标工程量清单填报价格。项目编码、项目名称、项目特征、计量单位、工程量必须与招标工程量清单一致。投标人不得对招标工程量清单项目进行增减调整。

③ 投标人的投标报价不得高于招标控制价。

④ 综合单价应包括招标文件中划分的应由投标人承担的风险范围及其费用，招标文件中没有明确的，应提请招标人明确。

⑤ 分部分项工程项目和单价措施项目，应依据招标文件和招标工程量清单项目中的特征描述确定综合单价计算。

在招投标过程中，出现招标工程量清单特征描述与设计图纸不符的情况时，投标人应以招标工程量清单的项目特征描述为准，确定投标报价的综合单价。

⑥ 总价措施项目的金额应根据招标文件、投标拟定的施工组织设计或施工方案以及相关资料自主确定，其中安全文明施工费不得作为竞争性费用。

⑦ 其他项目费应按下列规定报价。

a. 暂列金额应按招标工程量清单中列出的金额填写，不得变动。

b. 材料、工程设备暂估价应按招标工程量清单中列出的单价计入综合单价。

c. 专业工程暂估价应按招标工程量清单中列出的金额填写。

d. 计日工按招标工程量清单中列出的项目和数量，自主确定综合单价并计算计日工金额。

e. 总承包服务费根据招标工程量清单中列出的内容和供应材料、设备情况，按照招标人提出的协调、配合与服务要求和施工现场管理需要自主确定。

⑧ 规费和税金应按"一般规定"确定。

⑨ 招标工程量清单与计价表中列明的所有需要填写的单价和合价的项目，投标人均应填写且只允许有一个报价。

⑩ 投标总价应当与分部分项工程费、措施项目费、其他项目费、规费和税金的合计金额一致。

小　　结

大国工匠

本章主要介绍了《建设工程工程量清单计价规范》（GB 50500—2013）和《房屋建筑与装饰工程工程量计算规范》（GB 50854—2013）及附录的编制背景、主要内容及特点。详细介绍了招标工程量清单的组成及编制方法，以及房屋建筑与装饰工程工程量清单项目设置及计算规则。工程量清单计价在我国仍与定额计价方法有密切关系，本章以《〈建设工程工程量清单计价规范（GB 50500—2013）〉广西壮族自治区实施细则》为例，介绍了清单综合单价的组价方法以及招标控制价和投标报价的编制方法。

思 考 题

(1) 以本书第 7 章的例题为例，按照《房屋建筑与装饰工程计量规范》（GB 50854—2013）及附录内容，计算其工程量清单工程量，并参考本省（自治区、直辖市）配套的消耗量定额以及相关计价与计量的实施细则，计算其综合单价。

(2) 某基础土方工程，基础形式为砖大放脚带形基础，土壤类别为三类土，基础垫层宽为 900mm，挖土深度为 1.8m，基础总长为 1200m，弃土运距为 4km。

问题：

① 按照《建设工程工程量清单计价规范》（GB 50500—2013）的规定列出土方工程的分项工程量清单；

② 参考本省（自治区、直辖市）消耗量定额和市场价格、费用标准，计算该分项工程的综合单价。

9

工程造价中信息
技术的应用

9.1 工程造价管理信息技术应用概述

随着计算机应用技术和信息技术的飞速发展，工程造价管理工作也发生了质的飞跃。人们从借助纸笔、计算器和定额编制预算转变为借助预算软件及网络平台来完成询价、报价、评标等工程造价管理工作。

9.1.1 工程造价管理信息系统

工程造价管理信息系统是管理信息系统在工程造价管理方面的具体应用。它是指由人和计算机组成的，能对工程造价管理的有关信息进行全面收集、传输、加工、维护和使用的系统，它能充分积累和分析工程造价管理资料，并能有效利用过去的数据来预测未来造价的变化和发展趋势，以期达到合理确定与有效控制工程造价的目的。

9.1.2 工程造价管理信息技术应用的发展及现状

（1）工程造价管理信息技术应用的发展历程

多年从事造价管理工作的预算员均深有体会，早期在编制工程预算时，完全靠纸笔、计算器、定额册。编制一个工程的预算，从工程量计算入手，套定额、分析工料、调价差、计算费用到完成预算书的编制，计算过程繁琐枯燥，工作量大，效率低，而且容易出错。

随着 20 世纪 80 年代后期计算机应用范围的扩大，我国已有不少功能全面的工程造价管理软件，但由于当时计算机价格昂贵，有条件使用的企业不多，尚不能得到普及。到 90 年代，信息技术的发展使硬件价格迅速下降，企业甚至个人拥有一台电脑已不是件困难的事，使得工程造价管理软件也得以推广。

现在的工程造价人员都能熟练使用计算机进行造价管理工作，从工程量的计算至造价文件的编制，都可以在计算机上完成，大大提高了劳动生产率，而且预算结果的表现形式多种多样，可从不同角度进行造价的分析与组合。

（2）工程造价管理信息技术应用现状

近年来，随着我国计算机技术和网络信息技术的飞速发展，相继出现了一大批工程计价方面的软件，计价软件的功能逐渐地由地区性、单一性发展为综合性、网络化，形成适用于不同地区、不同专业的建设工程计价系统。如广联达清单计价、博奥清单计价、广龙清单计价、神机妙算清单软件等。

各类工程量清单计价软件，均根据《建设工程工程量清单计价规范》（GB 50500—2013）以及各专业的工程量计量规范的规定，把某一清单项目所包含的所有工作内容及其对应的定额子目整合在一起，使用时根据工程实际发生的工作内容选择即可，对所引用的定额子目数据能方便地进行修改，并能随时把修改后的定额子目补充到定额数据库中，形成企业内部定额。这些计价软件一般具有以下几个特点。

① 适用范围广。各类计价软件采用数据库管理技术，可以使用各专业、各地区、各行业的定额数据库编制预算。在同一份预算文件中，可以调用不同的数据库的数据，便于编制综合性的工程预算。

② 操作方便，计算准确。使用计价软件编制预算时，只要输入定额号、工程数量、主材价格，并进行一些简单的设置，把所需要的报表打印出来即可完成一份预算文件的编制工作。所有的数据计算处理，均由软件瞬间自动完成，省时高效，不必担心计算过程是否发生错误。随着算量软件的开发应用，将工程设计图纸输入软件，自动计算工程量，更可大大提高工程量的计算准确度，使工程预算更加精确快速。

③ 网络化管理。使用计价软件可以对大型工程项目进行异地综合管理，也可随时从相应网站下载最新的价格，更新工程预算价格。每种计价软件都有自己的网站，拥有丰富的人、材、机市场价格。

9.2 工程量清单计价软件应用介绍

目前我国已开发很多有效的清单计价软件，开发思路都是要建立一个完备的计价平台，该平台既要求满足清单计价规范的要求，能挂接全国各地区、各专业的定额库，同时又能支持定额计价和清单计价两种计价方法。本节以博奥清单计价软件 2014 为例，介绍工程量清单计价软件的应用。

9.2.1 新建工程

软件安装完成后会自动在桌面建立快捷启动图标，双击桌面上的"博奥清单 2014"快捷图标即可启动软件。其运行模式为：自动检测加密锁，若未发现加密锁则会在进入软件操作主界面后提示以学习版方式启动。若插入加密锁，则以企业版（正式版）方式启动。

启动软件后，即可进入软件操作主界面，如图 9-1 所示。

点击"新建"按钮，在弹出的"工程档案"窗口里，输入"工程号"和"工程名称"（其他可默认），点"存盘"按钮。再点"确认"，即可进入工程编辑。

9.2.2 输入工程分部、清单项目和定额子目

点击"算式算量"按钮，如图 9-2 所示，在"分部分项"页面输入工程分部、清单的项目和定额子目的工程量，将所有定额根据实际进行换算。

注意：混凝土拌制定额、超高降效、泵送增加费等都不必自己输入。可在后面的操作中一次完成。

图 9-1 软件操作主界面

分部分项	序号	标志	工程量注释	工程量计算式
		段		建筑工程
	1	项		工程建筑面积
		式	例7-1	24.24*11.04-(6*3-0.24)*3.3
		式		
		部		A.1 土（石）方工程
	2	项	010101001001	平整场地
		描述		土壤类别：三类土
		描述		弃土运距：1km
		式		209.002
		定额	A1-1	人工平整场地
		式		209.002
	3	项	010101003001	挖沟槽土方
		描述		土壤类别：三类土
		描述		挖土深度：1.5m以内
		式	J1	115.98
		式	J2	106.96
		定额	A1-9	人工挖沟槽(基坑) 三类土 深 2m以内
		式		222.94
		段		地基基础及桩基础工程
		部		A.2 桩与地基基础工程
	4	项	010301001001	预制钢筋混凝土方桩
		描述		地层情况：二级土
		描述		桩截面：250*250
		描述		送桩深度：1.1m,桩长9.5m
		描述		混凝土强度等级：C30
		式	=260	0.25*0.25*9.5
		定额	A2-2换	轨道式柴油打桩机打方桩 桩长≤12m 二级土

图 9-2 点击"算式算量"按钮后的界面

9.2.3 设置混凝土拌制

广西消耗量定额混凝土为商品砼,当工程使用现场搅拌的混凝土,需增加混凝土拌制定额,收取混凝土拌制费。下面介绍工程量清单计价模式下如何输入拌制定额。

点击"分部分项"窗口右边的"拌制"按钮,弹出如图9-3所示的窗口,点击上窗口中列出的拌制定额,根据工程实际情况选择拌制定额(现场搅拌机选择 A4-1 定额,现场搅拌站选择 A4-2 定额),选择完拌制定额后点击"设置拌制定额",最后关闭窗口退出,则软件自动在每条清单项目输入相应的拌制定额,点击总计算后拌制量自动产生。

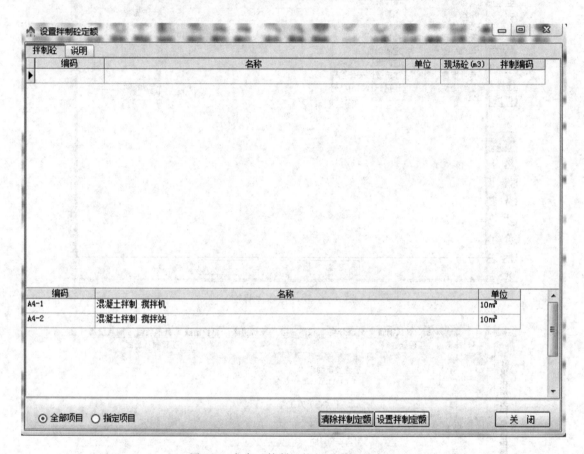

图 9-3 点击"拌制"按钮后弹出的窗口

9.2.4 设置超高降效费

在"分部分项"窗口,点击右排功能键中的"超高"按钮,弹出如图9-4所示的窗口,选择匹配的檐高,双击,然后点存盘,软件自动分析±0.00 以上全部定额,并且在措施清单页面自动扣掉脚手架工程、垂直运输工程、各章节中的水平运输子目、各定额子目中水平运输机械。墙、柱、梁、模板、楼面、钢筋等都自动默认为要计算超高增加费的子目,独立基、挖孔桩、挖土方自动默认为不计算超高增加费的子目。

软件自动汇总出整个工程的所有超高增加费的合计,在打印或浏览汇总表时可以看到结果。做清单时,完成上述操作之后,打印时,超高降效会自动在每个项目底下产生一行超高费合计。

图 9-4　点击"超高"按钮后弹出的窗口

9.2.5　混凝土泵送费设置

当工程使用泵送商品混凝土时，需计算混凝土泵送增加费，操作方式如下。

第一步：将定额中的混凝土换算为泵送商品混凝土。

第二步：鼠标点击"分部分项"界面右边功能按钮"泵送"，弹出如图 9-5 所示的窗口，根据楼层高度选择泵送高度（可分不同的层高定额选择不同的泵送高度）。

第三步：汇总计算后，软件自动将泵送增加费定额及混凝土量在单价措施中体现。

	混凝工种类:泵送商品混凝工			
	混凝土强度等级:C20			
A4-18换	混凝土柱 矩形{换:碎石 GD40 商品普通砼 C20}	10m³	9.825	泵檐高40M
010505001001	有梁板	m³		
	混凝土种类:泵送商品混凝土			
	混凝土强度等级:C20			
A4-31换	混凝土 有梁板{换:碎石 GD20 商品普通砼 C20}	10m³	27.841	泵檐高40M
010505007001	天沟(檐沟)、挑檐板	m³		
	混凝土种类:泵送商品混凝土			
	混凝土强度等级:C20			
A4-37换	混凝土 天沟、挑檐板{换:碎石 GD20 商品普通砼 C20}	10m³	2.071	泵檐高40M
010506001001	直形楼梯	m²		

泵送信息	泵送说明
泵车檐高60M	混凝土泵送 输送泵车 檐高 60m 以内
泵檐高40M	混凝土泵送 输送泵 檐高 40m 以内
泵檐高60M	混凝土泵送 输送泵 檐高 60m 以内
泵檐高80M	混凝土泵送 输送泵 檐高 80m 以内
泵檐高100M	混凝土泵送 输送泵 檐高 100m 以内
泵檐高120M	混凝土泵送 输送泵 檐高 120m 以内
泵檐高140M	混凝土泵送 输送泵 檐高 140m 以内

◉ 全部定额　○ 指定定额　☐ 传送混凝土泵送清单项目到单价措施　　清除泵送信息　　设置泵送信息　　取 消

图 9-5　点击"泵送"按钮后弹出的窗口

9.2.6　输入单价措施费

点击"算式算量"按钮，在"算式算量"界面下，点击"单价措施"按钮，即可弹出图 9-6 所示窗口，进入单价措施页面，参照清单项目和定额子目输入方法，输入单价措施清单项目和定额子目。

分部分项／税前项目／单价措施	序号	标志	工程量注释	工程量计算式
		段		建筑工程
		部		大型机械设备进出场及安拆费
		部		施工排水、降水费
		部		二次搬运费
		部		已完工程及设备保护费
		部		夜间施工增加费
		部		脚手架工程费
	20	项	011701002	外脚手架
		描述		搭设高度:3.8m
		描述		脚手架材质:钢管
		式		131.51
		定额	A15-5	扣件式钢管外脚手架 双排 10m以内
		式		131.51
	21	项	011701003	里脚手架
		描述		搭设高度
		描述		脚手架材质
		式		15.71
		定额	A15-1	扣件式钢管里脚手架 3.6m以内
		式		15.71
	22	项	011701002	外脚手架
		描述		搭设高度:100m以内
		描述		脚手架材质:钢管
		式		2950.47
		定额	A15-14	扣件式钢管外脚手架 双排 100m以内
		式		2950.47

图 9-6　点击"单价措施"按钮后弹出的窗口

9.2.7　输入总价措施费

总价措施带固定的项目编码，相应的取费费率均在"总价措施"窗口输入，软件自动计算结果。如图 9-7 所示。

顺号	标志	编码	名称	单位	费率(%)	费用
	段		建筑装饰装修工程			
一	项	桂011801001001	安全文明施工费	项	6.96	31032.16
二	项	桂011801002001	检验试验配合费	项	0.1	445.86
三	项	桂011801003001	雨季施工增加费	项	0.5	2229.32
四	项	桂011801004001	工程定位复测费	项	0.05	222.93
五	项	桂011801005001	暗室施工增加费	项		
六	项	桂011801006001	交叉施工增加费	项		
七	项	桂011801007001	特殊保健费	项		
八	项	桂011801008001	在有害身体健康环境中施工增加费	项		
九	项	桂011801009001	优良工程增加费	项		
十	项	桂011801010001	提前竣工增加费	项		

图 9-7　软件自动计算结果

9.2.8 输入其他项目清单

点上边的"其他项目"按钮，即可弹出图9-8所示窗口，进入其他项目界面，在"暂列金额"输入序号、名称、暂定金额即可，其他项目如计日工、总承包服务、专业工程暂估亦同理。

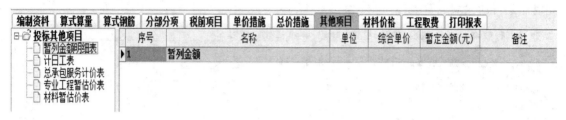

图9-8 点击"其他项目"按钮后弹出的窗口

9.2.9 材料信息价格输入

先点一下"计算"按钮，再点击"材料价格"按钮，即可弹出图9-9所示窗口，进入材料价格窗口，这样材料就全分析出来了，然后在这里的"信息价"栏输入最新材料市场价，或者在该页面先"下载"网上的信息价，然后点击"取信息"，在"建材信息"处，选择所在城市名称，如"柳州2014"，在"信息价公式"处输入"［2014-01］"，按回车键，这样软件就自动提取柳州市2014年1月份的所有材料市场价到"信息价"栏，就不必一个一个输入了。

图9-9 点击"材料价格"按钮后弹出的窗口

9.2.10　工程取费

点击"工程取费"按钮，即可弹出图 9-10 所示窗口，进入工程取费窗口，该窗口不仅包括综合单价的管理费、利润取费，还包括总价措施取费、规费、税金取费，软件在档案建立时已经自动建立取费表。

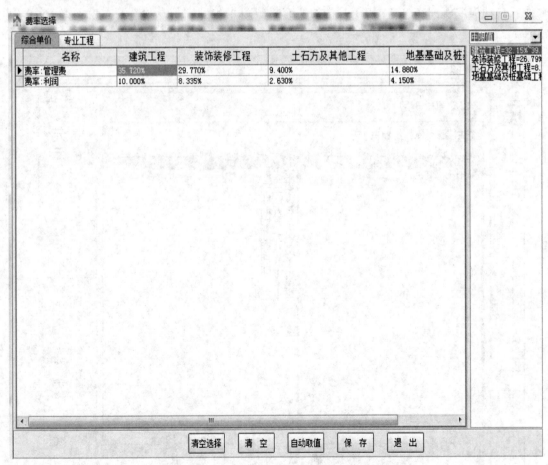

图 9-10　点击"工程取费"按钮后弹出的窗口

① 点击右边"取费率"按钮，弹出图 9-11 所示窗口。点击"自动取值"按钮，则所有综合单价和专业工程的费率都会自动按中限值选上。

图 9-11　点击"取费率"按钮后弹出的窗口

② 全部费率都可以通过单独输入的方式进行单个修改，修改完成之后，点"保存"按

钮即可。最后进行一次"计算"。整个工程的总造价就出来了。之后就可进入打印页面。

9.2.11 工程报表打印

点击"打印"按钮，即可弹出图 9-12 所示窗口，进入打印报表窗口，可以预览到所有报表数据和结果，并可以直接点击表上的数据进行简单修改。但该操作只能临时对结果进行修改，不能保存。为了数据准确，应使用软件加密锁。

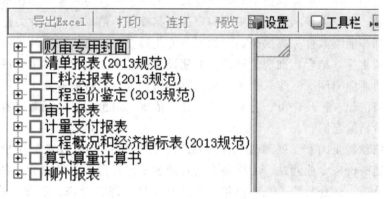

图 9-12　点击"打印"按钮后弹出的窗口

（1）将报表文件转化为 Excel 格式的电子表格文件

如果要把多个表一起导出，则先在表格上打上钩，然后点导出，在该窗口选择所有表页，再点转换即可。

（2）打印范围

指定表页：输入页码范围则打印该范围页的内容。

（3）连打

先把要打印的所有表格打上钩，然后点击该按钮，即可一次输出所有表。

以上只是对该软件的基本操作步骤进行介绍，若想学习更详细更高级的操作技巧和内容，请参阅该软件的操作应用手册。

9.3　工程估价数字化信息资源

由于互联网的普及，信息资源网络化成为一大潮流，工程估价领域也广泛使用了互联网，通过网络可以快捷、方便地发布信息和采集数据。互联网上存在大量的工程估价数字化信息资源，本节对其加以介绍。

9.3.1 工程造价信息网

目前，互联网上有较多的工程造价信息网，其主要功能包括：①发布材料价格，提供不同类别、不同规格、不同品牌、不同产地的材料价格；②发布造价指数，造价管理部门通过网络及时发布各种造价指数，方便用户查询；③快速报价，用户可以从网站上下载工程量清单的标准格式，填写各个工程项目所需的工程量，然后将填好的数据文件上传到造价信息网站，同时确定类似工程，网站的相应程序会根据用户提供的数据快速计算出各个工程项目的造价和工程总造价，并且可以让用户下载计算结果。

主要的工程造价信息网如下。

（1）中国建设工程造价信息网

中国建设工程造价信息网是由住房和城乡建设部标准定额司、住房和城乡建设部标准定额研究所主办的建设工程造价专业网站，是全国建设系统"三网一库"信息化枢纽框架的重要组成部分。该网站依托政府系统共建共享的电子信息资源库，面向全国工程建设市场和各级工程造价管理单位提供权威、全面和标准化的信息服务与技术支持：实时公布国家、部门、地方造价管理法律、法规，指引和规范建设工程造价业务与管理工作；承担全国造价咨询行业从业单位、从业人员网上资质申请与审验及其资质、信用公示，并为造价从业人员提供资质认证培训和继续教育；提供全国和地方各专业建设工程造价现行计价依据、实时价格信息及造价指数指标，结合标准造价软件，为建设项目业主、承包商、工程造价咨询单位其他专业人员创建面向全国统一建筑市场的概预算编制、投标报价的专业工具平台。该网站的主要栏目有政策法规、行政许可、各地信息、计价依据、造价信息、问题解答等。

（2）中国价格信息网

中国价格信息网是国家发展和改革委员会价格监测中心主办，由北京中价网数据技术有限公司具体实施的价格专业网站。中国价格信息网主要栏目有：价格政策、农产品价格、金属价格、能源价格、医药价格、汽车价格、房地产价格、综合价格、历史价格、涉企收费、电子期刊、行业价格分析、专项监测等。各价格栏目都自成一体，形成较为成熟的行业专业价格信息数据库。

（3）中国采购与招标网

中国采购与招标网，是 2000 年 7 月 1 日国家发展和改革委员会根据国务院授权指定的发布国内依法招标项目招标公告的唯一网络媒体。

中国采购与招标网为各类项目业主、咨询评估机构、施工建设单位、工程设计单位、材料和设备供应商、采购商、招标代理机构以及与之相关的海内外企业提供项目招标与采购信息服务、采购和招投标代理服务、相关法律和实务培训咨询服务以及企业信息化技术支持服务。

9.3.2　工程估价相关的组织与机构

9.3.2.1　政府主管部门

① 中华人民共和国住房和城乡建设部
② 中华人民共和国国家发展和改革委员会
③ 中华人民共和国财政部
④ 各省、自治区、直辖市建设主管部门

9.3.2.2　住房和城乡建设部标准定额研究所

住房和城乡建设部标准定额研究所的前身是国家计委基本建设标准定额研究所，成立于1983 年，1988 年隶属建设部改为现名，是住房和城乡建设部直属的正司局级、由国家财政拨款的公益型科研事业单位。

全所内设 9 个处：综合处、发展研究处、工程标准处、产品标准处、造价研究处、可行性研究处、经济参数处、出版处、信息处（工程建设标准定额资料馆）。现负责住房和城乡建设部主管的工程建设技术标准、工程项目建设标准与用地指标、建筑工业与城镇建设产品标准、全国统一经济定额、建设项目可行性研究与项目评价方法参数的研究和组织编制与具体管理工作；负责归口"三新核准"的技术审查和建筑工业产品质量认证的具体工作；负责住房和城乡建设部所属 12 个专业标准归口单位、4 个标准化技术委员会和建设领域国际标准化组织（ISO）国内的归口管理工作，以及标准定额的出版发行和信息化管理工作。其网站名为国家工程建设标准化信息网。

9.3.2.3 相关协会

① 中国建设工程造价管理协会

② 中国建筑业协会

③ 中国房地产产业协会

④ 中国勘察设计协会

⑤ 中国工程建设监理协会

⑥ 中国钢结构网

⑦ 中国安装协会

⑧ 中国城市规划协会

⑨ 中国市政工程协会

⑩ 中国工程建设标准化协会

⑪ 中国建筑装饰行业协会

⑫ 中国城镇供热协会

⑬ 中国城市环境卫生协会

⑭ 中国建设教育协会

⑮ 中国城市燃气协会

⑯ 中国电梯协会

⑰ 中国物业管理协会

⑱ 中国城镇供水排水协会

⑲ 中国工程建设焊接协会

⑳ 中国市长协会

㉑ 中国风景名胜区协会

9.3.2.4 相关学会

① 中国建筑学会

② 中国土木工程学会

③ 中国城市规划学会

④ 中国风景园林学会

⑤ 中国房地产估价师与房地产经纪人学会

9.3.2.5 其他地区相关组织

① 英国皇家特许测量师学会

② 英国皇家特许建造师学会（The Chartered Institute of Building，CIOB）

③ 亚太地区测量师协会（PAQS）

④ 国际造价工程师联合会

⑤ 美国土木工程协会

⑥ 美国总承包商联合会

⑦ 美国建筑标准协会

⑧ 美国建筑师学会

⑨ 加拿大皇家建筑师学会

⑩ 英国皇家建筑师学会

9.3.2.6　其他

国际工程管理学术研究网

小　结

目前我国工程造价领域已广泛使用相关软件进行工程估价及相关管理工作，大大提高了准确度及工作效率。另外工程估价领域也广泛使用了互联网，通过网络可以快捷、方便地发布信息和采集数据。本章主要介绍博奥清单计价软件的基本操作步骤以及互联网较常用的工程估价数字化信息资源。

思　考　题

应用相关的清单计价软件，对某份简单设计图纸进行预算编制工作。

参 考 文 献

［1］ 中华人民共和国住房和城乡建设部. 建设工程工程量清单计价规范 GB 50500—2013. 北京：中国计划出版社，2013.

［2］ 中华人民共和国住房和城乡建设部. 房屋建筑与装饰工程工程量计算规范 GB 50854—2013. 北京：中国计划出版社，2013.

［3］ 广西壮族自治区住房和城乡建设厅.《建设工程工程量清单计价规范（GB 50500—2013）》广西壮族自治区实施细则. 南宁：2013.

［4］ 广西壮族自治区住房和城乡建设厅. 建设工程工程量计算规范 GB 50854～50862—2013 广西壮族自治区实施细则. 南宁：2013.

［5］ 广西壮族自治区建设工程造价管理总站. 广西壮族自治区建筑装饰装修工程消耗量定额（上、下册）. 北京：中国建材工业出版社，2013.

［6］ 广西壮族自治区建设工程造价管理总站. 广西壮族自治区建筑装饰装修工程费用定额. 北京：中国建材工业出版社，2013.

［7］ 广西壮族自治区建设工程造价管理总站. 广西壮族自治区建筑装饰装修工程人工材料配合比机械台班基期价. 北京：中国建材工业出版社，2013.

［8］ 莫良善，朱文华. 广西建设工程造价从业人员培训教材建筑装饰装修工程计量与计价（上、下册）. 南宁：广西人民出版社，2009.

［9］ 中国建筑标准设计研究院. 混凝土结构施工图平面整体表示方法制图规则和构造详图（11G101-1～3）. 北京：中国建筑标准设计研究院，2011.

［10］ 中国建设工程造价管理协会. 建筑工程建筑面积计算规范图解. 北京：中国计划出版社，2009.

［11］ 何增勤，王亦虹. 2013 年全国造价工程师资格考试应试指南. 建设工程造价案例分析. 北京：中国计划出版社，2013.

［12］ 全国造价工程师执业资格考试辅导教材编写组. 2013 全国造价工程师执业资格考试考点突破与考前冲刺：工程造价计价与控制. 北京：中国建材工业出版社，2013.

［13］ 中国建设工程造价管理协会. 建设工程造价管理基础知识. 北京：中国计划出版社，2010.

［14］ 张建平，吴贤国. 工程估价. 第 2 版. 北京：科学出版社，2011.

［15］ 徐蓉，吴芸. 工程造价管理. 第 2 版. 上海：同济大学出版社，2010.

［16］ 罗淑兰，程颢. 建筑工程预算实训指导书与习题集. 北京：人民交通出版社，2007.

［17］ 王雪青，孙慧，孟俊娜. 工程估价. 第 3 版. 北京：中国建筑工业出版社，2020.

［18］ 齐宝库，黄昌铁. 工程估价. 第 2 版. 大连：大连理工大学出版社，2011.

［19］ 刘钟莹，俞启元. 工程估价. 第 2 版. 南京：东南大学出版社，2010.

［20］ 邢莉燕，黄伟典. 工程估价学习指导. 北京：中国电力出版社，2006.